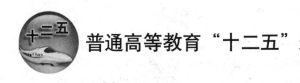 普通高等教育"十二五"规划教材

# 数据库原理及应用
## ——Access 2010

方 洁 胡 征 主编

金国芳 张星云 韩桂华 顾 萱 副主编

U0310543

中国铁道出版社
CHINA RAILWAY PUBLISHING HOUSE

# 内 容 简 介

《数据库原理及应用——Access 2010》本着"着眼基础、注重能力、立求创新"的基本思路编写。全书共分 10 章，主要内容包括数据库基础知识、Access 2010 数据库系统概述、表的建立和使用、数据查询、窗体设计、报表、宏、模块与 VBA、数据库安全以及数据库应用程序开发实例等。

本书内容丰富、图文并茂、通俗易懂，侧重于对基础知识、基本理论和基本方法的叙述，注重基本操作的训练。全书以实例教学驱动展开，每章后都给出大量的习题和实验，为读者提供数据库技术和技能的训练，以加强学生对操作技能的掌握。

本书适合作为高等院校非计算机专业数据库应用技术课程教学用书，也可供各类培训机构作为 Access 数据库培训教材，亦可作为参加全国计算机等级考试（二级 Access）的参考书。

**图书在版编目（CIP）数据**

数据库原理及应用：Access 2010 / 方洁，胡征主编. — 北京：
中国铁道出版社，2014.2（2016.12 重印）
普通高等教育"十二五"规划教材
ISBN 978-7-113-17936-6

Ⅰ. ①数… Ⅱ. ①方… ②胡… Ⅲ. ①关系数据库系统—
高等学校—教学参考资料 Ⅳ. ①TP311.138

中国版本图书馆 CIP 数据核字（2013）第 317509 号

书　　名：数据库原理及应用——Access 2010
作　　者：方 洁　胡 征　主编

策　　划：徐海英
责任编辑：翟玉峰　包 宁　　　　　特邀编辑：孙佳志
封面设计：付 巍
封面制作：白 雪
责任校对：汤淑梅
责任印制：李 佳

出版发行：中国铁道出版社（100054，北京市西城区右安门西街 8 号）
网　　址：http://www.51eds.com
印　　刷：三河市华业印务有限公司
版　　次：2014 年 2 月第 1 版　　　2016 年 12 月第 4 次印刷
开　　本：787mm×1092mm　1/16　印张：18　字数：412 千
印　　数：8 501～9 500 册
书　　号：ISBN 978-7-113-17936-6
定　　价：36.00 元

# 前　言

随着计算机与网络技术的飞速发展，作为计算机应用的一个重要领域，数据库技术得到了广泛的应用与发展。数据库技术是现代信息科学与技术的重要组成部分，是计算机数据处理与信息管理系统的核心，掌握数据库知识已经成为各类科技人员和管理人员的基本要求。

Access 2010 关系型数据库管理系统是 Microsoft Office 系列应用软件的一个重要组成部分。它界面友好，功能全面且操作简单，不仅可以有效地组织与管理、共享与开发应用数据库信息，而且可以把数据库和程序设计相结合。本书循序渐进地介绍了数据库的设计、建立与使用方法，主要内容包括数据库基础知识、Access 2010 数据库系统概述、表的建立和使用、数据查询、窗体设计、报表、宏、模块与 VBA、数据库安全以及数据库应用程序开发实例等。通过本书学习，读者能掌握数据库与 VBA 编程设计的方法和技巧，并能实现理论与实践相结合。

全书共分 10 章，第 1 章 数据库系统概述，主要介绍了数据库基础知识及数据库设计基础；第 2 章 Access 2010 概述，主要介绍了数据库的基本操作及数据库的管理对象；第 3 章 Access 数据表，主要介绍了数据库中数据表的创建和编辑方法、表与表之间的关系等；第 4 章 查询，主要介绍了查询的基本操作，创建查询和使用查询的方法；第 5 章 窗体，主要介绍了三种创建窗体的方法；第 6 章 报表，主要介绍了报表的组成和创建方法；第 7 章 宏，主要介绍了宏的创建与编辑的方法；第 8 章 模块和 VBA 编程基础，主要介绍了编程工具 VBA 开发环境和编程基础；第 9 章 数据库的安全措施，主要介绍了数据库安全措施的种类；第 10 章 Access 数据库应用系统开发实例——教学管理系统，主要介绍了 Access 数据库应用程序开发的过程和方法。

本书由方洁、胡征任主编，金国芳、张星云、韩桂华、顾萱任副主编，其中，方洁为本教材的策划者，并编写第 3 章、第 4 章，胡征对全书内容进行统稿，并编写了第 8 章和第 10 章、附录 A、B，金国芳编写第 7 章、第 9 章，张星云编写第 5 章、第 6 章，韩桂华编写第 1 章、第 2 章，顾萱对全书的实例进行了验证。

本教材在编写过程中，得到了各级领导的大力支持，在此表示衷心感谢。

由于编者水平有限，书中的不足和疏漏之处在所难免，敬请读者批评指正。

编　者

2013 年 9 月

# 目 录

# 第 1 章 | 数据库系统概述

数据处理已成为计算机应用的主要方面，数据处理的中心问题是数据管理，数据库技术是数据处理的最新技术，是计算机科学的重要分支。数据库已成为人们存储数据、管理信息、共享资源的最先进最常用的技术。

**本章主要内容：**

- 数据库的概念。
- 数据库管理技术的发展。
- 数据库系统的组成。
- 数据模型。
- 关系数据库应用系统开发的一般步骤。
- 关系数据库概述。

## 1.1 数据、信息和数据处理

在学习数据库的相关知识之前，首先介绍数据库技术中的几个基本概念，这些不同的概念和术语，将贯穿在人们进行数据处理的整个过程之中。

### 1.1.1 数据与信息

#### 1. 数据

数据是反映客观事物属性的记录，是信息的具体表现形式。人们通常使用各种各样的物理符号来表示客观事物的特性和特征，这些符号及其组合就是数据（如数字、字母、符号、图形、图像、动画、声音等）。任何事物的属性都是通过数据来表示的。数据经过加工处理之后，成为信息。

#### 2. 信息

信息是客观事物属性的反映。它所反映的是某一客观系统中，某一事物的存在或某一时刻的运动状态。也就是说，信息是经过加工处理并对人类客观行为产生影响的、通过各种方式进行传播、可被感知的数据表现形式。

信息是人们在进行社会活动、经济活动及生产活动时的产物，并用以参与指导其活动过程。信息是有价值的，是可以被感知的。信息可以通过载体传递，可以通过信息处理工具进行存储、加工、传播、再生和增值。在信息社会中，信息一般可与物质或能量相提并论，它是一种重要的资源。

概括上面所说就是：信息=数据+处理。

### 1.1.2　数据库定义

数据库（DataBase，DB）是存储在计算机内有结构的相关数据的集合。它不仅包括描述事物的数据本身，还包括了相关事物之间的关系。数据库中的数据按一定的数据模型组织、描述和存储，具有较小的冗余度，较高的数据独立性和易扩展性，可以被多个用户、多个应用程序共享。

数据库是以一定的数据结构形式存储在一起的相互有关的具有"一少三性"特点的数据集合。

"一少"是指冗余数据少，即基本上没有或很少有重复的数据和无用的数据，也没有相互矛盾的数据，从而显著地节约存储空间。

"三性"是指：数据的共享性，库中数据能为多个用户服务；数据的独立性，全部数据以一定的数据结构单独地、永久地存储，与应用程序无关；数据的安全性，对数据有好的保护，防止不合法使用数据而引起的数据泄露和破坏，使每个用户只能按规定对数据进行访问和处理。

## 1.2　数据管理技术的发展

数据管理是指对数据进行分类、组织、编码、存储、检索和维护，数据管理是数据处理的中心问题。而数据处理则是将数据转换成信息的过程。数据处理包括对数据的收集、整理、存储、分类、排序、检索、计算等操作。它的目的就是从原始数据中得到有用的信息。即数据是信息的载体，信息是数据处理的结果。

数据库技术是应数据管理任务的需要而产生的。随着计算机软硬件技术的不断发展和计算机应用范围的不断拓宽，在应用需求的推动下，数据管理技术经历了人工管理、文件系统和数据库系统3个发展阶段。

### 1.2.1　人工管理阶段

从 20 世纪 50 年代中期以前，硬件上没有磁盘等可直接存取的存储设备，软件上没有操作系统，也没有专门的数据管理软件。计算机主要用于科学计算，数据量不大。人工管理阶段的特点是：

①　数据不长期保存。

②　程序与数据合在一起，因而数据没有独立性，程序没有弹性，要修改数据必须修改程序。

③　程序员必须自己编程实现数据的存储结构、存取方法和输入/输出，迫使程序员直接与物理设备打交道，加大了程序设计难度，编程效率低。

④　数据面向应用，这意味着即使多个不同程序用到相同数据，也得各自定义，数据不仅高度冗余，而且不能共享。

人工管理阶段应用程序与数据之间的关系如图 1-1 所示。

图 1-1　人工管理阶段应用程序与数据之间的关系

### 1.2.2　文件管理系统阶段

20 世纪 60 年代初期，外存已有了磁盘直接存取存储设备；在软件方面有了操作系统（操作系统中的文件管理系统提供了管理外存数据的能力）。这时的计算机已不仅用于科学计算，还大量用于数据处理。文件方式管理数据是数据管理的一大进步，即使是数据库方式也是在文件系统基础上发展起来的。下面指出这一阶段的特点：

① 数据可以长期保存在磁盘上。

② 数据的物理结构与逻辑结构有了区别，两者之间由文件管理系统进行转换，因而程序与数据之间有物理上的独立性，即数据在存储上的改变不一定会影响程序，这可使程序员不必过多地考虑数据存放地址，而把精力放在算法上。

③ 文件系统提供了数据存取方法，但当数据的物理结构改变时，仍需修改程序。

④ 数据不再属于某个特定程序，在一定程度上可以共享。

仔细想来文件管理数据还是有很多缺陷，主要表现在以下几方面：

① 文件是面向特定用途设计的：这意味着有一个应用就有一个文件相对应。而程序是基于文件编制的，导致程序仍然与文件相互依存，这是不希望的。因为文件有所变动，程序就得相应修改，而文件离开了使用它的程序便全部失去存在的价值。

② 数据冗余大：这是因为文件之间缺乏联系，有可能造成同样的数据在不同文件中重复存储。

③ 数据可能发生矛盾：因为同一个数据出现在不同文件中，稍有不慎就可能造成同一数据在不同文件中不一样，这是数据冗余的缺点。

④ 数据联系弱：不同文件缺乏联系就不能反映现实世界事物之间的自然联系，这是文件方式最大的弊端。

在文件管理系统阶段应用程序与数据之间的关系如图 1-2 所示。

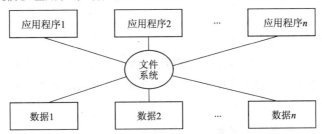

图 1-2　文件管理系统阶段应用程序与数据之间的关系

### 1.2.3　数据库管理系统阶段

随着计算机软硬件的发展、数据处理规模的扩大，计算机用于数据处理的范围越来越广，数据处理的数量越来越大，仅仅基于文件管理系统的数据处理技术很难满足应用领域的需求，20 世纪 60 年代后期出现了数据库技术。关于什么是数据库，从不同的角度去定义可能差别较大，但是对数据库所应具有的特点，认识大体上是一致的。我们也应从它的特点去体会数据库技术。下面指出数据库技术所具有的特点：

**1．数据结构化**

在文件系统中，各文件相互独立，文件记录内部结构的最简单形式是等长同格式记录的集合。这种思想就是数据库方法的雏形。它把文件系统中记录内部有结构的思想扩大到了两个记录之间。

但这种方法还存在着局限性。因为这种灵活性只是对某一个应用而言的，而一个组织或企业包括许多应用。从整体来看，不仅要考虑一个应用（程序）的数据结构，而且要考虑整个组织的数据结构问题。整个组织的数据结构化，要求在描述数据时不仅描述数据本身，还要描述数据之间的联系。文件系统中记录内部已有了某些结构，但记录之间是没有联系的。因此，数据的结构化是数据库的主要特征之一，也是数据库与文件系统的根本区别。

### 2. 数据共享性高、冗余度小、易扩充

数据的冗余度是指数据重复的程度。数据库系统从整体角度描述数据，使数据不再是面向某一应用，而是面向整个系统。因此，数据可以被多个应用共享。这不仅大大减小了数据的冗余度、节约存储空间、减少存取时间，而且可以避免数据之间的不相容性和不一致性。

由于数据库中的数据面向整个应用系统，所以容易增加新的应用，适应各种应用需求。当应用需求改变或增加时，只要重新选取整体数据的不同子集，便可以满足新的要求，这就使得数据库系统具有弹性大，易扩充的特点。

### 3. 数据独立性高

数据独立性包括物理独立性和逻辑独立性。

数据的物理独立性是指当数据的物理存储改变时，应用程序不用改变。换言之，用户的应用程序与数据库中的数据是相互独立的。数据在数据库中的存储形式是由 DBMS 管理的，用户程序不需要了解，应用程序要处理的只是数据的逻辑结构。

数据的逻辑独立性是指当数据的逻辑结构改变时，用户应用程序不用改变。换言之，用户的应用程序与数据库的逻辑结构是相互独立的。

数据和程序的独立性，可以将数据的定义和描述从应用程序中分离出来。数据的存取由 DBMS 管理，用户不必考虑存取路径等细节，从而简化了应用程序的编制，大大减少了应用程序的维护和修改工作量。

### 4. 统一的数据管理和控制

数据库对系统中的用户是共享资源。计算机的共享一般是并发的，即多个用户可以同时存取数据库中的数据，甚至可以同时存取数据库中同一个数据。因此，数据库管理系统必须提供以下几个方面的数据控制保护功能。

（1）数据的安全性（Security）保护

数据的安全性是指保护数据以防止不合法的使用所造成的数据泄密和破坏，使每个用户只能按规定，对某种数据以某些方式进行使用和处理。例如，用身份鉴别、检查口令或其他手段来检查用户的合法性，合法用户才能进入数据库系统。

（2）数据的完整性（Integrity）控制

数据的完整性指数据的正确性、有效性和相容性。完整性检查提供必要的功能，保证数据库中的数据在输入和修改过程中始终符合原来的定义和规定，在有效的范围内或保证数据之间满足一定的关系。例如，月份是 1～12 之间的正整数，性别是"男"或"女"，大学生的年龄是大于 15 小于 45 的整数，学生的学号是唯一的，等等。

（3）数据库恢复（Recovery）

计算机系统的硬件、软件故障，操作员的失误以及人为的攻击和破坏，会影响数据库中数据

的正确性，甚至会造成数据库部分或全部数据的丢失。因此数据库管理系统必须能够进行应急处理，将数据库从错误状态恢复到某一已知的正确状态。

（4）并发（Concurrency）控制

当多个用户的并发进程同时存取、修改数据库时，可能会发生由于相互干扰而导致结果错误的情况，并使数据库完整性遭到破坏。因此，必须对多用户的并发操作加以控制和协调。

数据库系统克服了文件管理系统阶段的缺陷，对相关数据实行统一规划管理，形成一个数据中心，构成一个数据"仓库"，实现了整体数据的结构化。

在数据库管理系统（DBMS）阶段，程序与数据之间的关系如图 1-3 所示。

图 1-3　数据库管理系统阶段应用程序与数据之间的关系

# 1.3　数据库管理系统

数据库管理系统（DataBase Management System，DBMS）是位于用户与操作系统之间的一个数据管理软件，在操作系统支持下工作，是负责数据库存取、维护、管理的软件。数据库管理系统支持用户对数据库的基本操作，是数据库系统的核心软件。它的主要目的是方便用户使用数据资源，易于为用户所共享，增强数据的安全性、完整性和可靠性。它的基本功能包括以下几个方面：

### 1. 数据定义功能

DBMS 提供数据定义语言（Data Definition Language，DDL），用户通过它可以方便地对数据库中的数据对象进行定义。

### 2. 数据操纵功能

DBMS 还提供数据操纵语言（Data Manipulation Language，DML），用户可以使用 DML 操纵数据，实现对数据的基本操作。如查询、插入、删除和修改。

### 3. 数据库的运行管理功能

数据库在建立、运行和维护时由数据库管理系统统一管理和控制，以保证数据的安全性、完整性，对并发操作的控制以及发生故障后的系统恢复等。

### 4. 数据库的建立和维护功能

它包括数据库初始数据的输入、转换功能，数据库的转储、恢复功能，数据库的重组织功能和性能监视、分析功能等。

数据库管理系统软件有多种。比较著名的有 Oracle、Informix、Sybase、SQL Server、DB2 等。

# 1.4　数据库系统

## 1.4.1　数据库系统的构成

数据库系统（DataBase System，DBS）是指在计算机系统中引入数据库后构成的系统。一般由数据库、操作系统、数据库管理系统（及其开发工具）、应用系统、数据库管理员和用户构成。应当指出的是，数据库的建立、使用和维护等工作只有 DBMS 远远不够，还要有专门的人员来完成，这些人称为数据库管理员（DataBase Administrator，DBA）。

数据库系统（DataBase System，DBS）是由硬件、软件、数据库和用户 4 部分构成的整体。

### 1．数据库

数据库是数据库系统的核心和管理对象，数据库是存储在一起的相互有联系的数据集合。数据库中的数据是集成的、共享的、最小冗余的、能为多种应用服务，数据是按照数据模型所提供的形式框架存放在数据库中。

### 2．硬件

数据库系统是建立在计算机系统上，运行数据库系统的计算机需要有足够大的内存以存放系统软件，需要足够大容量的磁盘等联机直接存取设备存储数据库庞大的数据。需要足够的脱机存储介质（如磁盘、光盘、磁带等）以存放数据库备份。需要较高的通道能力，以提高数据传送速率。要求系统联网，以实现数据共享。

### 3．软件

数据库软件主要指数据库管理系统。DBMS 是为数据库存取、维护和管理而配置的软件，它是数据库系统的核心组成部分，DBMS 在操作系统支持下工作。DBMS 主要包括数据库定义功能、数据操纵功能、数据库运行和控制功能、数据库建立和维护功能、数据通信功能。

### 4．用户

数据库系统中存在一组管理（数据库管理员 DBA）、开发（应用程序员）、使用数据库（终端用户）的用户。

## 1.4.2　数据库系统的体系结构

数据库系统的体系结构划分为 5 类，即集中式系统、个人计算机系统、分布式系统、客户机/服务器系统和浏览器/服务器系统。目前，客户机/服务器系统和浏览器/服务器系统是数据库系统中最为常用的结构。

### 1．集中式系统

在集中式系统中，DBMS 和应用程序以及与用户终端进行通信的软件等都运行在一台宿主计算机上，所有的数据处理都是在宿主计算机中进行。宿主计算机一般是大型机、中型机或小型机。应用程序和 DBMS 之间通过操作系统管理的共享内存或应用任务区来进行通信，DBMS 利用操作系统提供的服务来访问数据库。终端通常是非智能的，本身没有处理能力。近年来，微处理器的出现引起了智能化终端的发展，这种终端可以完成某些用户的输入/输出处理。

集中系统的主要优点是：具有集中的安全控制，以及处理大量数据和支持大量并发用户的能力。集中系统的主要缺点是：购买和维持这样的系统一次性投资太大，并且不适合分布处理。

### 2. 个人计算机系统

当 DBMS 在个人计算机（Personal Computer，PC）上运行时，PC 起到宿主机的作用，同时也起到了终端的作用。与大型系统不同，通常个人计算机（微机）上的 DBMS 功能和数据库应用功能是结合在一个应用程序中的，这类 DBMS（如 FoxPro、Access 等）的功能灵活，系统结构简洁，运行速度快，但这类 DBMS 的数据共享性、安全性、完整性等控制功能比较薄弱。

### 3. 客户机/服务器系统

在客户机/服务器（Client/Server，C/S）结构的数据库系统中，数据处理任务被划分为两部分：一部分运行在客户机端，另一部分运行在服务器端。划分的方案可以有多种，一种常用的方案是：客户机端负责应用处理，服务器端完成 DBMS 的核心功能。

在 C/S 结构中，客户端软件和服务器端软件可以运行在一台计算机上，但大多数分别运行在网络中不同的计算机上。客户端软件一般运行在 PC 上，服务器端软件可以运行在从 PC 到大型机等各类计算机上。数据库服务器把数据处理任务分开在客户机和服务器上运行，因而充分利用了服务器的高性能数据库处理能力以及客户端灵活的数据表示能力。通常从客户端发往数据库服务器的只是查询请求，从数据库服务器传回给客户端的只是查询结果，不需要传送整个文件，从而大大减少了网络上的数据传输量。

C/S 结构是一个简单的两层模型，一端是客户机，另一端是服务器。这种模型中，客户机上都必须安装应用程序和工具，使客户端过于庞大、负担太重，而且系统安装、维护、升级和发布困难，从而影响效率。

### 4. 分布式系统

一个分布式数据系统由一个逻辑数据库组成，整个逻辑数据库的数据，存储在分布于网络中的多个结点上的物理数据库中。

在分布式数据库中，由于数据分布于网络中的多个结点上，因此与集中式数据库相比，存在一些特殊的问题，例如，应用程序的透明性、结点自治性、分布式查询和分布式更新处理等，这就增加了系统实现的复杂性。

较早的分布式数据库是由多个宿主系统构成的，数据在各个宿主系统之间共享。在当今的客户机/服务器结构的数据库系统中，服务器的数目可以是一个或多个。当系统中存在多个数据库服务器时，就形成了分布式系统。

### 5. 浏览器/服务器系统

随着 Internet 的迅速普及，出现了三层客户机/服务器结构：客户机→应用服务器→数据库服务器。这种结构的客户端只需安装浏览器就可以访问应用程序，这种系统称为浏览器/服务器（Browser/Server，B/S）系统。B/S 结构克服了 C/S 结构的缺点，是 C/S 的继承和发展。

## 1.4.3 数据库系统三级模式结构

从 DBMS 方面考虑，数据库系统通常采用三级模式结构，这是 DBMS 内部的系统结构。

在数据库中，数据模型可以分为三个层次，分别称为外模式、模式和内模式。

外模式反映的是一种局部的逻辑结构，它与应用程序相对应，由用户自己定义。一个数据库可以有多个外模式。模式反映的是总体的逻辑结构，一个数据库只有一个模式，它是由数据库管理员（DBA）定义的。内模式是反映物理数据存储的模型，它也是由数据库管理员（DBA）定义的。

在数据模型中有"型"（Type）和"值"（Value）的概念。型是对某一类数据的结构和属性的说明（或定义），值是对型的一个具体赋值。例如，图书记录定义为（编号，书名，作者，出版社，出版日期，定价）这是记录的型，而（G11.11，C语言程序设计，张大海，蓝天，2004.4，26.30）是记录型的一个记录值。

模式是数据库中全体数据的逻辑结构和特征的描述，它仅仅涉及型的描述，不涉及具体的值。模式的一个具体值称为模式的一个实例。同一模式可以有很多实例。模式反映的是数据的结构及其联系，而实例反映的是数据库某一时刻的状态。所以模式是相对稳定的，而实例是相对变动的。

### 1. 模式

模式（Schema）也称为逻辑模式，是数据中全体数据的逻辑结构和特征描述，是所有用户的公共数据视图。它是数据库系统模式结构的中间层，既不涉及数据的物理存储细节和硬件环境，也与具体的应用程序及其所使用的开发工具（如C、Visual Basic、Power Build、ASP、JSP等）无关。

一个数据库只有一个模式。数据库模式以某一种数据模型为基础，统一综合地考虑了所有用户的需求，并将这些需求有机地结合成一个逻辑整体。

定义模式时不仅要定义数据的逻辑结构（包括数据记录由哪些数据项构成，数据项的名字、类型、取值范围等），而且要定义数据之间的联系，定义与数据有关的安全性、完整性要求。

DBMS提供描述语言（模式DDL）来严格定义模式。

### 2. 外模式

外模式（External Schema）又称子模式（Sub Schema）或用户模式，它是数据库用户（包括应用程序员和最终用户）能够看到和使用的局部数据的逻辑结构和特征的描述，是数据库用户的数据视图，是与某一应用有关的数据的逻辑表示。

外模式通常是模式的子集。一个数据库可以有多个外模式。由于它是各个用户的数据视图，如果不同的用户在应用需求、看待数据的方式、对数据保密的要求等存在差异，则其外模式描述就是不同的。即使对模式中同一数据记录，在外模式中的结构、类型、长度、保密级别等都可以不同。另一方面，同一个外模式也可为某一用户的多个应用系统所用，但一个应用程序只能使用一个外模式。

外模式是保证数据库安全性的一个有力措施。每个用户只能看见和访问所对应的外模式中的数据，数据库中其余数据是不可见的。

DBMS提供子模式描述语言（子模式DDL）来严格定义子模式。

### 3. 内模式

内模式（Internal Schema）也称为存储模式（Storage Schema），一个数据库只有一个内模式。它是数据物理结构和存储方式的描述，是数据在数据库内部的表示方式。

例如，记录的存储方式是顺序存储、按照B树结构存储还是按hash方法存储；索引按照什么方式组织；数据是否压缩存储，是否加密存储记录有何规定等。

DBMS提供内模式描述语言（内模式DDL，或者存储模式DDL）来严格定义内模式。

# 1.5　概念模型与数据模型

## 1.5.1　概念模型

概念模型用于信息世界的建模，与具体的 DBMS 无关。为了把现实世界中的具体事物抽象、组织为某一 DBMS 支持的数据模型。人们常常首先将现实世界抽象为信息世界，然后再将信息世界转换为计算机世界，如图 1-4（a）所示。也就是说，首先把现实世界中的客观对象抽象为某一种信息结构，这种信息结构并不依赖于具体的计算机系统和具体的 DBMS，而是概念级的模型；然后再把模型转换为计算机上某一个 DBMS 支持的数据模型。实际上，概念模型是现实世界到机器世界的一个中间层次，如图 1-4（b）所示。

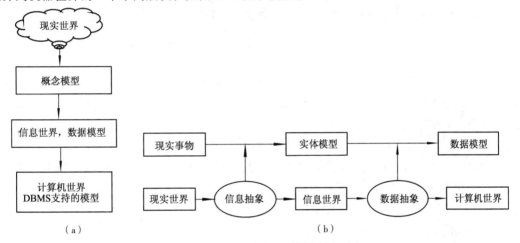

图 1-4　现实世界中客观对象的抽象过程

由于概念模型用于信息世界的建模，是现实世界到信息世界的第一层抽象，是用户与数据库设计人员之间进行交流的语言，因此概念模型一方面应该具有较强的语义表达能力，能够方便、直接地表达应用中的各种语义知识，另一方面它还应该简单、清晰、易于用户理解。

## 1.5.2　信息世界中的基本概念

### 1. 实体

客观存在并可相互区别的事物称为实体。实体（Entity）可以是具体的人、事、物，也可以是抽象的概念或联系。例如，一个学生、一门课、一个供应商、一个部门、一本书、一位读者等都是实体。

### 2. 属性

实体所具有的某一特性称为属性（Attribute）。一个实体可以由若干个属性来刻画。例如，图书实体可以由编号、书名、出版社、出版日期、定价等属性组成。又如，学生实体可以由学号、姓名、性别、出生年份、系别、入学时间等属性组成，如（20000912，王丽，女，1982，计算机系，2000），这些属性组合起来体现了一个学生的特征。

### 3. 主码

唯一标识实体的属性集称为主码（Primary Key）。例如，学生号是学生实体的主码，职工号是职工实体的主码。学生实体中，主码由单属性学号构成。

### 4. 域

属性的取值范围称为该属性的域（Domain）。例如，职工性别的域为（男，女），姓名的域为字母字符串集合，年龄的域为小于 150 的整数，职工号的域为 5 位数字组成的字符串等。

### 5. 实体型

具有相同属性的实体必然具有共同的特征和性质。用实体名及其属性名集合来抽象和刻画同类实体，称为实体型（Entity Type）。例如，学生（学号，姓名，性别，出生年份，系，入学时间）就是一个实体型。图书（编号、书名、出版社、出版日期、定价）也是一个实体型。

### 6. 实体集

同型实体的集合称为实体集（Entity Set）。例如，全体学生就是一个实体集。图书馆的图书也是一个实体集。

### 7. 联系

在现实世界中，事物内部以及事物之间是有联系（Relationship）的，这些联系在信息世界中反映为实体内部的联系和实体之间的联系。实体内部的联系通常是组成实体的各属性之间的联系。两个实体型之间的联系可以分为 3 类：

（1）一对一联系（1:1）

如果对于实体集 $A$ 中的每一个实体，实体集 $B$ 至多有一个实体与之联系，反之亦然，则称实体集 $A$ 与实体集 $B$ 具有一对一联系，记为 1:1。

例如，一个宾馆，每个客房都对应着一个房间号，一个房间号也唯一的对应这一间客房。所以，客房和房间号之间具有一对一联系。

又如，确定部门实体和经理实体之间存在一对一联系，意味着一个部门只能有一个经理管理，而一个经理只管理一个部门。

（2）一对多联系（1:n）

如果对于实体集 $A$ 中的每一个实体，实体集 $B$ 中有 $n$ 个实体与之联系（$n \geq 0$），反之，对于实体集 $B$ 中的每一个实体，实体集 $A$ 中至多有一个实体与之联系，则称实体集 $A$ 与实体集 $B$ 具有一对多联系，记为 1: $n$。

例如，一个部门中有若干名职工，而每个职工只能在一个部门工作，则部门与职工之间具有一对多联系。

（3）多对多联系（m:n）

如果对于实体集 $A$ 中的每一个实体，实体集 $B$ 中有 $n$ 个实体与之联系（$n \geq 0$），反之，对于实体集 $B$ 中的每一个实体，实体集 $A$ 中也有 $m$ 个实体与之联系（$m \geq 0$），则称实体集 $A$ 与实体集 $B$ 具有多对多联系，记为 $m: n$。

【例 1-1】在选课系统中，一门课程同时有若干个学生选修，而一个学生可以同时选修多门课程，则课程与学生之间具有多对多联系。

实际上，一对一联系是一对多联系的特例，而一对多联系又是多对多联系的特例。

实体型之间的这种一对一、一对多、多对多联系不仅存在于两个实体型之间，也存在于两个以上的实体型之间。

【例 1-2】在授课系统中，对于课程、教师与参考书 3 个实体型，如果一门课程可以有若干个教师讲授，使用若干本参考书，而每一个教师只讲授一门课程，每一本参考书只供一门课程使用，则课程与教师、课程与参考书之间的联系是一对多的。

同一个实体集内的各实体之间也可以存在一对一、一对多、多对多的联系。

【例 1-3】职工实体集内部有领导与被领导的联系。即某职工为部门领导，"领导"若干职工，因此这是一对多联系。

### 1.5.3　概念模型的表示方法

概念模型的表示方法很多，其中最为常用的是 P.P.S.Chen 于 1976 年提出的实体 – 联系方法（Entity-Relationship Approach，E-R 表示法）。该方法用 E-R 图来描述现实世界的概念模型，称为实体 – 联系模型，简称 E-R 模型。E-R 图中各图形的含义及图示如表 1-1 所示。

表 1-1　E-R 图中各图形的含义

| 对象类型 | E-R 图表示方法 | E-R 图表示图示 | 学生、课程示例 |
| --- | --- | --- | --- |
| 实体 | 用矩形表示，矩形内写明实体名称 | 实体名 | 学生 |
| 属性 | 用椭圆形表示，椭圆内写明属性名称，并用无向边将其与实体连接起来 | 属性名名 | 学号 |
| 联系 | 用菱形表示，菱形内写明联系名称，用无向边分别与有关实体连接起来，并在无向边旁标明联系的类型 | 联系名 | 选课 |

需要注意的是，联系本身也可以有属性。如果一个联系具有属性，则这些属性也要用无向边与该联系连接起来。

用 E-R 图分别表示概念模型如图 1-5 所示。

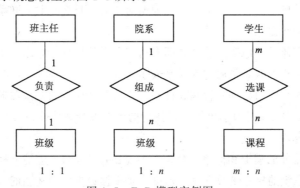

图 1-5　E-R 模型实例图

【例 1-4】图书借阅系统概念模型设计。

该系统中有读者（编号，姓名，读者类型，已借数量）、图书（编号，书名，出版社，出版日期，定价）两个实体集，实体集之间通过借阅建立联系。假设一位读者可以借阅多本图书，一本图书可以经多位读者借阅。E-R 图如图 1-6 所示。

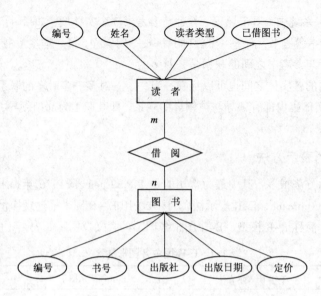

图 1-6　图书借阅系统 E-R 图

### 1.5.4　数据模型

数据库管理中一个重要概念是数据模型。数据模型是数据库系统中用以提供信息表示和操作手段的形式框架。在数据库中数据模型是用户和数据库之间相互交流的工具。用户要把数据存入数据库，只要按照数据库所提供的数据模型，使用相关的数据描述和操作语言就可以把数据存入数据库，而无须过问计算机是如何管理这些数据的细节。目前在数据库管理软件中常用的数据模型有三种，即关系模型、层次模型和网状模型。

关系模型是把存放在数据库中的数据和它们之间的联系看作是一张张二维表。这与我们日常习惯很接近。

层次模型是把数据之间的关系纳入一种一对多的层次框架来加以描述。例如学校、企事业单位的组织结构就是一种典型的层次结构。层次模型对于表示具有一对多联系的数据是很方便的，但要表示多对多联系的数据就不很方便。

网状模型是可以方便灵活地描述数据之间多对多联系的模型。它用一个矩形框表示客观世界的一个实体，这些实体之间的联系通过连线来表示。

目前在微型机上最常用的数据库管理软件都是支持关系模型的关系数据库系统。其中 Oracle、Sybase、Informix 和 SQL Server 是目前世界上最流行的数据库管理软件，它们将 SQL 作为数据描述、操作、查询的标准语言。

模型是现实世界特征的模拟和抽象。数据模型（Data Model）也是一种模型，它是实现数据特征的抽象。数据库系统的核心是数据库，数据库是根据数据模型建立的，因而数据模型是数据库系统的基础。

一般来讲，任何一种数据模型都是严格定义的概念的集合。这些概念必须能够精确地描述系统的静态特性、动态特性和完整性约束条件。因此，数据模型通常都是由数据结构、数据操作和完整性约束 3 个要素组成。

### 1．数据结构

数据结构研究数据之间的组织形式（数据的逻辑结构）、数据的存储形式（数据的物理结构）以及数据对象的类型等。存储在数据库中的对象类型的集合是数据库的组成部分。例如在图书馆管理中，要管理的数据对象有图书、读者、借阅等基本情况。图书对象集中，每本图书包括编号、书名、作者、出版社、出版日期、定价等信息，这些基本信息描述了每本图书的特性，构成在数据库中存储的框架，即对象类型。

数据结构用于描述系统的静态特性。数据结构是刻画一个数据模型性质最重要的方面。因此，在数据库系统中，通常按照其数据结构的类型来命名数据模型。例如层次结构、网状结构、关系结构的数据模型分别命名为层次模型、网状模型和关系模型。

### 2．数据操作

数据操作用于描述系统的动态特性。

数据操作是指对数据库中的各种对象（型）的实例（值）允许执行的操作的集合，包括操作及有关的操作规则。数据库主要有查询和更新（包括插入、删除、修改）两大类操作。数据模型必须定义这些操作的确切含义、操作符号、操作规则（如优先级）以及实现操作的语言。

### 3．数据完整性约束

数据完整性约束是一组完整性规则的集合。完整性规则是给定的数据模型中数据及其联系所具有的制约和存储规则，用以符合数据模型的数据库状态以及状态的变化，以保证数据的正确、有效和相容。

数据模型应该反映和规定本数据模型必须遵守的、基本的、通用的完整性约束。此外，数据模型还应该提供定义完整性约束的机制，以反映具体所涉及的数据必须遵守的特定的语义约束。例如，在图书信息中，图书的"定价"只能取大于零的值；人员信息中的"性别"只能为"男"或"女"；学生选课信息中的"课程号"的值必须取自学校已经开设的课程的课程号等。

数据模型是数据库技术的关键，它的 3 个要素完整地描述了一个数据模型。

## 1.5.5　数据模型的种类

目前，数据库领域中，最常用的数据模型有：层次模型、网状模型和关系模型。其中，层次模型和网状模型统称为非关系模型。非关系模型的数据库系统在 20 世纪 70 年代非常流行，到了 20 世纪 80 年代，关系模型的数据库系统以其独特的优点逐渐占据了主导地位，成为数据库系统的主流。

### 1．层次模型

层次模型（Hierarchical Model）是数据库中最早出现的数据模型，层次数据库系统采用层次模型作为数据的组织方式。用树形（层次）结构表示实体类型以及实体间的联系是层次模型的主要特征。

在数据库中，满足以下条件的数据模型称为层次模型：

① 只有一个结点无父结点，这个结点称为"根结点"。

② 根结点以外的子结点，向上仅有一个父结点，向下有若干个子结点。

层次模型像一颗倒置的树，根结点在上，层次最高；子结点在下，逐层排列。层次模型的特点是层次清楚、结构简单、易于实现。

层次模型的表示方法是：树的结点表示实体集，结点之间的连线表示相连两实体集之间的关系，这种关系只能是"1:$n$"的。图 1-7 所示为一个层次模型示例。

层次数据库系统的典型代表是 IBM 公司的 IMS（Information Management System）数据库管理系统，这是 1968 年 IBM 公司推出的第一个大型的商用数据库管理系统。曾经得到广泛的使用。1969 年 IBM 公司推出的 IMS 系统是最典型的层次模型系统，曾在 20 世纪 70 年代商业上广泛应用。目前，仍有某些特定用户在使用。

**2. 网状模型**

网状模型（Network Model）是一种可以灵活地描述事物及其之间关系的数据库模型。最早由美国的查尔斯·巴赫曼发明。在现实世界中事物之间的联系更多的是非层次关系的，用层次模型表示非树形结构是很不直接的，网状模型则可以克服这一弊端。

用网状结构表示实体类型及实体之间联系的数据模型称为网状模型。网状模型是层次模型的扩展，表示多个从属关系的层次结构，网状模型的结点间可以任意发生联系，能够表示各种复杂的关系。

在数据库中，满足以下条件的数据模型称为网状模型：

① 允许结点有多于一个的父结点。

② 有一个以上的结点无父结点。

网状结构可以表示较复杂的数据结构，即可以表示数据间的纵向关系和横向关系。网状结构多适用于多对多的联系。图 1-8 所示为一个网状模型示例。

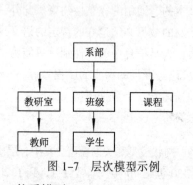

图 1-7   层次模型示例

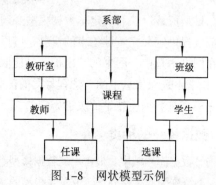

图 1-8   网状模型示例

**3. 关系模型**

关系模型（Relational Model）是目前最常用的一种数据模型。关系数据库系统采用关系模型作为数据的组织方式。1970 年美国 IBM 公司 San Jose 研究室的研究员英国人 Edgar Frank Codd 首次提出了数据库系统的关系模型，开创了数据库关系方法和关系数据理论的研究，为关系数据库技术奠定了理论基础，由于 Edgar Frank Codd 的杰出工作，他于 1981 年获得 ACM 图灵奖。

20 世纪 80 年代以来，计算机厂商推出的数据库管理系统几乎都支持关系模型，非关系模型系统的产品也大都加上了接口。数据库领域当前的研究工作也都以关系方法为基础。

在现实世界中，人们经常用表格形式表示数据信息。但是日常生活中使用的表格往往比较复杂，在关系模型中基本数据结构被限制为二维表格。因此，在关系模型中，数据在用户观点下的逻辑结构就是一张二维表。每一张二维表称为一个关系（Relation）。

关系模型比较简单，容易为初学者接受。关系在用户看来是一个表格，记录是表中的行，属性是表中的列。例如：学生、课程、学生与课程之间的"选课"联系都用关系来表示，图 1–9 所示为一个关系模型示例。

| 系 号 | 系 名 | 系主任 |
|------|------|------|
| 01 | 法 律 | 刘世坤 |
| 02 | 计算机 | 程 辉 |
| 03 | 金 融 | 张明明 |
| 04 | 英 语 | 余 凡 |

"系部"关系

| 课程号 | 课 程 名 | 学 分 |
|------|------|------|
| 101 | 公共英语 | 6 |
| 102 | 高等数学 | 5 |
| 103 | 网页制作技术 | 2 |
| 104 | 数据库程序设计 | 4 |

"课程"关系

| 学 号 | 姓 名 | 性 别 | 系 号 |
|------|------|------|------|
| 091501 | 张婷 | 女 | 01 |
| 091505 | 李波 | 男 | 01 |
| 091508 | 王燕 | 女 | 01 |
| 091610 | 陈晨 | 男 | 02 |
| 091613 | 马刚 | 男 | 02 |
| 091718 | 刘娟 | 女 | 03 |

"学生"关系

| 学 号 | 课 程 号 | 成 绩 |
|------|------|------|
| 091501 | 101 | 81 |
| 091505 | 102 | 79 |
| 091508 | 101 | 88 |
| 091610 | 103 | 82 |
| 091613 | 104 | 75 |
| 091718 | 101 | 68 |

"选课"关系

图 1–9　关系模型示例

关系模型是数学化的模型，可把表格看作一个集合，因此集合论、数理逻辑等知识可引入到关系模型中来。关系模型已得到广泛应用。本书以后各章节的讨论均是基于关系模型的。

# 1.6　数据库设计的一般步骤

考虑数据库及其应用系统开发的全过程，可以将数据库设计过程分为以下 6 个阶段。

### 1. 需求分析阶段

进行数据库应用软件的开发，首先必须准确了解与分析用户需求（包括数据处理）。需求分析是整个开发过程的基础，是最困难、最耗费时间的一步。作为地基的需求分析是否做的充分与准确，决定了在其上建造数据库大厦的速度与质量。需求分析做得不好，会导致整个数据库应用系统开发返工重做的严重后果。

### 2. 概念结构设计阶段

概念结构设计是整个数据库设计的关键，它通过对用户需求进行综合、归纳与抽象，形成一个独立于具体 DBMS 的概念模型，一般用 E-R 图表示概念模型。

### 3. 逻辑结构设计阶段

逻辑结构设计是将概念结构转化为选定的 DBMS 所支持的数据模型，并使其在功能、性能、完整性约束、一致性和可扩充性等方面均满足用户的需求。

### 4. 数据库物理设计阶段

数据库的物理设计是为逻辑数据模型选取一个最适合应用环境的物理结构（包括存储结构和存取方法）。即利用选定的 DBMS 提供的方法和技术，以合理的存储结构设计一个高效的、可行的数据库物理结构。

### 5. 数据库实施阶段

数据库实施阶段的任务是根据逻辑设计和物理设计的结果，在计算机上建立数据库，编制与调试应用程序，组织数据入库，并进行系统测试和试运行。

### 6. 数据库运行和维护阶段

数据库应用系统经过试运行后即可投入正式运行。在数据库系统运行过程中必须不断地对其进行评价、调整与修改。

开发一个完善的数据库应用系统不可能一蹴而就，它往往是上述 6 个阶段的不断反复。而这 6 个阶段不仅包含了数据库的（静态）设计过程，而且包含了数据库应用系统（动态）的设计过程。在设计过程中，应该把数据库的结构特性设计（数据库的静态设计）和数据库的行为特性设计（数据库的动态设计）紧密结合起来，将这两个方面的需求分析、数据抽象、系统设计及实现等各个阶段同时进行，相互参照，相互补充，以完善整体设计。

# 1.7　关系数据库概述

关系数据库是基于关系模型的数据库，现实世界的实体及实体间的各种联系均用单一的结构类型即关系来表示。20 世纪 80 年代以来，计算机厂商推出的数据库管理系统几乎都支持关系模型，数据库领域当前的研究工作大都以关系模型为基础。主要的关系数据库有 SQL Server、Access、DB2、My SQL 等。

## 1.7.1　关系术语

### 1. 关系

一个关系就是一张二维表，每个关系有一个关系名，也称表名。在 Access 中，一个关系存储为一个数据库文件的表。如图 1-9 所示，其中有"系部""课程""学生""选课"4 个关系。

### 2. 元组

表中的行称为元组，一行是一个元组，在 Access 中，对应于数据库文件表中的一条记录。如图 1-9 所示，"学生"关系中包含 6 条记录。

### 3. 属性

表中的一列就是一个属性，也称为一个字段。如图 1-9 所示，"选课"关系包括"学号""课程号""成绩"3 个字段。

### 4. 域

一个属性的取值称为一个域。如图 1-9 所示，"学生"关系的"性别"字段的域是"男"或"女"。

### 5. 关键字

在表中能唯一标识一条记录的字段或字段组合，称为主关键字。在 Access 中，表示为字段或字段的组合。如图 1-9 所示，"学生"关系中的"学号"字段为关键字，因为"学号"可以唯一地表示一个学生，而学生表中的"姓名"字段可能会重名，因此，"姓名"字段不能作为唯一标识的关键字。

### 6．候选关键字

如果某个属性的值能唯一地标识一个元组，这个属性就称为候选关键字。一个表中可能有多个候选关键字，例如，学号和身份证号都是候选关键字，选择一个候选关键字作为主键，主键的属性称为主属性。

在 Access 中，主关键字和候选关键字都起唯一标识一个元组的作用。

### 7．外部关键字

如果关系（表）中的一个属性（字段）不是本关系（表）中的关键字，而是另外一个关系（表）中的主关键字或候选关键字，则称为外部关键字。

### 8．关系模式

对关系的描述称为关系模式，其格式为：关系名（属性 1，属性 2，…，属性 n）。图 1-9 所示的"选课"表的关系模式为：

选课(学号,课程号,成绩)

### 9．关系特点

关系模型对关系有一定的要求，关系模型的主要特点有：

① 在关系（表）中每一个属性（字段）不可再分，是最基本的单位。

② 在同一个关系（表）中不能有相同的属性名（字段名）。

③ 在关系（表）中不允许有相同的元组（记录）。

④ 在关系（表）中各属性（字段）的顺序是任意的，任意交换两个属性的位置不影响数据的实际含义。

⑤ 在关系（表）中元组（记录）的顺序可以是任意的。

在关系数据库中，主键和外键表示了两个表之间的联系。如图 1-9 所示的关系模型中，"系部"表和"学生"表中的记录可以通过公共的"系号"字段相联系，当要查找某位学生所在系的系主任时，可以先在"学生"表中找到该生所属系号，然后再到"系部"表中找到该系号所对应的系主任。

## 1.7.2 关系数据库的主要特点

① 关系中的每个属性必须是不可分割的数据项，即表中不能再包含表。如果不满足这个条件，就不能称为关系数据库，例如，表 1-2 所示的表格就不符合要求。

表 1-2 不符合规范要求的表格

| 职工号 | 姓 名 | 应 发 工 资 | | | 应 扣 工 资 | | | 实发工资 |
|---|---|---|---|---|---|---|---|---|
| | | 基本工资 | 奖 金 | 补 贴 | 房 租 | 水 电 | 公积金 | |
| 10001 | 周新 | | | | | | | |
| ... | | | | | | | | |

② 关系中每一列元素是同一类型的数据，并来自同一个域。

③ 关系中不能出现相同的字段。

④ 关系中不能出现相同的记录。

⑤ 关系中的行、列次序可以任意交换，不影响其信息内容。

### 1.7.3 关系的完整性

关系模型的完整性规则是对关系的某种约束条件，以保证数据的正确性、有效性和相容性。关系模型中有 3 类完整性约束。

#### 1. 实体完整性

实体完整性规则要求关系中的主键不能取空值或重复的值。所谓空值就是"不知道"或"无意义"的值。

例如：在"学生"表中，"学号"为主键，则学号不能为空，也不能重复。

#### 2. 参照完整性

参照完整性是对关系数据库中建立关联关系的数据表间数据参照引用的约束，也就是对外键的约束。准确地说，参照完整性是指关系中的外键必须是另一个关系的主键有效值，或者是 NULL。

例如："系号"在"学生"表中为外键，在"系部"表中为主键，则"学生"表中的"系号"只能取空值（表示学生尚未选择某个系），或者取"系部"表中已有的一个系号值（表示学生已属于某个系）。

实体完整性和参照完整性是关系模型必须满足的完整性约束条件。此外，用户还可以根据某一具体应用所涉及的数据必须满足的语义要求，自定义完整性约束，这类完整性也称为域完整性。

例如：在"选课"中，如果要求成绩以百分制表示，并保留一位小数，则用户就可以在表中定义成绩字段为数值型数据，小数位数为 1，取值范围为 1~100

### 1.7.4 关系运算

在对关系数据库进行数据查询时，需要对关系进行一定的关系运算。关系的基本运算有两类，一类是传统的集合运算（如并、查、交等），另一类是专门的关系运算（如选择、投影、连接等）。

#### 1. 传统的集合运算

（1）并（Union）

设有两个关系 $R$ 和 $S$，它们具有相同的结构。$R$ 和 $S$ 的并是由属于 $R$ 或属于 $S$ 的元组组成的集合，运算符为"∪"。记为 $T = R \cup S$。

例如，将表 1-3 中给出的有关学生信息的两个关系进行并运算，结果如表 1-4 所示。

表 1-3 学生信息的两个关系

| 学　号 | 姓　　名 | 性　　别 | 出　生　日　期 | 英　语 |
|---|---|---|---|---|
| （a）关系 R | | | | |
| 090201 | 张珊 | 女 | 89-05-04 | 98 |
| 090202 | 李明 | 男 | 88-06-07 | 82 |
| 090203 | 王芳 | 女 | 89-11-06 | 76 |
| （b）关系 S | | | | |
| 090101 | 张婷 | 女 | 89-07-18 | 67 |
| 090202 | 李明 | 男 | 88-06-07 | 82 |
| 090103 | 陈刚 | 男 | 89-01-26 | 80 |

表 1-4　关系并运算结果

| 学　号 | 姓　名 | 性　别 | 出生日期 | 英　语 |
|---|---|---|---|---|
| 090201 | 张珊 | 女 | 89-05-04 | 98 |
| 090202 | 李明 | 男 | 88-06-07 | 82 |
| 090203 | 王芳 | 女 | 89-11-06 | 76 |
| 090101 | 张婷 | 女 | 89-07-18 | 67 |
| 090103 | 陈刚 | 男 | 89-01-26 | 80 |

（2）差（Difference）

$R$ 和 $S$ 的差是由属于 $R$ 但不属于 $S$ 的元组组成的集合，运算符为 "–"。记为 $T = R - S$。例如，将表 1-3 中给出的有关学生信息的两个关系进行差运算，其结果如表 1-5 所示。

表 1-5　关系差运算结果

| 学　号 | 姓　名 | 性　别 | 出生日期 | 英　语 |
|---|---|---|---|---|
| 090201 | 张珊 | 女 | 89-05-04 | 98 |
| 090203 | 王芳 | 女 | 89-11-06 | 76 |

（3）交（Intersction）

$R$ 和 $S$ 的交是由既属于 $R$ 又属于 $S$ 的元组组成的集合，运算符为 "∩"。记为 $T = R \cap S$。$R \cap S = R - (R - S)$。例如，将表 1-3 中给出的有关学生信息的两个关系进行交运算，其结果如表 1-6 所示。

表 1-6　关系交运算结果

| 学　号 | 姓　名 | 性　别 | 出生日期 | 英　语 |
|---|---|---|---|---|
| 090202 | 李明 | 男 | 88-06-07 | 82 |

**2. 专门的关系运算**

（1）选择运算

从关系中找出满足给定条件的那些元组称为选择。其中的条件是以逻辑表达式给出的，值为真的元组将被选取。这种运算是从水平方向抽取元组。例如：SELECT ＊ FROM 学生 WHERE 入学成绩>450；是从"学生"关系中选择入学成绩大于 450 分的学生的元组组成新的关系模式。

（2）投影运算

从关系模式中挑选若干属性组成新的关系称为投影。这是从列的角度进行的运算，相当于对关系进行垂直分解。例如：SELECT 学号,姓名,性别 FROM 学生；是从 "学生" 关系属性集合中选择学号，姓名，性别 3 个属性组成新的关系模式。

（3）连接运算

连接是将两个关系模式通过公共的属性名拼接成一个更宽的关系模式，生成的新关系中包含满足连接条件的元组。运算过程是通过连接条件来控制的，连接条件中将出现两个关系中的公共属性名，或者具有相同语义、可比的属性。连接是对关系的结合。

设关系 $R$ 和 $S$ 分别有 $m$ 和 $n$ 个元组，则 $R$ 与 $S$ 的连接过程要访问 $m \times n$ 个元组。由此可见，涉及连接的查询应当考虑优化，以便提高查询效率。

自然连接是去掉重复属性的等值连接。它属于连接运算的一个特例，是最常用的连接运算，在关系运算中起着重要作用。

如果需要两个以上的关系进行连接，应当两两进行。利用关系的这三种专门运算可以方便地构造新的关系。

# 知识网络图

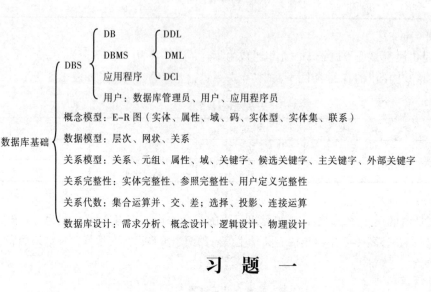

# 习　题　一

## 一、选择题

1. 用二维表数据来表示事物之间联系的模型称为（　　　）。

    A. 层次模型　　　　B. 关系模型　　　　C. 网络模型　　　　D. 实体-关系模型

2. 下面（　　　）不是数据库管理系统支持的数据模型。

    A. 层次模型　　　　B. 关系模型　　　　C. 表模型　　　　D. 网状模型

3. 以下不属于数据库系统（DBS）组成的是（　　　）。

    A. 硬件系统　　　　　　　　　　B. 数据库管理系统及相关软件

    C. 文件系统　　　　　　　　　　D. 数据库管理员（DBA）

4. 数据库（DB）、数据库管理系统（DBMS）、数据库系统（DBS）三者之间的关系是（　　　）。

    A. DB 包括 DBMS 和 DBS　　　　B. DBS 包括 DB 和 DBMS

    C. DBMS 包括 DBS 和 DB　　　　D. DBS 和 DB 和 DBMS 无关

5. 下面系统中不属于关系数据库管理系统的是（　　　）。

    A. Oracle　　　　　　　　　　　B. SQL Server

    C. Windows 7　　　　　　　　　D. Microsoft Access

6. 在关系数据库中，二维表的行称为（　　　）。

    A. 域　　　　　　　B. 关键字　　　　　C. 元组　　　　　D. 属性

7. 数据库系统的核心是（　　　）。

    A. 数据模型　　　　　　　　　　B. 数据库管理系统

    C. 软件工具　　　　　　　　　　D. 数据库

8. 数据模型反映的是（　　　）。

    A. 事物本身的数据和相关事物之间的联系

    B. 事物本身所包含的数据

    C. 记录中所包含的全部数据

    D. 记录本身的数据和相关关系

## 二、简答题

1. 简述数据、数据库、数据库系统、数据库管理系统的概念。

2. 简述数据库系统的特点。

3. 简述数据管理技术发展经历的几个阶段。

4. 实体联系间的种类。

5. 有哪几种数据模型，各有何特点？

6. 简述数据模型的组成要素。

7. 简述数据库开发的步骤。

# 第 2 章 | Access 2010 概述

Access 2010 是 Office 2010 系列软件中用来专门管理数据库的应用软件,是较为普及的关系数据库管理软件之一。它可运行于各种 Windows 系统环境中,由于它继承了 Windows 的特性,不仅易于使用,而且界面友好,它并不需要数据库管理者具有专业的程序设计水平,任何非专业的用户都可以用它来创建功能强大的数据库管理系统。它可以把各种有关的表、查询、窗体、报表、宏以及 VBA 程序代码都包含在一个数据库文件中。

**本章主要内容:**

- Access 2010 数据库的安装与卸载。
- Access 2010 数据库的启动与退出。
- Access 2010 的系统界面简介。
- Access 2010 数据库的基本操作(创建、打开和关闭)。
- Access 2010 数据库的六大对象。

## 2.1 Access 数据库概述

Access 2010 是 Office 2010 系列办公软件中的产品之一,是微软公司出品的优秀的桌面数据库管理和开发工具。Microsoft 公司将汉化的 Access 2010 中文版加入 Office 2010 中文版套装软件中,在中国得到广泛的应用。

Access 2010 是一个面向对象的、采用事件驱动机制的关系型数据库。这样说可能有些抽象,但是相信用户经过后面的学习,就会对什么是面向对象、什么是事件驱动有更深刻的理解。

Access 2010 提供了表生成器、查询生成器、宏生成器、报表设计器等许多可视化的操作工具,以及数据库向导、表向导、查询向导、窗体向导、报表向导等多种向导,可以使用户很方便地构建一个功能完善的数据库系统。Access 2010 还为开发者提供了 Visual Basic for Application(VBA)编程功能,使高级用户可以开发功能更加完善的数据库系统。

Access 2010 还可以通过 ODBC 与 Oracle、Sybase、FoxPro 等其他数据库连接,实现数据的交换和共享。并且,作为 Office 办公软件包中的一员,Access 还可以与 Word、Outlook、Excel 等其他软件进行数据的交互和共享。

Access 2010 是简便、实用的数据库管理系统,它提供了大量的工具和向导,即使没有编程经验的用户也可以通过其可视化的操作来完成绝大部分的数据库管理和开发工作。

此外,Access 2010 还提供了丰富的内置函数,以帮助数据库开发人员开发出功能更加完善、操作更加简便的数据库系统。

Access 2010 的新特点如下：

① 比以往更快更轻松地构建数据库。

② 创建更具吸引力的窗体和报表。

③ 在适当的时间更加轻松地访问适当的工具，在需要的时间、需要的位置找到需要的命令。

④ 创建集中管理数据的位置。

⑤ 通过新的方式访问数据库。

## 2.2　Access 2010 的安装与卸载

### 1. 系统要求

① 计算机和处理器：IBM 兼容机，500 MHz 或更快处理器。

② 内存（RAM）：256 MB 或更大容量 RAM。

③ 硬盘：3GB 可用磁盘空间。

④ 显示器：1 024 像素×768 像素或更高分辨率的显示器。

⑤ 操作系统：Windows XP Service Pack (SP) 3、Windows Server 2003 SP2、Windows Vista SP1、Windows Server 2008、Windows 7、Windows 8。

### 2. 安装

将 Office 2010 安装光盘放入光驱，双击 setup.exe 进行安装。为了使用 Access 2010 的全部功能，在安装时选择"自定义安装"。方法为：在"选择所需的安装"界面中单击"自定义"按钮，在"安装选项"选项卡的 Microsoft Access 按钮上单击，在打开的菜单中选择"从本机运行全部程序"命令，再单击"立刻安装"按钮进行安装，如图 2-1 所示。

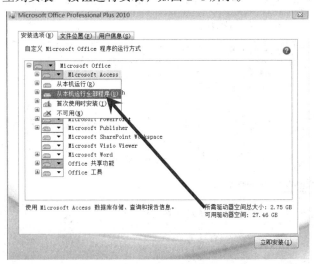

图 2-1　自定义安装 Access 2010

### 3. 卸载

如要卸载 Access 2010，可选择"开始"→"控制面板"命令，打开"控制面板"窗口。双击"添加或删除程序"图标，打开"卸载或删除程序"窗口，找到"Microsoft Office Professional Plus 2010"程序，单击"更改/删除"按钮→添加或删除功能→继续→Microsoft Access，在菜单中选择"不可用"选项，单击"继续"按钮即可，如图 2-2 所示。需要注意的是，由于 Access 2010 是 Office 2010 套件中的一部分，所以如果单击"卸载"按钮，将会卸载整个 Office 2010 软件。

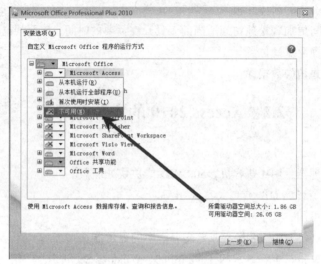

图 2-2　卸载 Access 2010

## 2.3　Access 2010 的启动和退出

### 1. 启动 Access

启动 Access，常用的方法有以下几种：

① 从开始菜单启动 Access。选择"开始"→"所有程序"→Microsoft office→Microsoft Access 2010 命令，启动后的画面如图 2-3 所示。

图 2-3　直接启动 Access 时的窗口

② 通过打开已有的数据库来启动 Access。在 Windows 资源管理器中，双击一个 Access 数据库文件，即可启动 Access，并打开该数据库，如图 2-4 所示。

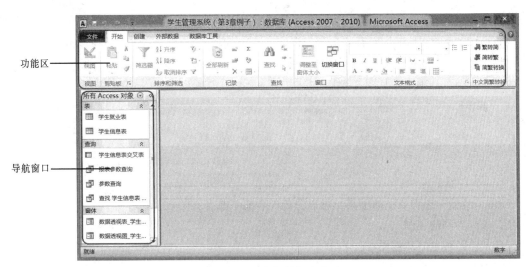

图 2-4　通过打开已有的数据库启动 Access

### 2．退出 Access

选择"文件"→"退出"命令，或通过单击 Access 主窗口的"关闭"按钮。

Access 2010 采用了一种全新的用户界面，这种用户界面是 Microsoft 公司重新设计的，可以帮助用户提高工作效率。

## 2.4　Access 2010 的系统界面

Access 2010 用户界面如图 2-4 所示，由标题栏、菜单栏、工具栏、工作区和状态栏组成，Access 2010 中主要的新界面元素包括 3 个，它们是 Backstage 视图、功能区和导航窗格。这 3 个主要元素提供了供用户创建和使用数据库的环境。

### 2.4.1　Backstage 视图

Backstage 视图是 Access 2010 中的新功能。它包含应用于整个数据库的命令，排列在屏幕左侧，并且每个命令都包含一组相关命令或链接。这些命令通常适用于整个数据库，而不是数据库中的对象。在启动 Access 2010 时就可看到 Backstage 视图，通过它可快速访问常见功能，如创建新的空数据库、根据示例模板新建数据库、从 Office.com 模板创建新数据库、打开最近使用的数据库，以及执行很多文件和数据库的维护任务（见图 2-3）。

### 2.4.2　功能区

功能区是一个横跨窗口顶部、将相关常用命令分组在一起的选项卡集合，替代 Access 早期版本中的多层菜单和工具栏，它把主要命令菜单、工具栏、任务窗格和其他用户界面组件的任务或入口点集中在一起，在同一时间只显示活动选项卡中的命令。每个选项卡下方均列出不同功能的组，可以使用户更快地查找相关命令组。例如，如果要创建一个新的窗体，可以在"创建"选项卡下找到各种创建窗体的方式。

Access 2010 的"功能区"由命令选项卡、上下文命令选项卡和快速访问工具栏组成。下面对各个部分进行相应的介绍。

**1．命令选项卡**

Access 2010 的"功能区"有 4 个命令选项卡，分别为"开始""创建""外部数据"和"数据库工具"。在每个选项卡下，都有不同的操作工具。

（1）"开始"选项卡（见图 2-5）

图 2-5　"开始"选项卡

利用"开始"选项卡下的工具，可以完成的功能主要有：

① 选择不同的视图。

② 从剪贴板复制和粘贴。

③ 设置当前的字体格式。

④ 设置当前的字体对齐方式。

⑤ 对备注字段应用 RTF 格式。

⑥ 操作数据记录（如刷新、新建、保存、删除、汇总、拼写检查等）。

⑦ 对记录进行排序和筛选。

⑧ 查找记录。

（2）"创建"选项卡（见图 2-6）

图 2-6　"创建"选项卡

利用"创建"选项卡下的工具，可以完成的功能主要有：

① 插入新的空白表。

② 使用表模板创建新表。

③ 在 SharePoint 网站上创建列表，在链接至新创建的列表的当前数据库中创建表。

④ 在设计视图中创建新的空白表。

⑤ 基于活动表或查询创建新窗体。

⑥ 创建新的数据透视表或图表。

⑦ 基于活动表或查询创建新报表。

⑧ 创建新的查询、宏、模块或类模块。

（3）"外部数据"选项卡（见图 2-7）

图 2-7　"外部数据"选项卡

利用"外部数据"选项卡下的工具，可以完成的功能主要有：

① 导入或链接到外部数据。

② 导出数据。

③ 通过电子邮件收集和更新数据。

④ 使用联机 SharePoint 列表。

⑤ 创建保存的导入和保存的导出。

⑥ 将部分或全部数据库移至新的或现有的 SharePoint 网站。

（4）"数据库工具"选项卡（见图 2-8）

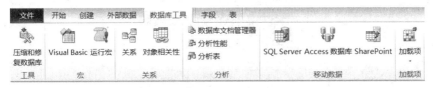

图 2-8　"数据库工具"选项卡

利用"数据库工具"选项卡下的工具，可以完成的功能主要有：

① 启动 Visual Basic 编辑器或运行宏。

② 创建和查看表关系。

③ 显示/隐藏对象相关性或属性工作表。

④ 运行数据库文档或分析性能。

⑤ 将数据移至 Microsoft SQL Server 或 Access（仅限于表）数据库。

⑥ 运行链接表管理器。

⑦ 管理 Access 加载项。

⑧ 创建或编辑 Visual Basic for Applications（VBA）模块。

**2．上下文命令选项卡**

上下文命令选项卡就是根据用户正在使用的对象或正在执行的任务而显示的命令选项卡。例如，当用户在设计视图中设计一个窗体时，会出现"窗体设计工具"的"设计"选项卡，如图 2-9 所示。

图 2-9　"窗体设计工具"的"设计"选项卡

而在数据表的设计视图中创建一个数据表时，则会出现"表格工具"的"设计"选项卡，如图 2-10 所示。

图 2-10　"表格工具"的"设计"选项卡

### 3．快速访问工具栏

它显示在 Access 2010 界面的最上端，提供了对最常用的命令（如"保存"和"撤销"）的即时、单击访问途径，如图 2-11 所示。

图 2-11　快速访问工具栏

单击快速访问工具栏右边的小箭头，可以弹出"自定义快速访问工具栏"菜单，用户可以在该菜单中设置要在该工具栏中显示的图标，如图 2-12 所示。

图 2-12　自定义快速访问工具栏

## 2.4.3　导航窗格

导航窗格区域位于窗口左侧，用以显示当前数据库中的各种数据库对象，如图 2-4 所示。单击导航窗格右上方的小箭头，即可弹出"浏览类别"菜单，可以在该菜单中选择查看对象的方式，如图 2-13（a）所示。例如，当选择"表和相关视图"命令进行查看时，各种数据库对象就会根据各自的数据源表进行分类，如图 2-13（b）所示。

（a）"浏览类别"菜单

（b）数据源表分类查看

图 2-13　导航窗格

### 2.4.4 工作区与状态栏

在工作区与状态栏之间的一大块空白区域是系统工作区，各种工作窗口将在这里打开。状态栏位于系统主界面的底部，用于显示某一时刻数据库管理系统进行数据管理时的工作状态，如图 2-14 所示。

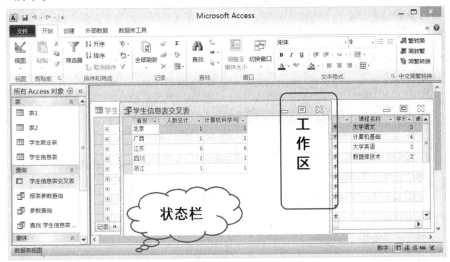

图 2-14 Access 2010 工作区与状态栏

## 2.5 数据库的基本操作

Access 数据库是以磁盘文件形式存在的，Access 2010 格式创建的数据库存放在一个数据库文件中，扩展名为.accdb，以早期 Access 格式（如 Access 2003 及以前版本）创建的数据库的文件扩展名为.mdb。下面详细介绍一下 Access 2010 的数据库格式。

### 2.5.1 Access 2010 的数据库格式

ACCDB：Access 2010 文件格式的文件扩展名，取代早期以.mdb 为文件扩展名的 Access 格式（Access 2003 及以前版本）。

ACCDE：用于处于"仅执行"模式的 Access 2010 文件的文件扩展名。ACCDE 文件删除了所有 Visual Basic for Applications（VBA）源代码。ACCDE 文件的用户只能执行 VBA 代码，而不能修改这些代码。ACCDE 取代 MDE 文件扩展名。

ACCDT：用于 Access 数据库模板的文件扩展名。

ACCDR：ACCDR 使数据库文件处于锁定状态。例如，如果将数据库文件的扩展名由.accdb 更改为.accdr，便可以创建一个锁定版本的数据库，这种数据库可以打开，但是看不到其中的任何内容。

### 2.5.2 创建数据库

Access 提供了两种创建数据库的方法，一种是先建立一个空数据库，然后向数据库中添加表、查询、窗体和报表等对象，这样可以灵活地创建更加符合实际需要的数据库系统；另一种是使用数据库向导来完成数据库创建，即利用系统提供的模板选择数据库类型，用户只需做一些简单的选择操作，就可以建立相应的表、窗体、查询和报表等对象，从而建立一个完整的数据库。无论哪一种方法，在数据库创建之后，都可以在任何时候修改或扩展数据库。

### 1. 创建空白数据库

【例 2-1】建立"学生管理"数据库，并将数据库保存在 E 盘以自己姓名命名的文件夹中。

具体操作步骤如下：

① 启动 Access。在 Access 2010 启动窗口中，在中间窗格的上方，单击"空数据库"图标，在右侧窗格的文件名文本框中，给出一个默认的文件名"Database1.accdb"。把它修改为"学生管理"，如图 2-15 所示。

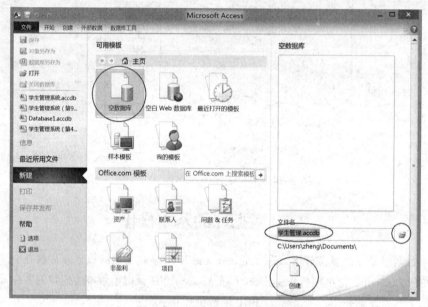

图 2-15　创建学生管理数据库

② 单击"浏览"按钮，打开"文件新建数据库"对话框，选择数据库的保存位置 E:\自己姓名（如"小明"）文件夹，单击"确定"按钮，如图 2-16 所示。

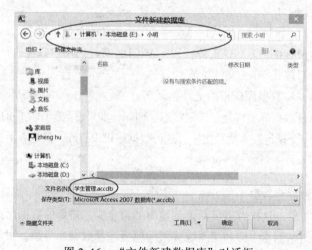

图 2-16　"文件新建数据库"对话框

③ 这时返回到 Access 启动界面，显示将要创建的数据库的名称和保存位置，如果用户未提供文件扩展名，Access 将自动添加，如图 2-17 所示。

④ 在 Access 启动界面的右侧窗格下方，单击"创建"按钮（见图 2-15）。

图 2-17　显示将要创建的数据库的名称和保存位置

⑤ 这时开始创建空白数据库，自动创建一个名称为表 1 的数据表，并以数据表视图方式打开这个表 1，如图 2-18 所示。

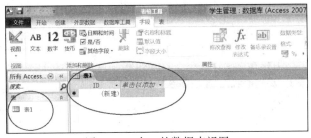

图 2-18　表 1 的数据表视图

⑥ 这时光标将位于"添加新字段"列中的第一个空单元格中，现在就可以输入添加数据，或者从另一数据源粘贴数据。

### 2. 使用模板创建 Web 数据库

【例 2-2】利用模板创建"班级联系人 Web 数据库.accdb"数据库，保存在"E:\实验一"文件夹中。

具体操作步骤如下：

① 启动 Access。在启动窗口的模板类别窗格中，单击"样本模板"图标，打开"可用模板"窗格，可以看到 Access 提供的 12 个可用模板分成两组。一组是 Web 数据库模板，另一组是传统数据库模板——罗斯文数据库。Web 数据库是 Access 2010 新增的功能。这一组 Web 数据库模板可以让新老用户比较快地掌握 Web 数据库的创建，如图 2-19 所示。

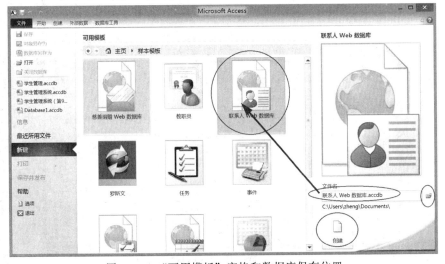

图 2-19　"可用模板"窗格和数据库保存位置

② 选中"联系人 Web 数据库"模板，则自动生成一个文件名"联系人 Web 数据库.accdb"，把它修改为"班级联系人 Web 数据库"，单击"浏览"按钮，打开"文件新建数据库"对话框，选择数据库的保存位置"E:\实验一"文件夹，单击"确定"按钮。

③ 单击"创建"按钮，开始创建数据库。数据库创建完成后，自动打开"联系人 Web 数据库"，如图 2-20 所示。

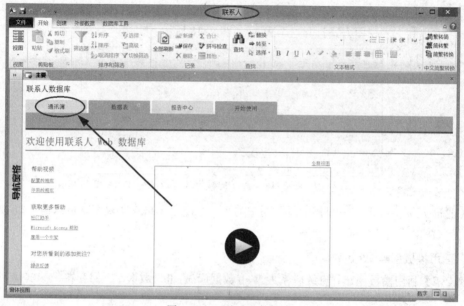

图 2-20  联系人数据库

④ 单击"通讯簿"选项卡下的"新增"按钮，弹出图 2-21 所示的"联系人详细信息"对话框，即可输入新的联系人资料。

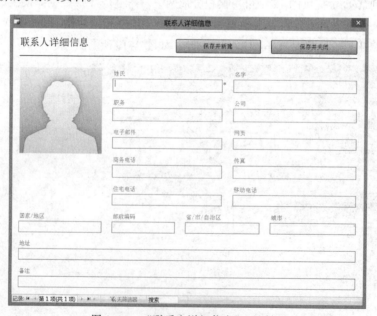

图 2-21  "联系人详细信息"对话框

通过数据库模板可以快速创建专业的数据库系统，但是这些系统可能不太符合用户的实际要求，因此最简便的方法就是先利用模板生成一个数据库，然后再进行修改，使其符合自己的要求。

### 2.5.3　打开和关闭数据库

数据库的打开、关闭与保存是数据库最基本的操作。

#### 1．打开数据库

创建了数据库后，以后用到数据库时就需要打开已创建的数据库。

【例 2-3】打开 E 盘中以自己姓名命名的文件夹下的"学生管理.accdb"数据库。

具体操作步骤如下：

① 启动 Access 2010，选择"文件"→"打开"命令，如图 2-22 所示。

图 2-22　打开数据库

② 弹出"打开"对话框，在"查找范围"下拉列表框中选择 E:\自己姓名（如"小明"）文件夹，在文件列表中选择"学生管理.accdb"，然后单击"打开"按钮，如图 2-23 所示。

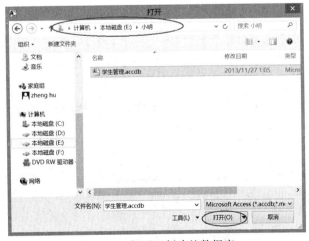

图 2-23　打开已创建的数据库

**2．关闭数据库**

关闭数据库的常用方法有以下几种：

① 选择"文件"→"退出"命令。

② 单击数据库窗口中的"关闭"按钮 ✕ 。

③ 按【Alt+F4】组合键。

# 2.6　Access 2010 对象

Access 2010 有表、查询、窗体、报表、宏和模块六大对象。Access 2010 的主要功能就是通过这六大数据库对象来完成的。不同的对象在数据库中起着不同的作用，它们的关系如图 2-24 所示。

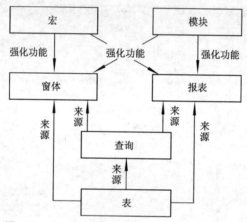

图 2-24　Access 数据库对象之间的关系示意图

**1．表**

表是数据库中最基本的组成单位。建立和规划数据库，首先要做的就是建立各种数据表。数据表是数据库中存储数据的唯一单位，它将各种信息分门别类地存放在各种数据表中。

**2．查询**

查询是数据库中应用最多的对象之一，可执行很多不同的功能。最常用的功能是从表中检索特定的数据。要查看的数据通常分布在多个表中，通过查询可以将多个不同表中的数据检索出来，并在一个数据表中显示这些数据。

**3．窗体**

窗体是用户与数据库应用系统进行人机交互的界面，用户可以通过窗体方便而直观地查看、输入或更改表中的数据。

**4．报表**

报表用于数据的打印输出，它可以按用户要求的格式和内容打印数据库中的各种信息。窗体和报表对象的数据来源可以是表，也可以是查询。

**5．宏**

宏是 Access 数据库中一个或多个操作（命令）的集合，每个操作实现特定的功能，例如，打开某个窗体或打印某个报表。利用宏可以使大量的重复性操作自动完成，使管理和维护 Access 数据库更加方便。

### 6. 模块

模块是 Access 数据库中存放 VBA（Visual Basic for Applications）代码的对象，创建模块对象的过程也就是使用 VBA 编写程序的过程。宏和模块是强化 Access 数据库功能的有力工具，可以在窗体或报表中被引用。

值得说明的是，Access 2010 停止了对数据访问页的支持，协同工作是通过 SharePoint 网站来实现的。

这六个数据库对象相互联系，构成一个完整的数据库系统。只要在一个表中保存一次数据，就可以从表、查询、窗体和报表等多个角度查看到数据。由于数据的关联性，在修改某一处的数据时，所有出现此数据的地方均会自动更新。

## 知识网络图

Access 2010 概述
- Access 2010 的安装与卸载
- Access 2010 的启动与退出
- Access 2010 的系统界面简介
- Access 2010 的基本操作（创建、打开和关闭）
- Access 2010 的六大对象（表、查询、窗体、报表、宏和模块）

## 习　题　二

### 一、选择题

1. 数据库的核心与基础是（　　　）。

　A. 表　　　　　　　　B. 查询　　　　　　　　C. 宏　　　　　　　　D. 记录

2. Access 2010 的默认数据库文件的扩展名是（　　　）。

　A. ACCDB　　　　　　B. DBF　　　　　　　　C. FRM　　　　　　　D. MDB

3. 下列关于 Access 数据库描述错误的是（　　　）。

　A. 由数据库对象和组两部分组成

　B. 数据库对象包括：表、查询、窗体、报表、宏、模块

　C. 数据库对象放在不同的文件中

　D. 是关系数据库

4. Access 数据库类型是（　　　）。

　A. 层次数据库　　　　　　　　　　　　B. 网状数据库

　C. 关系数据库　　　　　　　　　　　　D. 面向对象数据库

5. 在 Access 数据库中，表就是（　　　）。

　A. 关系　　　　　　　　B. 记录　　　　　　　　C. 索引　　　　　　　D. 数据库

6. 如果用户要新建一个联系人数据库系统，那么最快的建立方法是（　　）。

    A. 通过数据库模板建立　　　　　　　　B. 通过数据库字段模板建立

    C. 新建空白数据库　　　　　　　　　　D. 所有建立方法都一样

7. Access 2010 中包含（　　）种对象。

    A. 5　　　　　　　　B. 6　　　　　　　　C. 7　　　　　　　　D. 8

## 二、简答题

1. 简述如何创建数据库。

2. 简述如何打开和关闭数据库。

3. 简述 Access 2010 中的对象。

# 上机实训　Access 2010 的窗口及基本操作

## 一、实验目的

1. 熟悉 Access 2010 的界面。

2. 掌握 Access 2010 启动与退出的操作方法。

3. 掌握 Access 2010 创建、打开和关闭数据库的操作方法。

## 二、实验内容

建立"学生管理.accdb"数据库，并将创建好的数据库文件保存在"E:\实验一"文件夹中。

## 三、实验步骤

1. 在 E 盘中新建"实验一"文件夹。

2. 启动 Access 2010，在窗口中单击"空数据库"图标，把窗口右侧下面的文件名文本框中的默认文件名"Database1.accdb"修改为"学生管理"。

3. 单击"浏览"按钮 📂，打开"新建数据库"对话框，选择数据库的保存位置"E:\实验一"文件夹，单击"确定"按钮。

4. 在 Access 2010 窗格右侧下面，单击"创建"按钮。

5. 单击 Access 2010 窗口右上角的"关闭"按钮，或在 Access 2010 主窗口中选择"文件"→"退出"命令。

## 四、实验要求

1. 明确实验目的。

2. 按内容完成以上步骤的操作。

3. 按规定格式书写实验报告。

# 第3章 │ Access 数据表

在建立数据库的基础上，本章主要介绍数据库中数据表的创建和编辑方法、记录的相关操作和常用字段属性的设置、数据的排序和筛选、表与表之间的关系等。

**本章主要内容：**

- 数据表的创建方法。
- 字段属性的设置。
- 数据库的编辑（记录的相关操作）。
- 筛选与排序。
- 表关系的创建和删除。

## 3.1 创建数据表

表是数据库中用来存储数据的对象，是整个数据库的基础，也是数据库中其他对象的数据来源。例如，查询、窗体、报表都是在表的基础上建立和使用的。数据库中只有建立了表，才能输入数据，才能创建查询、窗体、报表这些数据对象。

### 3.1.1 设计表

Access 以二维表的形式来定义数据库表的数据结构。数据库表是由表名、表包含的字段名及其属性、表的记录等几部分组成。可以说创建表的过程就是平时编制表的过程，只是更加方便灵活。

在建立表之前首先要考虑以下几方面：

① 建立表的目的是什么，确定好表的名称，表的名称应与用途相符。例如，要保存学生的基本信息，表名就可以直接命名为"学生表"，尽量做到见名知意。

② 要确定表中字段及字段的名称，即字段的属性。例如，学号、姓名、性别、出生日期、政治面貌、班级、入学成绩、照片、备注等字段。

③ 确定每个字段的数据类型。Access 针对字段提供了文本、备注、日期/时间、数字、货币、自动编号、是/否、OLE 对象、超链接和查阅向导 10 种数据类型，以满足数据的不同用途。例如，姓名字段数据类型为文本型，出生日期字段的数据类型为日期/时间型，成绩字段为数字型。

④ 确定每一个字段的大小。

⑤ 确定表中能够唯一标识记录的主关键字段，即主键。

### 3.1.2　建立数据表

建立数据表的方式有以下几种：

① 和 Excel 表格一样，直接在数据表中输入数据。Access 2010 会自动识别存储在该数据表中的数据类型，并据此设置表的字段属性。

② 通过"表设计"建立，在表的"设计视图"中设计表，用户需要设置每个字段的各种属性。

③ 通过"表"模板，运用 Access 内置的表模板来建立。

④ 通过"字段"模板建立数据表。

⑤ 通过"SharePoint 列表"，在 SharePoint 网站建立一个列表，再在本地建立一个新表，并将其连接到 SharePoint 列表中。

⑥ 通过从外部数据导入建立表。将在后面的章节中详细介绍如何导入数据。

下面就常见的建立数据表的方式进行介绍。

### 3.1.3　在"新"数据库中创建新表

当新建立一个数据库时，名为"表 1"的新表会随之建立。

具体操作步骤如下：

① 启动 Access 2010，单击"空数据库"图标，在右下角"文件名"文本框中为新数据库输入文件名，如"学生管理系统"，如图 3-1 所示。

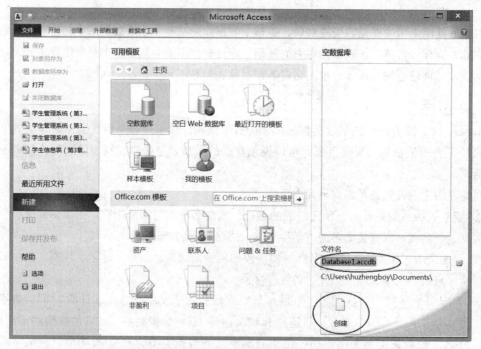

图 3-1　创建新数据库

② 单击"创建"按钮，名为"表 1"的新表会随之建立，如图 3-2 所示。

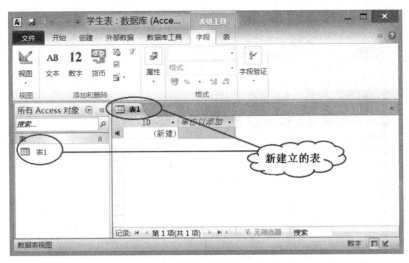

图 3-2　在"新"数据库中创建新表

### 3.1.4　在"现有"数据库中创建新表

在实际使用 Access 2010 时，经常会在现有的数据库中建立新表。

具体操作步骤如下：

① 启动 Access 2010，打开已经建立的名为"学生管理系统"数据库。

② 单击功能区"创建"选项卡下"表格"组中的"表"按钮，将在现有的名为"学生管理系统"数据库中创建一个名为"表 1"的新表，如图 3-3 所示。

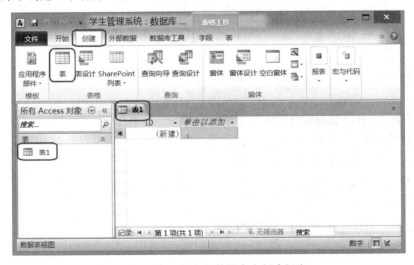

图 3-3　在"现有"数据库中创建新表

### 3.1.5　使用"表设计"建立表

使用表的"设计视图"创建表主要是设置表的各种字段的属性。而它创建的仅仅是表的结构，各种数据记录还需要在"数据表视图"中输入。在 Access 2010 中通常使用"设计视图"创建表。

具体操作步骤如下：

① 启动 Access 2010，创建一个新数据库。单击功能区"创建"选项卡下"表格"组中的"表

设计"按钮，如图 3-4 所示。

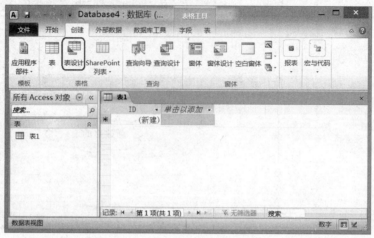

图 3-4　使用"表设计"建立表

② 进入表的设计视图，如图 3-5 所示。

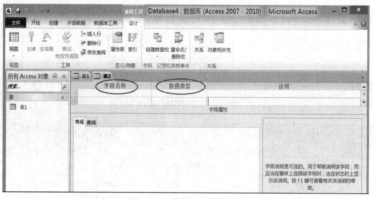

图 3-5　表的设计视图

③ 在"字段名称"栏的第一行输入"学号"，单击"数据类型"框，该框右边会出现下拉按钮，单击下拉按钮▼，打开下拉列表框，在其中选择"数字"，"说明"栏中的输入是选择性的，也可以不输入。第一个字段设计完成的效果如图 3-6 所示。

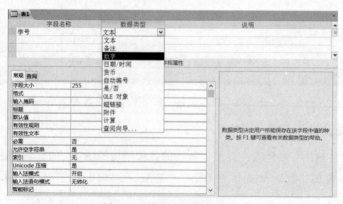

图 3-6　设置字段数据类型

④ 从第二行开始依次输入其他字段，名称分别为"姓名""性别""出生日期""政治面貌""班级""入学成绩""宿舍电话"和"照片"，类型分别为"文本""文本""日期/时间""文本""文本""数字""文本"和"OLE 对象"，如图 3-7 所示。

⑤ 单击"保存"按钮，弹出"另存为"对话框，在"表名称"文本框中输入"学生表"，单击"确定"按钮，如图 3-8 所示。

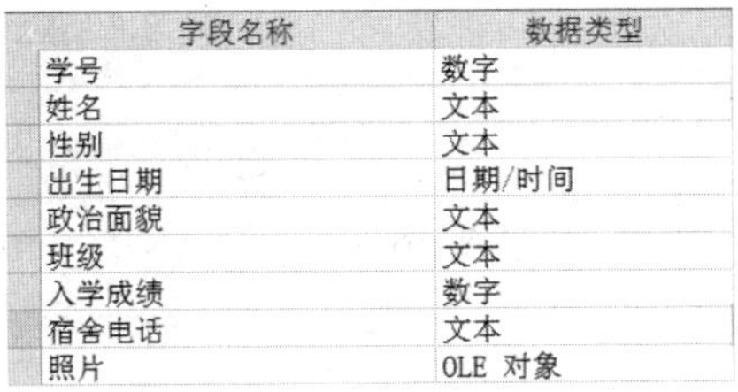

图 3-7　设置字段属性

图 3-8　保存表

⑥ 弹出图 3-8 所示的对话框，提示尚未设置主键，单击"否"按钮，暂时不设置主键，如图 3-9 所示。

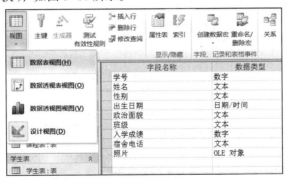

图 3-9　提示设置主键

⑦ 从"设计"视图切换到"表"视图（有两种方法：一是单击"视图"下拉按钮▼，在弹出的菜单中选择"数据表视图"命令；二是直接单击"视图"按钮，Access 2010 默认在"设计"视图和"表"视图间切换），如图 3-10 所示。

图 3-10　视图模式切换

⑧ 单击屏幕左上方的"视图"按钮，切换到"数据表视图"，这样就完成了利用表的"设计视图"创建表的操作。完成的数据表如图 3-11 所示。

图 3-11　数据表视图

# 3.2　字　段　属　性

在 Access 2010 中表的各个字段提供了"类型属性""常规属性"和"查询属性"3 种属性设置。打开一张设计好的表，可以看到窗口的上半部分是设置"字段名称""数据类型"等分类，下半部分是设置字段的各种特性的"字段属性"列表，如图 3-12 所示。

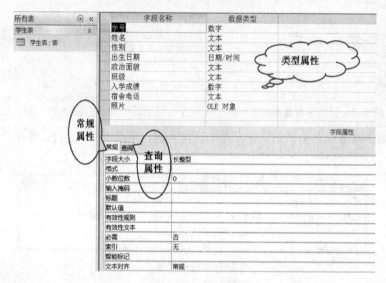

图 3-12　字段属性

## 3.2.1　类型属性

Access 提供了文本、备注、日期/时间、数字、货币、自动编号、是/否、OLE 对象、超链接和查阅向导 10 种数据类型，以满足数据的不同用途。表 3-1 中列出了 10 种数据类型的含义和用途。

表 3-1　Access 的数据类型

| 数据类型 | 含　义 | 用　途 |
| --- | --- | --- |
| 文本型 | 字段大小≤255 字符，默认字段大小是 50 字符 | 文本或文本与数字的组合，或不需要计算的数字，如学号、电话号码等 |
| 备注型 | 字段大小可以长达 62 000 字符，注意不能对备注型字段进行排序或索引 | 可以超出文本型的数据和长文本 |
| 数字型 | 数字型可以是整型、长整型、字节型、单精度型和双精度型等。长度为 1、2、4、8 字节。其中单精度的小数位精确到 7 位，双精度的小数位精确到 15 位 | 用于计算数据 |
| 自动编号型 | 每次向表中增加记录时，自动插入唯一顺序号，即在自动编号字段中指定一个数值。自动编号会永久与记录连接，若删除一条记录，也不会多记录重新编号 | 一般用于主关键字，如"编号"字段 |
| 日期/时间型 | 在 100 年—9999 年的任意日期和时间的数字 | 用于日期型数据，如"出生日期"字段 |

续表

| 数据类型 | 含　义 | 用　途 |
|---|---|---|
| 货币型 | 等价于双精度属性的数字数据类型 | 用于货币计算。向货币字段输入数据时，不必键入美元符号和千位分隔符，如"单价""金额"等字段 |
| 是/否型 | 取"是"或"否"值的数据类型，显示为（Yes/No、True/False、On/Off） | 只包含两种不同取值的字段，如"婚否"字段 |
| OLE 对象型 | 表中链接或嵌入的对象，例如，Word、Excel、图形、图像、声音或二进制文件等。字段大小最多为 1GB，并受磁盘空间限制 | 如"照片"字段 |
| 超链接型 | 可以链接到另一个文档、URL 或者文档内的一部分 | 用于存储超链接，例如电子邮件地址或网站 URL，最多可存储 2 048 字符 |
| 查阅向导型 | 为用户提供建立一个字段内容的列表 | 可用于输入一个静态值列表，也可指定要检索的值（如表中字段的源） |

### 3.2.2　常规属性

确定了字段类型后，在设计视图中可以对字段的属性做进一步的设置，主要属性包括字段大小、格式、输入掩码、标题、默认值、有效性规则、有效性文本、必填字段、索引、允许空字符串和索引等。

表中的每一个字段都有一系列的属性描述。字段的属性表示字段所具有的特性，不同的字段类型有不同的属性，当选择某一字段时，设计视图中"字段属性"区域就会显示出该字段的相应属性。对属性设置后的效果和作用将反映在数据视图中，如图 3-13 所示。

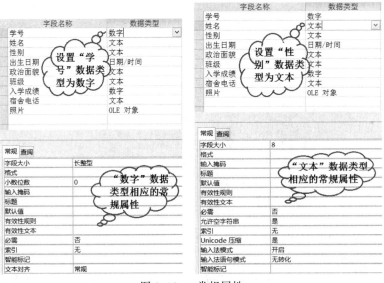

图 3-13　常规属性

### 1."字段大小"属性

"字段大小"属性适用于文本型、数字型和自动类型的数据，其他类型的数据大小是固定的。

文本型字段大小的取值范围是 0～255 字符，默认值是 50 字符。数字型字段大小反映不同的取值范围和精度，数字型字段大小的属性取值如表 3-2 所示。在表中列出了字节、整型、长整型、单精度型、双精度型、小数型 6 种属性取值范围，默认值是长整型。

表 3-2　数字型字段大小的属性取值范围

| 数字类型 | 取值范围说明 | 小数位数 | 字段长度 |
| --- | --- | --- | --- |
| 字节 | 保存从 0～255 的数字 | 无 | 1 字节 |
| 整型 | 保存 −32 768～32 767 的数字 | 无 | 2 字节 |
| 长整型 | 保存 −2 147 483 648～2 147 483 647 的数字 | 无 | 4 字节 |
| 单精度 | 保存 $−3.4 \times 10^{38}$～$3.4 \times 10^{38}$ 的数字 | 7 | 4 字节 |
| 双精度 | 保存 $−1.797\ 34 \times 10^{308}$～$1.797\ 34 \times 10^{308}$ 的数字 | 15 | 8 字节 |
| 小数 | 保存 $−10^{28}$～$10^{28}$ 的数字 | 28 | 12 字节 |

【例 3-1】将"学生表"中"学号"字段的"字段大小"设置为"长整型"、"小数位数"设置为 0，"姓名"字段的"字段大小"设置为 8，"性别"字段的"字段大小"设置为 2。

具体操作步骤如下：

① 打开已建立好的"学生管理系统"数据库，在导航栏中的"表"列表框中双击"学生表"，单击左上角的"视图"按钮，打开"表"设计视图。

② 单击"学号"字段的任一列，在字段属性区的"字段大小"文本框中选择"长整型"、"小数位数"文本框中选择"0"。

③ 单击"姓名"字段的任一列，在字段属性区的"字段大小"文本框中输入 8。

④ 单击"性别"字段的任一列，在字段属性区的"字段大小"文本框中输入 2，如图 3-14 所示。

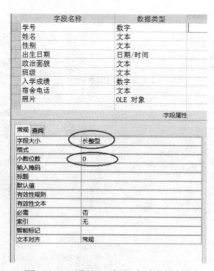

图 3-14　设置"字段大小"属性

注意：

① 学号如设置为"整型"将产生数字溢出，因为整型数据长度为 2 字节，即 16 位，则存储

的最大二进制数为 1111111111111111，转换为十进制数为 32 767。而学号最小的为"20130001"，所以当存储的数据大于 32 767 时，就不能使用"整型"。

② 如果设置的字段大小中已有数据，若减小字段大小将可能丢失数据。

**2．"格式"属性**

"格式"属性用于自定义文本、数字、日期和是/否型字段的输出（显示或打印）格式。设置字段的"格式"属性，将改变数据显示和打印的格式，但不会改变数据的存储格式。各种数据类型的字段格式说明如表 3-3～表 3-5 所示。

表 3-3　数字/货币数据类型的字段格式说明

| 数字/货币型 | 说　明 |
| --- | --- |
| 常规数字 | （默认值）以输入的方式显示数字。例如，123.456 |
| 欧元 | 使用欧元符号。例如，€ 123.45 |
| 货币 | 使用千位分隔符。例如，￥2 000.00 |
| 固定 | 至少显示一位数字。例如，3 456.78 |
| 标准 | 使用千位分隔符。例如，2 000.00 |
| 百分比 | 乘以 100 再加上百分号（%）。例如，123.00% |
| 科学计数 | 使用标准的科学计数法。例如，2.00E+03 |

表 3-4　日期/时间数据类型的字段格式说明

| 日期/时间型 | 说　明 |
| --- | --- |
| 常规日期 | （默认值）例如，2013-7-2 |
| 长日期 | 与 Windows 区域设置中的"长日期"设置相同。例如，2013 年 7 月 2 日 |
| 中日期 | 例如，13-07-02 |
| 短日期 | 与 Windows 区域设置中的"短日期"设置相同。例如，2013-7-2 |
| 长时间 | 与 Windows 区域设置中的"时间"选项卡上的设置相同。例如，17:34:23 |
| 中时间 | 例如，17:34:00 |
| 短时间 | 例如，17:34 |

表 3-5　文本/备注数据类型的字段格式说明

| 文本/备注型 | 说　明 |
| --- | --- |
| @ | 要求文本字符（字符或空格） |
| & | 不要求文本字符 |
| < | 强制所有字符为小写 |
| > | 强制所有字符为大写 |

【例 3-2】改变"学生表"中"宿舍电话"字段的显示格式，例如，将 02787788811 显示成 027—87788811，如图 3-15 所示。

| 学生表 | | | | | | | | |
|---|---|---|---|---|---|---|---|---|
| 学号 · | 姓名 · | 性别 · | 出生日期 · | 政治面貌 · | 班级 | 入学成绩 · | 宿舍电话 · | |
| 20130001 | 张绍文 | 男 | 1994/1/12 | 01 | 2013金融管理 | 459 | 02787788811 | |
| 20130107 | 杨明明 | 男 | 1995/2/28 | 01 | 2013国际贸易 | 476 | 02787788813 | |
| 20130211 | 王奇志 | 男 | 1994/12/8 | 01 | 2013市场营销 | 538 | 02787788815 | |
| 20130002 | 李少清 | 男 | 1994/4/23 | 02 | 2013金融管理 | 500 | 02787788811 | |
| 20130003 | 王文学 | 男 | 1994/3/21 | 02 | 2013金融管理 | 560 | 02787788811 | |
| 20130004 | 李红军 | 女 | 1993/6/16 | 02 | 2013金融管理 | 486 | 02787788812 | |
| 20130105 | 李萍 | 女 | 1994/11/17 | 02 | 2013国际贸易 | 563 | 02787788812 | |
| 20130209 | 王蓝萍 | 女 | 1995/12/5 | 02 | 2013市场营销 | 430 | 02787788814 | |
| 20130210 | 张晓军 | 男 | 1995/3/5 | 02 | 2013市场营销 | 458 | 02787788815 | |
| 20130106 | 成功 | 男 | 1994/9/1 | 03 | 2013国际贸易 | 510 | 02787788813 | |
| 20130108 | 李莉莉 | 女 | 1995/11/3 | 03 | 2013国际贸易 | 429 | 02787788814 | |
| 20130212 | 张三丰 | 男 | 1995/1/2 | 03 | 2013市场营销 | 520 | 02787788815 | |

图 3-15   改变"格式"属性

具体操作步骤如下：

① 打开已建立好的"学生管理系统"数据库，在导航栏中的"表"列表框中双击"学生表"，单击左上角的"视图"按钮，打开"表"设计视图。

② 在"学生表"设计视图中，单击"宿舍电话"字段行任意位置，在"字段属性"区"格式"文本框中输入"@@@-@@@@@@@@"，如图 3-16 所示。

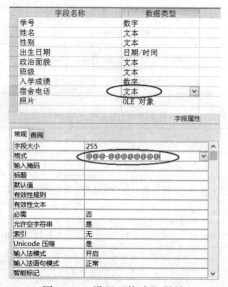

图 3-16   设置"格式"属性

③ 保存"学生表"，单击"视图"按钮，可以看到联系电话的显示形式改变了，如图 3-17 所示。

| 学号 · | 姓名 · | 性别 · | 出生日期 · | 政治面貌 · | 班级 · | 入学成绩 · | 宿舍电话 · | 照片 |
|---|---|---|---|---|---|---|---|---|
| 20130001 | 张绍文 | 男 | 1994/1/12 | 01 | 2013金融管理 | 459 | 027-87788811 | |
| 20130002 | 李少清 | 男 | 1994/4/23 | 02 | 2013金融管理 | 500 | 027-87788811 | |
| 20130003 | 王文学 | 男 | 1994/3/21 | 02 | 2013金融管理 | 560 | 027-87788811 | |
| 20130004 | 李红军 | 女 | 1993/6/16 | 02 | 2013金融管理 | 486 | 027-87788812 | |
| 20130105 | 李萍 | 女 | 1994/11/17 | 02 | 2013国际贸易 | 563 | 027-87788812 | |
| 20130106 | 成功 | 男 | 1994/9/1 | 03 | 2013国际贸易 | 510 | 027-87788813 | |
| 20130107 | 杨明明 | 男 | 1995/2/28 | 01 | 2013国际贸易 | 476 | 027-87788813 | |
| 20130108 | 李莉莉 | 女 | 1995/11/3 | 03 | 2013国际贸易 | 429 | 027-87788814 | |
| 20130209 | 王蓝萍 | 女 | 1995/12/5 | 02 | 2013市场营销 | 430 | 027-87788814 | |
| 20130210 | 张晓军 | 男 | 1995/3/5 | 02 | 2013市场营销 | 458 | 027-87788815 | |
| 20130211 | 王奇志 | 男 | 1994/12/8 | 01 | 2013市场营销 | 538 | 027-87788815 | |
| 20130212 | 张三丰 | 男 | 1995/1/2 | 03 | 2013市场营销 | 520 | 027-87788815 | |

图 3-17   显示设置"格式"属性后的输出形式

### 3. "输入掩码"属性

"输入掩码"属性可以要求用户遵循特定国家/地区惯例的日期，如将学生表中的出生日期输入值"1994/1/12"设置为"1994 年 1 月 12 日"。亦可设置将输入的密码显示为星号（＊）。

【例 3-3】将"学生管理系统"数据库中"学生"表的"出生日期"字段设置为"长日期（中文）"掩码。

具体操作步骤如下：

① 打开已建立好的"学生管理系统"数据库，在导航栏的"表"列表框中双击"学生表"，单击左上角的"视图"按钮，打开"表"设计视图。

② 在"学生表"设计视图中，单击"出生日期"字段行任意位置，在"字段属性"区域单击"输入掩码"文本框右边的"省略号"按钮，弹出"输入掩码向导"对话框，如图 3-18 所示。

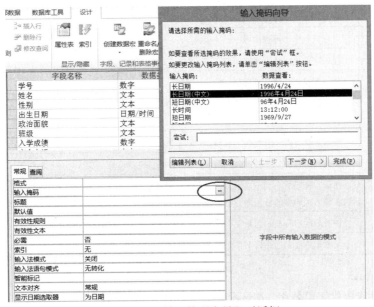

图 3-18　"输入掩码向导"对话框

③ 在"输入掩码"列表框中选择"长日期（中文）"选项，单击"下一步"按钮，直到完成。

④ 单击"保存"按钮，在数据表视图下，输入的新记录将按照所设置的掩码格式输入出生日期数据，如图 3-19 所示。

| 学号 | 姓名 | 性别 | 出生日期 | 政治面貌 | 班级 | 入学成绩 | 宿舍电话 |
|---|---|---|---|---|---|---|---|
| 20130001 | 张绍文 | 男 | 1994/1/12 | 01 | 2013金融管理 | 459 | 027-87788811 |
| 20130107 | 杨明明 | 男 | 1995/2/28 | 01 | 2013国际贸易 | 476 | 027-87788813 |
| 20130211 | 王奇志 | 男 | 1994/12/8 | 01 | 2013市场营销 | 538 | 027-87788815 |
| 20130002 | 李少清 | 男 | 1994/4/23 | 02 | 2013金融管理 | 500 | 027-87788811 |
| 20130003 | 王文学 | 男 | 1994/3/21 | 02 | 2013金融管理 | 560 | 027-87788811 |
| 20130004 | 李红军 | 女 | 1993/6/16 | 02 | 2013金融管理 | 486 | 027-87788812 |
| 20130105 | 李萍 | 女 | 1994/11/17 | 02 | 2013国际贸易 | 563 | 027-87788812 |
| 20130209 | 王蓝萍 | 女 | 1995/12/5 | 02 | 2013市场营销 | 430 | 027-87788814 |
| 20130210 | 张晓军 | 男 | 1995/3/5 | 02 | 2013市场营销 | 458 | 027-87788815 |
| 20130106 | 成功 | 男 | 1994/9/1 | 03 | 2013国际贸易 | 510 | 027-87788813 |
| 20130108 | 李莉莉 | 女 | 1995/11/3 | 03 | 2013国际贸易 | 429 | 027-87788814 |
| 20130212 | 张三丰 | 男 | 1995/1/2 | 03 | 2013市场营销 | 520 | 027-87788815 |
| * | | | 年_月_日 | | | 0 | |

图 3-19　按照所设置的掩码格式输入新记录

说　明

"输入掩码"只为文本和日期/时间型字段提供向导，其他数据类型没有向导帮助。

"输入掩码"属性所使用的字符及其含义如表 3-6 所示。

表 3-6 "输入掩码"属性所使用的字符及含义

| 字　符 | 说　明 |
|---|---|
| 0 | 数字 0～9，必选项，不允许使用加号和减号 |
| 9 | 数字或空格，非必选项，不允许使用加号和减号 |
| # | 数字或空格，非必选项，空白将转换为空格，允许使用加号和减号 |
| L | 字母 A 到 Z，必选项 |
| ? | 字母 A 到 Z，可选项 |
| A | 字母或数字，必选项 |
| a | 字母或数字，可选项 |
| & | 任一字符或空格，必选项 |
| C | 任一字符或空格，可选项 |
| .,:;-/ | 十进制占位符及千位、日期和时间分隔符，实际使用的字符取决于 Windows 控制面板中指定的区域设置 |
| < | 使其后所有的字符转换为小写 |
| > | 使其后所有的字符转换为大写 |
| ! | 使输入掩码从右到左显示，而不是从左到右显示。键入掩码中的字符始终都是从左到右填入。可以在输入掩码中的任何地方包括感叹号 |
| \ | 使其后的字符显示为原义字符。可用于将该表中的任何字符显示为原义字符（例如，\A 显示为 A） |
| 密码 | 文本框中键入的任何字符都按字面字符保存，但显示为星号（*） |

### 4. "标题"属性

"标题"属性将取代字段名称，在显示表中数据时，表的字段名将是"标题"属性值，而不是"字段名称"值。字段"标题"属性的默认值是该字段名，它用于表、窗体和报表中。

利用"标题"属性可以让用户用简单字符定义字段名，在"标题"属性中输入较完整的名称，这样可以简化表的操作。例如，将"学生表"中的"照片"字段的"标题"属性值改为"个人照片"。

### 5. "默认值"属性

"默认值"属性是当表增加新记录时，以默认值作为该字段的内容，这样可以减少输入量，也可以修改默认值。在一个数据库中，往往有一些字段的数据内容相同或含有相同的部分，例如，"学生表"中的"性别"字段只有"男"、"女"两种值，这种情况就可以设置一个默认值。

【例 3-4】设置"学生表"中"性别"字段的"默认值"属性为"女"。

具体操作步骤如下：

① 打开"学生管理系统"数据库，在"表"列表框中选择"学生表"选项，单击"设计"按钮，打开设计视图。

② 单击"性别"字段行任意位置，在"字段属性"区域中的"默认值"文本框中输入"女"，如图 3-20 所示。

③ 单击"保存"按钮，在数据表视图下，新记录的"性别"字段的内容为"女"，如图 3-21 所示。

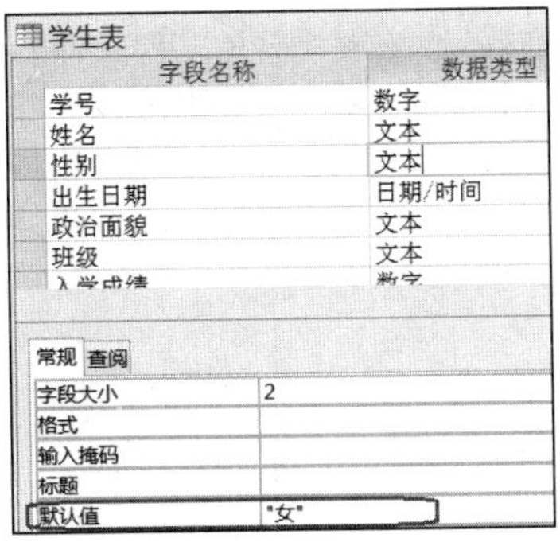

图 3-20　设置"默认值"属性 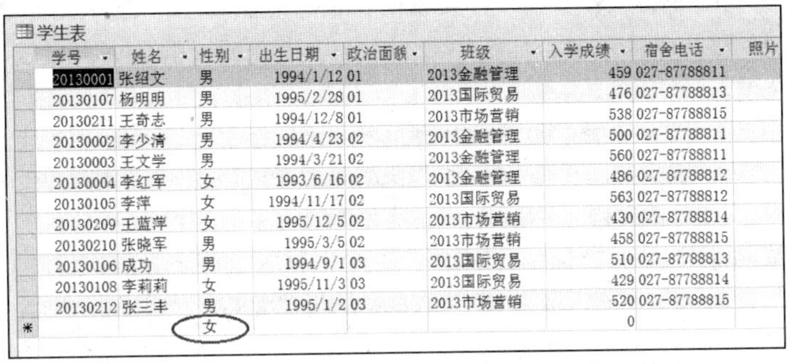　　　　图 3-21　设置"性别"字段默认值属性结果

**说　明**

　　输入文本值时不用加引号。设置"默认值"属性时，必须与字段中那个所设的数据类型一致，否则将出现错误。

### 6."有效性规则"和"有效性文本"属性

　　"有效性规则"属性用于指定对输入到记录中字段数据的要求。在"有效性规则"属性中输入表达式，用来检查输入字段的值是否符合要求；"有效性文本"属性框中是一段提示文字，当输入的数据违反了字段"有效性规则"的设置时，字段有效性文本将作为对话框的提示信息。

　　**【例 3-5】** 规定"学生表"中"学号"字段取值范围在 20130001～20130499 之间。

　　具体操作步骤如下：

　　① 打开已建立的"学生管理系统"数据库，在"表"列表框中选择"学生表"选项，单击"设计"按钮，打开"学生表"设计视图。

　　② 单击"学号"字段行任意位置，在"字段属性"区域中的"有效性规则"文本框中输入">=20130001 And <=20130499"。

　　③ 在"字段属性"区域中的"有效性文本"文本框中输入"学号值输入错误，请输入 20130001～20130499 之间的数据！"，如图 3-22 所示。

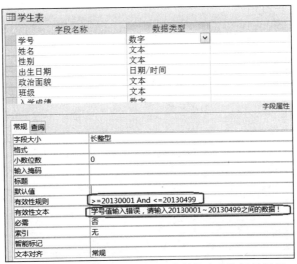

图 3-22　"有效性规则"和"有效性文本"属性设置

④ 单击"保存"按钮，在数据表视图下输入一个超出限制的数据，例如"20130608"，按【Enter】键，将弹出提示框，如图 3-23 所示，说明输入的数据与有效性规则发生冲突，系统拒绝接受此数据。

图 3-23 "系统拒绝接受此数据"提示框

### 7. "索引"属性

索引可以加速对索引字段的查询，还能加速排序及分组操作。当表数据量很大时，为了提高查找速度，可以设置"索引"属性。"索引"属性提供 3 项取值。

"无"：表示本字段无索引，且该字段中的记录可以重复。

"有（有重复）"：表示本字段有索引，且该字段中的记录可以重复。

"有（无重复）"：表示本字段有索引，且该字段中的记录不允许重复。

一般情况下，作为主键字段的"索引"属性为"有（无重复）"，其他字段的"索引"属性为"无"。

【例 3-6】将"学生表"中"学号"字段的"索引"属性设置为"有（无重复）"。

具体操作步骤如下：

① 打开"学生表"数据库，在"表"列表框中选择"学生表"选项并右击，在弹出的快捷菜单中选择"设计视图"命令，打开"学生表"的设计视图。

② 单击"学号"字段行任意位置，在"字段属性"区域中的"索引"下拉列表框中选择"有（无重复）"选项，如图 3-24 所示。

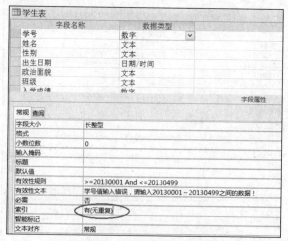

图 3-24 "索引"属性设置

以上字段属性的设置是为了提高数据的规范性、正确性和有效性。读者可以在应用的过程中，逐步认识它们的作用。

### 8. 主键字段的设置、更改与删除

主键是指在数据表中定义的一个或一组字段，用以唯一地识别表中存储的每一条记录。定义主键后才能进一步定义表之间的关系。

下面以前面建立的"学生表"为例，介绍如何在 Access 中定义主键。具体操作步骤如下：

① 启动 Access 2010，打开已建立的"学生管理系统.accdb"数据库。

② 在导航窗格中双击已经建立的"学生表"，然后单击"视图"按钮，或者单击"视图"按钮下的小箭头，在弹出的菜单中选择"设计视图"选项，进入表的"设计视图"。

③ 在"设计视图"中选择要作为主键的一个字段，或者多个字段。要选择一个字段，需单击该字段的行选择器。要选择多个字段，需按住【Ctrl】键，然后选择每个字段的行选择器。本例中选择"学号"字段。

④ 单击功能区"设计"选项卡下"工具"组中的"主键"按钮，如图 3-25 所示。或者右击鼠标，在弹出的快捷菜单中选择"主键"命令，为数据表定义主键，如图 3-26 所示。

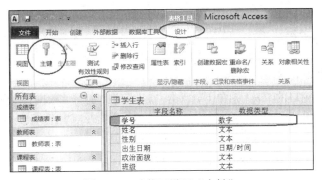

图 3-25　功能区设置"主键"

图 3-26　右键快捷菜单设置"主键"

> **说明**
>
> 在保存新建的表之前没有定义主关键字，Access 将弹出对话框，询问是否创建"主键"，如果单击"是"按钮，Access 将会定义一个自动编号字段，并创建自动编号为"主键"；在输入记录时，Access 会自动将这个字段值增 1。

设置"主键"最好在没有输入记录时设置，如果已有记录再设置"主键"，有时系统是不允许的。

如果要更改设置的主键，可以删除现有的主键，再重新指定新的主键。删除主键的操作步骤是在"设计视图"中选择作为主键的字段，然后单击"主键"按钮，即可删除主键。删除的主键

必须没有参与任何"表关系"。如果要删除的主键和某个表建立了关系，Access 会警告用户必须先删除该关系。

## 3.3　向表中输入数据

在建立了表结构之后，就可以向表中输入数据了。向表中输入数据就好像在一张纸上的空白表格内填写数字一样简单。在 Access 中，可以利用"数据表"视图向表中输入数据，也可以利用已有的其他类型的表（如使用 Excel 或 FoxPro 生成的表）。

### 3.3.1　使用"数据表"视图

【例 3-7】将图 3-27 所示的内容输入到"学生"表中。

| 学号 | 姓名 | 性别 | 出生日期 | 政治面貌 | 班级 | 入学成绩 | 宿舍电话 | 照片 |
| --- | --- | --- | --- | --- | --- | --- | --- | --- |
| 20130001 | 张绍文 | 男 | 1994/1/12 | 01 | 2013金融管理 | 459 | 027-87788811 | |
| 20130002 | 李少清 | 男 | 1994/4/23 | 02 | 2013金融管理 | 500 | 027-87788811 | |
| 20130003 | 王文学 | 男 | 1994/3/21 | 02 | 2013金融管理 | 560 | 027-87788811 | |
| 20130004 | 李红军 | 女 | 1993/6/16 | 02 | 2013金融管理 | 486 | 027-87788811 | |
| 20130105 | 李萍 | 女 | 1994/11/17 | 02 | 2013国际贸易 | 563 | 027-87788812 | |
| 20130106 | 成功 | 男 | 1994/9/1 | 03 | 2013国际贸易 | 510 | 027-87788813 | |
| 20130107 | 杨明明 | 男 | 1995/2/28 | 01 | 2013国际贸易 | 476 | 027-87788813 | |
| 20130108 | 李莉莉 | 女 | 1995/11/3 | 03 | 2013国际贸易 | 429 | 027-87788814 | |
| 20130209 | 王蓝萍 | 女 | 1995/12/5 | 02 | 2013市场营销 | 430 | 027-87788814 | |
| 20130210 | 张晓军 | 男 | 1995/3/5 | 02 | 2013市场营销 | 458 | 027-87788815 | |
| 20130211 | 王奇志 | 男 | 1994/12/8 | 01 | 2013市场营销 | 538 | 027-87788815 | |
| 20130212 | 张三丰 | 男 | 1995/1/2 | 03 | 2013市场营销 | 520 | 027-87788815 | |

图 3-27　数据表

具体操作步骤如下：

① 在"数据库"窗口的"表"对象下，双击"学生"表，打开"数据表"视图，如图 3-28 所示。

图 3-28　利用"数据表"视图向表中输入数据

② 从第 1 个空记录的第 1 个字段开始分别输入"学生编号""姓名"和"性别"等字段的值，每输入完一个字段值按【Enter】键或按【Tab】键跳转至下一个字段。

③ 通常在输入一条记录的同时，Access 将自动添加一条新的空记录，并且该记录的选择器上显示一个星号 *；当前正在输入的记录选择器上则显示铅笔符号 ✎。

④ 输入完全部记录后，单击"保存"按钮，保存表中数据。

### 3.3.2　创建查阅列表字段

一般情况下，表中大部分字段值都来自于直接输入的数据，或从其他数据源导入的数据。如果某字段值是一组固定数据，比如"学生"表中的"性别"字段值为"男"或"女"，那么输入时，通过手工直接输入显然比较麻烦。此时可将这组固定值设置为一个列表，从列表中选择，既可以提高输入效率，也能够减轻输入强度。

【例 3-8】为"学生"表中"性别"字段创建查阅列表，列表中显示"男"和"女"两个值。

具体操作步骤如下：

① 用表"设计"视图打开"学生"表，选择"性别"字段。

② 在"数据类型"列中选择"查阅向导"选项，打开"查阅向导"第 1 个对话框，如图 3-29 所示。

③ 在该对话框中选择"自行键入所需的值"单选按钮，然后单击"下一步"按钮，打开"查阅向导"第 2 个对话框，如图 3-30 所示。

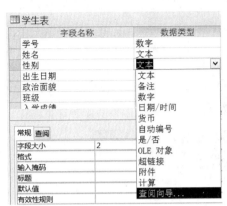

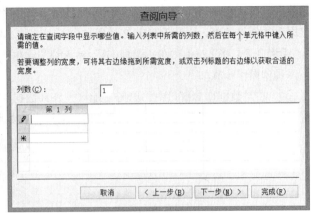

图 3-29　在"数据类型"列中
选择"查阅向导"选项

图 3-30　"查阅向导"对话框

④ 在"第 1 列"的每行中依次输入"男"和"女"两个值，每输入完一个值按【↓】键或【Tab】键转至下一行，列表设置结果如图 3-31 所示。

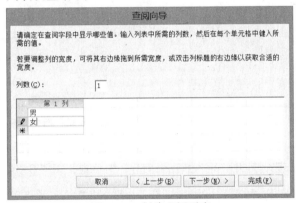

图 3-31　创建查阅列表

⑤ 单击"下一步"按钮，弹出"查阅向导"最后一个对话框。在该对话框的"请为查阅列表指定标签"文本框中输入名称，本例使用默认值，单击"完成"按钮。

这时"性别"的查阅列表设置完成。切换到"学生"表的"数据表"视图，可以看到"性别"字段值右侧出现向下箭头，单击该箭头，会弹出一个下拉列表，列表中列出了"男"和"女"两个值，如图 3-32 所示。

图 3-32　性别字段的查阅列表

### 3.3.3　获取外部数据

在实际应用中，可以使用多种工具生成表格。例如，使用 Excel 生成表，使用 FoxPro 建立数据库表文件，使用 Access 创建数据库表，使用 SQL Server 创建数据库表等。利用 Access 提供的导入和链接功能可以将这些外部数据直接添加到当前的 Access 数据库中。

从外部导入数据是指从外部获取数据后形成自己数据库中的数据表对象，并与外部数据源断绝连接。这意味着当导入操作完成后，即使外部数据源的数据发生了变化，也不会影响已经导入的数据。在 Access 中，可以导入的表类型包括 Access 数据库中的表、Excel、Louts 和 DBASE 等应用程序创建的表，以及 HTML 文档等。

【例 3-9】将 Excel 文件"课程.xls"导入到"学生管理系统"数据库中。

具体操作步骤如下：

① 在"数据库"窗口中，单击功能区"外部数据"选项卡下"导入并链接"组中的 Excel 按钮，打开"获取外部数据–Excel 电子表格"对话框，如图 3-33 所示。

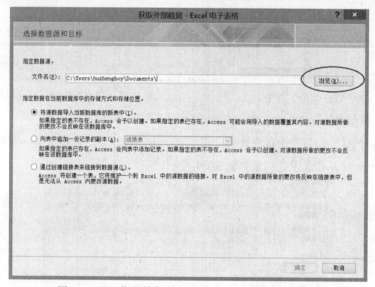

图 3-33　　"获取外部数据–Excel 电子表格"对话框

② 在该对话框的"查找范围"文本框中找到导入文件的位置，选择"课程.xls"文件。

③ 单击"确定"按钮，打开"导入数据表向导"对话框，如图 3-34 所示。

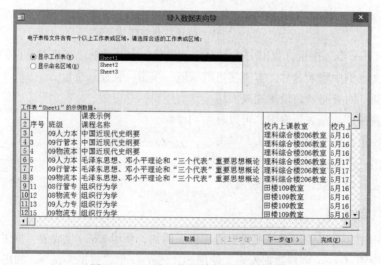

图 3-34　　"导入数据表向导"对话框 1

④　该对话框列出了所要导入表的内容，单击"下一步"按钮，打开"导入数据表向导"第 2
个对话框，如图 3-35 所示。

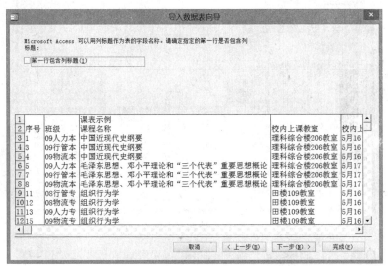

图 3-35　"导入数据表向导"对话框 2

⑤　在该对话框中选中"第一行包含列标题"复选框，然后单击"下一步"按钮，打开"导
入数据表向导"第 3 个对话框，如图 3-36 所示。

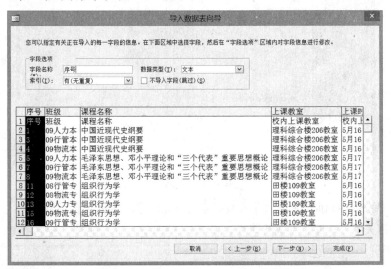

图 3-36　"导入数据表向导"对话框 3

⑥　在该对话框中命名各个字段的名称和数据类型并可选择添加索引，然后单击"下一步"
按钮，打开"导入数据表向导"第 4 个对话框，如图 3-37 所示。

⑦　在该对话框中确定主键，若选择"让 Access 添加主键"单选按钮，则由 Access 添加一个
自动编号作为主键；本例选择"让 Access 添加主键"单选按钮。

⑧　单击"下一步"按钮，打开"导入数据表向导"最后一个对话框。在该对话框的"导入
到表"文本框中输入导入表的表名"课程"，如图 3-38 所示。

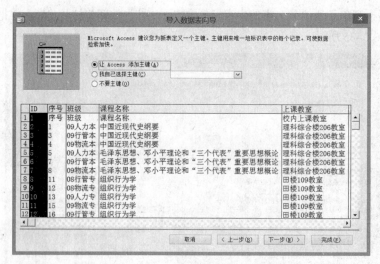

图 3-37 "导入数据表向导"对话框 4

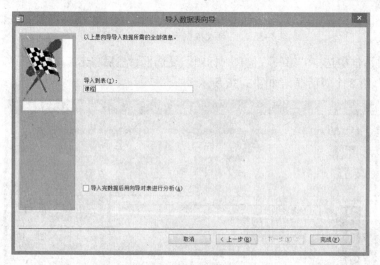

图 3-38 "导入数据表向导"对话框 5

⑨ 单击"完成"按钮，弹出"导入数据表向导"结果提示框，提示数据导入已经完成，单击"确定"按钮关闭提示框。生成的课程表如图 3-39 所示。

| ID • | 序号 • | 班级 • | 课程名称 | • | 上课教室 • | 上课时间 • |
|---|---|---|---|---|---|---|
| 1 | 序号 | 班级 | 课程名称 | | 校内上课教室 | 校内上课时间 |
| 2 | 1 | 09人力本 | 中国近现代史纲要 | | 理科综合楼206教室 | 5月16日上午、下午、晚上 |
| 3 | 3 | 09行管本 | 中国近现代史纲要 | | 理科综合楼206教室 | 5月16日上午、下午、晚上 |
| 4 | 4 | 09物流本 | 中国近现代史纲要 | | 理科综合楼206教室 | 5月16日上午、下午、晚上 |
| 5 | 5 | 09人力本 | 毛泽东思想、邓小平理论和"三个代表"重要思想概论 | | 理科综合楼206教室 | 5月17日上午、下午、晚上 |
| 6 | 7 | 09行管本 | 毛泽东思想、邓小平理论和"三个代表"重要思想概论 | | 理科综合楼206教室 | 5月17日上午、下午、晚上 |
| 7 | 8 | 09物流本 | 毛泽东思想、邓小平理论和"三个代表"重要思想概论 | | 理科综合楼206教室 | 5月17日上午、下午、晚上 |
| 8 | 11 | 08行管专 | 组织行为学 | | 田楼109教室 | 5月16日上午、下午、晚上 |
| 9 | 12 | 08物流专 | 组织行为学 | | 田楼109教室 | 5月16日上午、下午、晚上 |
| 10 | 13 | 09人力本 | 组织行为学 | | 田楼109教室 | 5月16日上午、下午、晚上 |
| 11 | 15 | 09物流专 | 组织行为学 | | 田楼109教室 | 5月16日上午、下午、晚上 |
| 12 | 16 | 09行管专 | 组织行为学 | | 田楼109教室 | 5月16日上午、下午、晚上 |
| * 新建 | | | | | | |

图 3-39 生成的课程表

从以上操作过程可以看出，导入数据的操作是在导入向导的引导下逐步完成的。从不同的数据源导入数据，Access 将启动与之对应的导入向导。本例只是描述了从 Excel 工作簿导入数据的操作过程，通过这个操作过程，理解在整个操作过程中所需选定或输入的各个参数的含义，进而理解从不同数据源导入数据时所需要的不同参数的意义。

从外部链接数据是指在自己的数据库中形成一个链接表对象，每次在 Access 数据库中操作数据时，都是即时从外部数据源获取数据。这意味着链接的数据并未与外部数据源断绝连接，而将随着外部数据源数据的变动而变动。

虽然从外部导入数据与链接数据操作相似，向导形式相似，但是导入的数据表对象与链接的数据表对象是完全不同的。导入的数据表对象就如同在 Access 数据库表"设计"视图中新建的数据表对象一样，是一个与外部数据源没有任何联系的 Access 表对象。即导入表的导入过程是从外部数据源获取数据的过程，而一旦导入操作完成，这个表就不再与外部数据源继续存在任何联系。而链接表则不同，它只是在 Access 数据库内创建了一个数据表链接对象，从而允许在打开链接时从数据源获取数据，即数据本身并不存在 Access 数据库中，而是保存在外部数据源处。因此，在 Access 数据库中通过链接对象对数据所做的任何修改，实质上都是在修改外部数据源中的数据。同样，在外部数据源中对数据所做的任何改动也都会通过该链接对象直接反映到 Access 数据库中。

## 3.4 编辑数据库

数据表存储着大量的数据信息，使用数据库进行数据管理，即有关定位、选择、添加、删除、修改和复制数据库中记录的操作，还包括调整表的外观，进行字体、字形、颜色等设置。

### 3.4.1 定位记录

在数据表视图中，Access 允许在记录间移动，对要进行操作的记录定位。可以向前/向后移动一条记录，移到首记录/尾记录，也可以通过垂直滚动条进行大范围移动，如图 3-40 所示。

图 3-40 定位记录工具

① 单击"下一记录"按钮▶，向后移动一条记录。下一记录处于活动状态。

② 单击"上一记录"按钮◀，向前移动一条记录。上一记录处于活动状态。

③ 单击"首记录"按钮|◀，移动到首记录。

④ 单击"尾记录"按钮▶|，移动到尾记录。

⑤ 拖动窗口右边的垂直滚动条，可以在记录间滚动。

前4项操作也可以通过单击功能区"开始"选项卡下"查找"组中的"转至"按钮的▼图标来完成，如图3-41所示。

图3-41 功能区定位记录

### 3.4.2 选择记录

可以在数据表视图下选择数据范围。

**1. 使用鼠标选择数据范围**

打开表后，在数据表视图下，可以用如下方法选择数据范围：

① 选择字段中的部分数据：单击开始处，拖动鼠标到结尾处。

② 选择字段中的全部数据：单击字段左边，待鼠标指针变成✛形状后单击。

③ 选择相邻多字段中的数据：单击第一个字段左边，待鼠标指针变成✛形状后拖动鼠标到最后一个字段的结尾处。

④ 选择相邻数据：单击该列的字段选定器。

⑤ 选择相邻多列数据：单击第一列顶端字段名，拖动鼠标到最后一列顶端字段名。

**2. 使用鼠标选择记录范围**

打开表后，在数据表视图下，可以用如下方法选择记录范围：

① 选择一条记录：单击该记录的记录选定器。

② 选择多条记录：单击第一个记录的记录选定器，然后按住鼠标，拖动到选定范围的结尾处。

**3. 使用键盘选择数据范围**

通过键盘选择数据范围可以使用如下方法：

① 选择一个字段中的部分数据：将插入点移到要选定文本的开始处，然后按住【Shift】键，并按方向键，直到选择内容的结束处。

② 整个字段的数据：将插入点移到字段中的任意位置，按【Home】键然后按【Shift+End】组合键。

③ 选择相邻多个字段：选择第一个字段，按住【Shift】键，再按方向键到结尾处。

### 3.4.3 选定与删除记录

如果需要删除表中不需要的数据，可以使用如下删除记录的方法：

① 在数据库窗口打开要编辑的表。

② 在数据表视图下，将鼠标移至一条记录最左边的灰色区域，当鼠标变为➡形状时单击，即可选定该记录。

③ 右击不需要的数据，在弹出的快捷菜单中选择"删除记录"命令。

④ 在弹出的"您正准备删除 1 条记录"对话框中单击"是"按钮，则删除该条记录。若单击"否"按钮，可以取消删除操作，如图 3-42 所示。

图 3-42  删除记录

在数据表视图下，可以一次删除多条相邻的记录。要一次删除多条相邻的记录，则在选择记录时，先单击第一条记录的选定器，然后按住【Shift】键，同时拖动鼠标到要删除记录最左边的灰色区域，当鼠标变为➡形状时右击，在弹出的快捷菜单中选择"删除记录"命令，就可以删除选定的多条记录。

### 3.4.4  添加记录

添加新记录的操作步骤如下：

① 在数据库窗口打开要编辑的表。

② 在数据表视图下，将光标移到表末尾的空白单元格上或选定表中的任一记录后右击，在弹出的快捷菜单中选择"新记录"命令。

③ 输入新记录的数据，如图 3-43 所示。

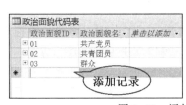

图 3-43  添加新记录

### 3.4.5  修改记录

在数据表视图下修改数据的方法很简单，只要将光标移到要修改数据的相应字段直接修改即可。修改时，可以修改整个字段的值，也可以修改字段的部分数据。

### 3.4.6  复制记录

利用数据复制操作可以减少重复数据或相近数据的输入。

在 Access 中，数据复制的内容可以是一条记录、多条记录、一列数据、多列数据、一个数据项、多个数据项或一个数据项的部分数据。

具体操作步骤如下：

① 打开表。

② 选定要复制的内容并右击，在弹出的快捷菜单中选择“复制”命令。

③ 右击欲粘贴内容的位置，在弹出的快捷菜单中选择“粘贴”命令。

### 3.4.7 设置数据表格式

在数据表视图中，可以设置和修改数据表的格式。例如，设置行高和列宽，排列和隐藏列，设置显示方式等。重新安排数据在表中的显示方式可以满足数据处理的需要。

**1. 设置列宽和行高**

具体操作步骤如下：

① 打开表。

② 将鼠标指针指向要调整的列的右边缘，然后按住鼠标左键并将其拖动到所需列宽。双击列标题的右边缘可以调整列宽以适合其中数据，如图 3-44 所示。

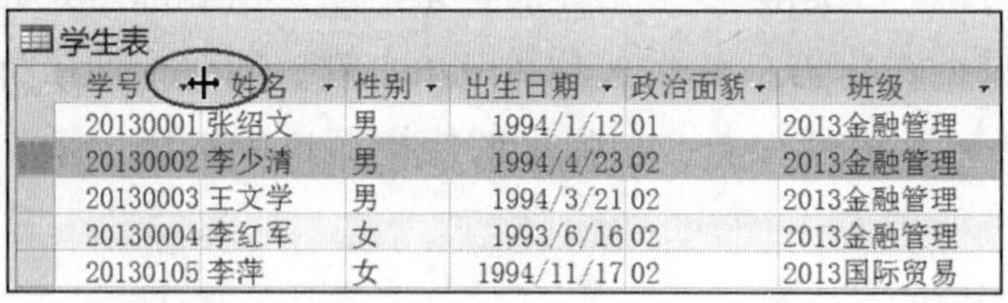

学生表

| 学号 | 姓名 | 性别 | 出生日期 | 政治面貌 | 班级 |
|---|---|---|---|---|---|
| 20130001 | 张绍文 | 男 | 1994/1/12 | 01 | 2013金融管理 |
| 20130002 | 李少清 | 男 | 1994/4/23 | 02 | 2013金融管理 |
| 20130003 | 王文学 | 男 | 1994/3/21 | 02 | 2013金融管理 |
| 20130004 | 李红军 | 女 | 1993/6/16 | 02 | 2013金融管理 |
| 20130105 | 李萍 | 女 | 1994/11/17 | 02 | 2013国际贸易 |

图 3-44 设置列宽

③ 将鼠标指针指向相邻两个记录选定器之间，然后按住鼠标左键将其拖动到所需行高，如图 3-45 所示。

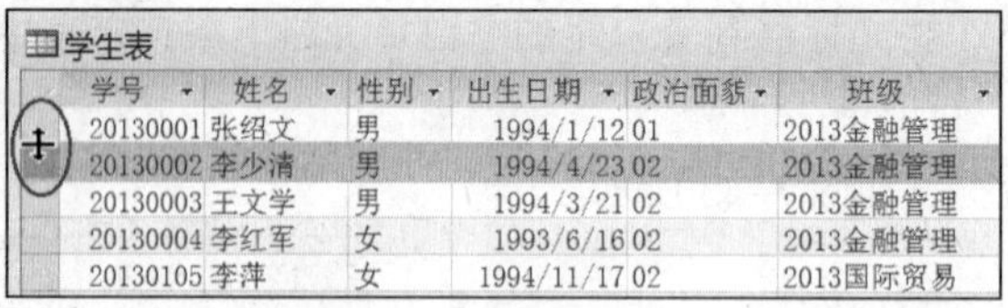

学生表

| 学号 | 姓名 | 性别 | 出生日期 | 政治面貌 | 班级 |
|---|---|---|---|---|---|
| 20130001 | 张绍文 | 男 | 1994/1/12 | 01 | 2013金融管理 |
| 20130002 | 李少清 | 男 | 1994/4/23 | 02 | 2013金融管理 |
| 20130003 | 王文学 | 男 | 1994/3/21 | 02 | 2013金融管理 |
| 20130004 | 李红军 | 女 | 1993/6/16 | 02 | 2013金融管理 |
| 20130105 | 李萍 | 女 | 1994/11/17 | 02 | 2013国际贸易 |

图 3-45 设置行高

**2. 移动列**

在数据表视图中，可以调整列的显示顺序。具体操作步骤如下：

① 打开表。

② 单击要移动的列的字段选定器选定列，如图 3-46 所示。

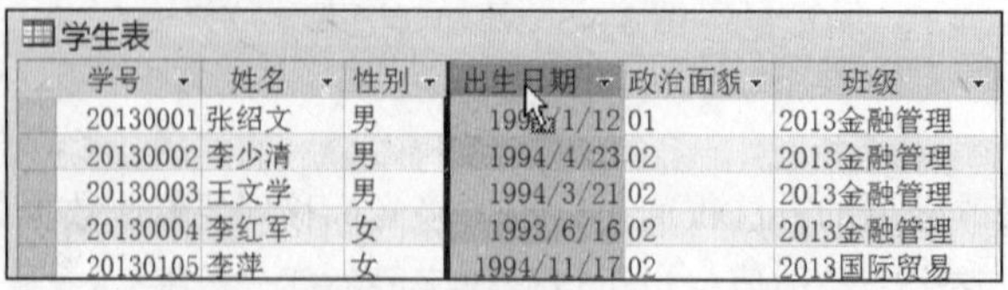

学生表

| 学号 | 姓名 | 性别 | 出生日期 | 政治面貌 | 班级 |
|---|---|---|---|---|---|
| 20130001 | 张绍文 | 男 | 1994/1/12 | 01 | 2013金融管理 |
| 20130002 | 李少清 | 男 | 1994/4/23 | 02 | 2013金融管理 |
| 20130003 | 王文学 | 男 | 1994/3/21 | 02 | 2013金融管理 |
| 20130004 | 李红军 | 女 | 1993/6/16 | 02 | 2013金融管理 |
| 20130105 | 李萍 | 女 | 1994/11/17 | 02 | 2013国际贸易 |

图 3-46 选定列

③ 再次单击选定列的字段选定器，按住鼠标左键将其拖动到新的位置，如图 3-47 所示。

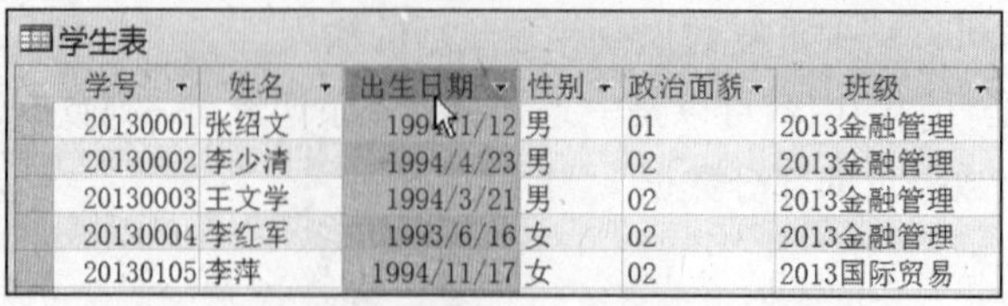

学生表

| 学号 | 姓名 | 出生日期 | 性别 | 政治面貌 | 班级 |
|---|---|---|---|---|---|
| 20130001 | 张绍文 | 1994/1/12 | 男 | 01 | 2013金融管理 |
| 20130002 | 李少清 | 1994/4/23 | 男 | 02 | 2013金融管理 |
| 20130003 | 王文学 | 1994/3/21 | 男 | 02 | 2013金融管理 |
| 20130004 | 李红军 | 1993/6/16 | 女 | 02 | 2013金融管理 |
| 20130105 | 李萍 | 1994/11/17 | 女 | 02 | 2013国际贸易 |

图 3-47 调整选定列到新位置

### 3．隐藏和显示列

为了便于查看表中的主要数据，可以在数据表视图下，将某些字段暂时隐藏起来，需要时再将其显示出来。

具体操作步骤如下：

① 打开表。

② 单击字段选定器选定要隐藏的列，选择"格式"→"隐藏列"命令。将该列隐藏起来，如图 3-48 所示。

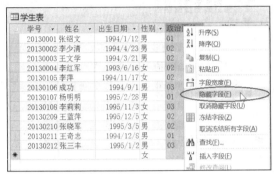

图 3-48　隐藏列与取消隐藏列

③ 选择"格式"→"取消隐藏列"命令，弹出"取消隐藏列"对话框，如图 3-49 所示，在其中可以选择要取消隐藏的列。

### 4．冻结和取消冻结列

在数据表中可以冻结一列或多列，使它们成为数据表视图中最左边的列，不管如何滚动视图，它们总是显示在最左边。

具体操作步骤如下：

① 打开表。

② 单击字段选定器选定要冻结的列后右击，在弹出的快捷菜单中选择"冻结字段"命令。

图 3-49　"取消隐藏列"对话框

③ 右击字段选定器，在弹出的快捷菜单中选择"取消对所有列的冻结"命令，可以取消所有冻结。

### 5．改变网格线样式和可选行颜色

具体操作步骤如下：

① 打开表。

② 在"开始"选项卡下"文本格式"组中，有"网格线样式"和"可选行颜色"功能按钮，如图 3-50 所示。

图 3-50　功能区的"网格线样式"和"可选行颜色"按钮

③ 在表中的任意位置单击，单击按钮旁边的▼，在"网格线样式"下拉菜单中选择所需的网格线样式。设置数据表的显示效果。在"可选行颜色"下拉菜单中选择所需的颜色，如图 3-51 所示。

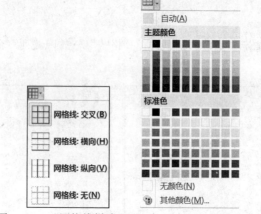

图 3-51 "网格线样式"和"可选行颜色"下拉菜单

### 6．设置字体

具体操作步骤如下：

① 打开表。

② 在"开始"选项卡下"文本格式"组中，有字体的"格式""大小""颜色"和"对齐方式"等功能按钮，如图 3-52 所示。

图 3-52 设置字体功能按钮

③ 选定要设置的单元格，然后单击设置字体功能按钮，通过设置字体功能按钮，在其中设置所需的选项，可以更改数据表的字体、字形、字号和颜色，从而使数据的显示更加突出。

# 3.5 操 作 表

操作表包括对数据表查找和替换数据，对数据表数据进行升序或降序的排列，对数据表数据进行筛选等操作。

## 3.5.1 查找和替换记录

### 1．查找数据

当数据表数据较多时，可以通过查找功能，快速查找所需要的数据。

【例 3-10】查找 1994 年出生的同学信息。

具体操作步骤如下：

① 打开"学生管理系统"数据库，双击"学生表"。

② 单击"出生日期"字段选定器。

③ 单击功能区"开始"选项卡下"查找"组中的"查找"按钮，弹出"查找和替换"对话框。

④ 在"查找内容"组合框中输入"1994"，在"匹配"下拉列表框中选择"字段开头"选项，其他部分选项设置如图 3-53 所示。

图 3-53  查找数据

⑤ 单击"查找下一个"按钮，将查找下一个指定的内容；Access 将反色显示找到的数据。连续单击"查找下一个"按钮，可以将全部指定的内容查找出来。

⑥ 单击"取消"按钮，结束查找。

**说明**

"查找范围"组合框中所包含的字段是在进行查找之前控制光标所在的字段。一般在查找之前将控制光标移到要查找的字段上，这样比对整个表进行查找可以节省更多的时间。也可以在"查找范围"下拉列表框中选择"整个表"作为查找范围。

在查找数据时，也可以使用表 3-7 所示的通配符来查找相匹配的记录。

表3-7  通配符

| 字　符 | 说　明 | 示　例 |
|---|---|---|
| * | 与任何个数的字符匹配。在字符串中，它可以当作第一个或最后一个字符使用 | wh*可以找到 wha、wham、whamn |
| ? | 与任何单个字母的字符匹配 | a?t 可以找到 alt、amt、ant |
| [ ] | 与方括号内任何单个字符匹配 | b[ae]t 可以找到 bat、bet，但找不到 bit |
| ! | 匹配任何不在方括号之内的字符 | b[!ae]t 可以找到 bit、but，但找不到 bat、bet |
| - | 与某个范围内的任一个字符匹配，必须按升序指定范围（A 到 Z，而不是 Z 到 A） | b[a-c]d 可以找到 bad、bbd、bcd |
| # | 与任何单个数字字符匹配 | 1#3 可以找到 123,133,143 |

**2.替换数据**

如果要修改数据表中相同的数据，可以使用替换功能，自动将查找的数据替换为指定的数据。

【例 3-11】原宿舍电话为 027-87788811 的学生集体换宿舍，宿舍电话变更为 027-87788816，在"学生表"中作相应更新。

具体操作步骤如下：

① 打开"学生管理系统"数据库，双击"学生表"。

② 单击"宿舍电话"字段选定器。

③ 单击功能区"开始"选项卡下"查找"组中的"替换"按钮，弹出"查找和替换"对话框。

④ 在"查找内容"组合框中输入"027-87788811"，在"替换为"组合框中输入"027-87788816"，其他部分选项如图 3-54 所示。

图 3-54　替换数据

⑤ 如果一次替换一个，则单击"查找下一个"按钮，找到后单击"替换"按钮，如果不替换当前找到的内容，就继续单击"查找下一个"按钮；如果要一次替换全部指定内容，则单击"全部替换"按钮，这时系统会弹出提示框，要求用户确认是否完成替换操作。

### 3.5.2　排序数据

排序就是将数据按照一定的逻辑顺序排列。例如，将学生成绩从高分到低分排列，可以方便地看到成绩排列情况。在 Access 中可以进行简单排序或者高级排序，在进行排序时，Access 将重新组织表中记录的顺序。

#### 1. 排序规则

排序是根据当前表中的一个或多个字段的值对整个表中的所有记录进行重新排列。排序时可以按升序，也可以按降序排列数据。排序时，不同的字段类型，排序规则有所不同，具体规则如下：

① 英文字母排序顺序，大、小写字母顺序不同，升序时按 A 到 Z 排列，降序是按 Z 到 A 排列。

② 中文按拼音字母的顺序排列。

③ 数字按数字的大小排列。

④ 日期和时间字段按日期的先后顺序排列。

排序时需要注意以下几点：

① 对于日期/时间型字段，若要从前往后对日期和时间进行排序，使用升序；若要从后往前对日期和时间进行排序，使用降序。

② 对于文本型的字段，如果它的取值有数字，Access 将作为字符串而不是数值来排序。因此，若要按数值顺序来排序，就必须在较短的数字前面加上 0，使得全部的文本字符串具有相同的长度。

③ 在按升序对字段进行排序时，如果字段中同时包含 Null 值和零长度字符串的记录，则包含 Null 值的记录将首先显示，紧接着是零长度字符串。

④ 数据类型为"备注""超链接"或"OLE 对象"的字段不能排序。

**2. 简单排序**

简单排序就是基于一个或多个相邻字段的记录按升序或降序排列。

（1）基于一个字段的简单排序

【例 3-12】按学号顺序查看学生信息。实现方法：在"学生表"中按"学号"字段升序排列。

具体操作步骤如下：

① 打开表。

② 单击"学号"字段选定器右边的▼，选择"升序"命令，或者单击功能区"开始"选项卡下"排序和筛选"组中的"升序"按钮，如图 3-55 所示。

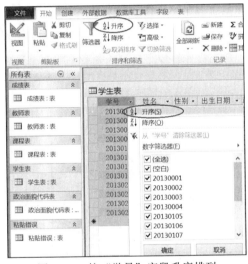

图 3-55 按"学号"字段升序排列

执行以上操作后，改变了表中原有的排列次序，保存表时，将同时保存排列的次序。

（2）基于多个相邻字段的简单排序

利用简单排序也可以进行多个字段的排序，但是，这些列必须是相邻的，并且每个字段都必须按照同样的排序方式（升序或降序）进行排列。

【例 3-13】将学生分性别，按出生日期从小到大进行排列。实现方法：在"学生表"中按"性别"和"出生日期"字段升序排列。

具体操作步骤如下：

① 打开表。

② 将鼠标移到"性别"字段选定器上，待鼠标指针变成↓形状时，按住鼠标拖动至"出生日期"字段选定器上。同时选择"性别"和"出生日期"两个字段。

③ 右击选中内容，在弹出的快捷菜单中选择"升序"命令，排序结果如图 3-56 所示。

图 3-56 按"性别"和"出生日期"字段升序排列

### 3．高级排序

使用高级排序可以对多个不相邻的字段排序，并且各个字段可以采用不同的方式（升序或降序）排列。

【例 3-14】显示年龄从大到小、入学成绩由高到低的学生信息。实现方法：在"学生表"中按"年龄"字段值降序排列，然后按照"入学成绩"字段值升序排列。

具体操作步骤如下：

① 打开表。

② 单击"开始"选项卡下"排序和筛选"组中的"高级"按钮，打开"筛选"窗口，如图 3-57 所示。

③ 在"学生表"筛选窗口中分别双击出生日期和入学成绩字段，将其加入到下面的筛选排序网格区域中，如图 3-58 所示。

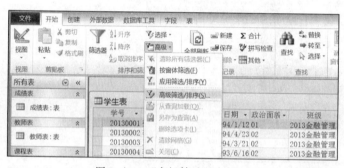

图 3-57　"高级筛选"窗口

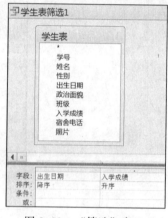

图 3-58　"筛选"窗口

④ 在"筛选"窗口中，单击"字段"列表框第一列右边的下拉按钮，在下拉列表框中选择"出生日期"选项，然后单击"排序"列表框右边的下拉按钮，从排序方式下拉列表中选择"降序"选项。

⑤ 使用同样的方法，将"入学成绩"添加到网格区域并选择"升序"排序方式。

⑥ 在"学生表"筛选窗口的空白处右击，在弹出的快捷菜单中选择"应用筛选/排序"命令或在功能区"开始"选项卡下"排序和筛选"组中的"高级"按钮下拉菜单中选择"应用筛选/排序"命令。排序结果如图 3-59 所示。

图 3-59　排序结果

#### 4．取消排序

如果不希望将排序结果保存到数据表中，可以取消排序。方法是单击功能区"开始"选项卡下"排序和筛选"组中的"取消排序"按钮。

### 3.5.3　筛选数据

筛选是选择查看记录，并不是删除记录。筛选时用户必须设定筛选条件，然后 Access 按筛选条件筛选并显示满足条件的数据，不满足条件的记录将隐藏起来。筛选可以使数据更加便于管理。

【例 3-15】筛选 1995 年出生的男生。

具体操作步骤如下：

① 打开"学生表"。

② 在功能区"开始"选项卡下"排序和筛选"组中的"高级"按钮下拉菜单中选择"高级筛选/排序"命令，打开"筛选"窗口，如图 3-60 所示。

③ 在设计网格区域第一列"字段"下拉列表中选择"性别"选项，在对应的"条件"文本框中输入"男"；然后在网格区域第二列"字段"下拉列表中选择"出生日期"选项，在相应的"条件"文本框中输入"Between #1995-1-1# And #1995-12-31#"或者">=#1995-1-1# And <=#1995-12-31#"，如图 3-61 所示。

图 3-60　"高级筛选/排序"命令

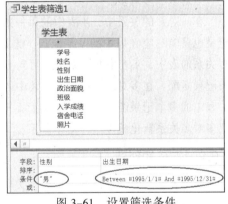

图 3-61　设置筛选条件

④ 在"学生表"筛选窗口的空白处右击，在弹出的快捷菜单中选择"应用筛选/排序"命令或在功能区"开始"选项卡下"排序和筛选"组中的"高级"按钮下拉菜单中选择"应用筛选/排序"命令。数据表将显示 1995 年出生的男生记录，如图 3-62 所示。

| 学号 | 姓名 | 性别 | 出生日期 | 政治面貌 | 班级 | 入学成绩 | 宿舍电话 | 照片 |
|---|---|---|---|---|---|---|---|---|
| 20130107 | 杨明明 | 男 | 1995/2/28 | 01 | 2013国际贸易 | 476 | 027-87788813 | |
| 20130210 | 张晓军 | 男 | 1995/3/5 | 02 | 2013市场营销 | 458 | 027-87788815 | |
| 20130212 | 张三丰 | 男 | 1995/1/2 | 03 | 2013市场营销 | 520 | 027-87788815 | |

图 3-62　筛选 1995 年出生的男生

⑤ 在完成筛选之后，经常需要将该筛选取消，以便看到整张表。取消筛选的操作方法是：在功能区"开始"选项卡下"排序和筛选"组中的"高级"按钮下拉菜单中选择"清除所有筛选器"命令，即可以看到整张表，如图 3-63 所示。

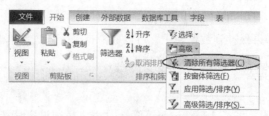

图 3-63    清除所有筛选器

# 3.6    建立表间关系

在数据库中为每个实体设置了不同的表时，需要定义表间关系来实现信息的合并。在表中定义主关键字可以保证每条记录被唯一识别，更重要的作用是用于多个表间的连接。当数据库包含多个表时，需要通过主关键字的连接来建立表间的关系，使各表协同工作。

## 3.6.1    关系的作用及种类

关系通过匹配关键字字段中的数据来执行，关键字字段通常是两个表中具有相同名称的字段。一般情况下，这些匹配的字段是表中的主关键字，对每一条记录提供唯一的标识，并在其他表中有一个外部关键字。关系数据库通过外部关键字来建立表与表之间的关系。关系分为三种：一对一、一对多和多对多。

在一对一的关系中，$A$ 表中的每一条记录只能在 $B$ 表中有一个匹配的记录，$B$ 表中的每一条记录也只能对应 $A$ 表中的一条记录。此关系类型不常用，而最常用的类型是一对多关系。在一对多关系的表中，$A$ 表中的一条记录可与 $B$ 表中的多个记录匹配，$B$ 表中的记录只能与 $A$ 表中的一条记录匹配。在多对多关系中，$A$ 表中的记录能与 $B$ 表中的多个记录匹配，$B$ 表中的记录也能与 $A$ 表中的多个记录匹配。此关系类型不符合关系型数据库对存储表的要求，只能通过定义连接表把多对多关系转化成多个一对多关系。

## 3.6.2    关系的创建

两个表之间的关系是通过一个相关联的字段建立的，在两个相关表中，起着定义相关字段取值范围作用的表称为父表，该字段称为主键；而另一个引用父表中相关字段的表称为子表，该字段称为子表的外键。根据父表和子表中关联字段间的相互关系，Access 数据表之间的关系应遵循的原则如下：

①  一对一关系。父表中的每一条记录只能与子表中的一条记录相关联，在这种表关系中，父表和子表都必须以相关联的字段为主键。

②  一对多关系。父表中的每一条记录可与子表中的多条记录相关联，在这种表关系中，父表必须根据相关联的字段建立主键。

③  多对多关系。父表中的记录可与子表中的多条记录相关联，而子表中的记录也可与父表中的多条记录相关联。在这种表关系中，父表与子表之间的关联实际上是通过一个中间数据表实现的。

【例 3-16】查询学生成绩，评定学生综合表现。实现方法：对"学生管理系统"数据库中的"学生表""课程表""成绩表""教师表""政治面貌代码表"建立关系。

具体操作步骤如下：

① 在"学生管理系统"数据库窗口中单击功能区"数据库工具"选项卡下"关系"组中的"关系"按钮，打开"关系"窗口，如图 3-64 所示。

图 3-64　进入"关系"窗口

② 如果数据库中没有定义任何关系，将会显示一个空白的"关系"窗口。要添加一个关系表，可以单击功能区"设计"选项卡下"关系"组中的"显示表"按钮，或者在"关系"窗口的空白处右击，在弹出的快捷菜单中选择"显示表"命令，弹出"显示表"对话框，如图 3-65 所示。

③ 在"显示表"对话框中选择"成绩表"选项，然后单击"添加"按钮，如图 3-66 所示。

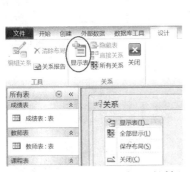

图 3-65　打开"显示表"对话框

图 3-66　"显示表"对话框

④ 使用同样的方法将"教师表""课程表""学生表"和"政治面貌代码表"添加到关系窗口中。单击"关闭"按钮，关闭"显示表"对话框，在关系窗口中添加了如图 3-67 所示的 5 个表。

图 3-67　添加表后的"关系"窗口

⑤ 拖动调整"关系"窗口中 5 个表的边框，使表中的字段完全显示。以便下一步利用鼠标拖动建立表关系，如图 3-68 所示。

图 3-68　调整"关系"窗口中的表

⑥ 选择"教师表"→"教师编号"字段，然后按住鼠标左键并拖动到"课程表"→"教师编号"字段上，释放鼠标左键，弹出"编辑关系"对话框，如图 3-69 所示。

⑦ 选择"实施参照完整性"复选框，表明两个表中不能出现学号不相等的记录。也可选择"级联更新相关字段"和"级联删除相关记录"复选框，如图 3-70 所示。

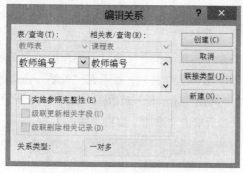
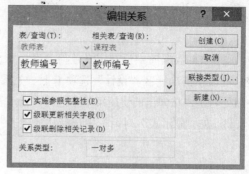

图 3-69　"编辑关系"对话框　　　　　　　图 3-70　设置"编辑关系"对话框

⑧ 单击"创建"按钮创建关系。可以看到，在"关系"窗口中两个表字段之间出现了一条关系连接线，如图 3-71 所示。

图 3-71　创建表关系

使用同样的方式创建其他各表之间的关系，如图 3-72 所示。

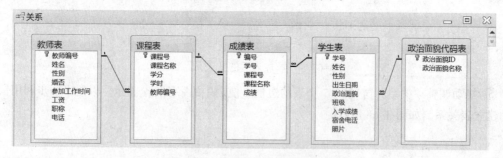

图 3-72　建立 5 个表之间的关系

⑨ 保存并关闭"关系"窗口。

在关系窗口中，表之间连接线为"1"的那端是主表，表示主键的字段值是无重复的；表之间连接线为"∞"的那端是相关表或称为子表，表示与主表主键字段相同的字段值有重复记录，这种表之间的联系是一对多的关系。如果两个表之间的连接线两端都为"1"，则这两个表的联系是一对一的关系。

---

**思 考**

如果选择"级联更新相关字段"复选框，在主表中更改主关键字值后，将自动更新所有相关记录中的匹配值。如果选择"级联删除相关记录"复选框，删除主表中的记录将删除所有相关表中的相关记录。如果主表中的主关键字是自动编号字段，选择"级联更新相关记录"复选框将没有任何效果，因为不能更改自动编号中的值。

---

### 3.6.3　关系的删除

删除表之间建立的关系的具体操作步骤如下：

① 在数据库窗口中，单击功能区"数据库工具"选项卡下"关系"组中的"关系"按钮，打开"关系"窗口。

② 右击"关系"窗口中表之间连接线的细线部分，在弹出的快捷菜单中选择"删除"命令，如图 3-73 所示。

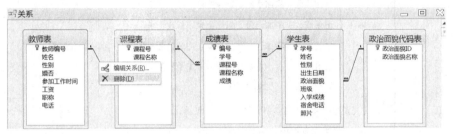

图 3-73　关系的删除

### 3.6.4　主表与子表

建立表之间的关系以后，Access 会自动在主表中插入子表。主表是在"一对多"关系中"一"方的表，子表是在"一对多"关系中"多"方的表。在主表中的每一条记录下面都会有一个甚至几个子表。例如，"学生表"和"成绩表"存在一对多关系，主表是"学生表"。

【例 3-17】通过打开"学生表"主表，查看"成绩表"子表的信息。

具体操作步骤如下：

① 打开"学生表"，可以看到每条记录的前面有一个"+"号。

② 单击"+"号，则"+"号变成"-"号，同时展开"成绩表"子表，显示主表记录在子表中所对应的记录，图 3-74 所示为学号是"20130001"的学生在"成绩表"中的课程成绩。

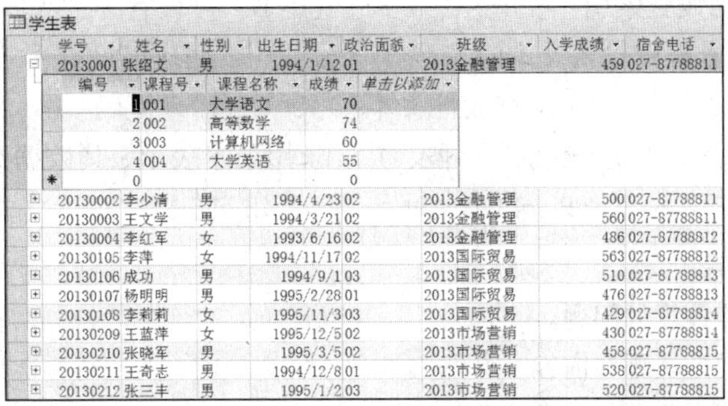

图 3-74　主表和子表显示形式

③ 选择"格式"→"子数据表"→"全部展开"命令，可以将主表中子表的全部数据展开；若选择"格式"→"子数据表"→"全部折叠"命令可以将主表中子表的数据折叠起来；若选择"格式"→"子数据表"→"删除"命令，将把这种用子表显示的方法删除，但是两个表之间的关系并没有被删除。如果需要恢复在主表中显示子表的形式，选择"插入"→"子数据表"命令，在"插入子数据表"对话框中选择插入的子数据表，然后单击"确定"按钮，即可恢复子表在主表上的显示形式。

# 知识网络图

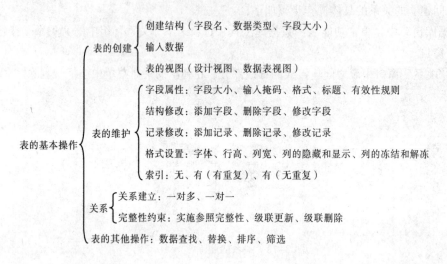

# 习　题　三

## 一、选择题

1. 表的组成内容包括（　　　）。

　　A. 查询和字段　　　　　B. 字段和记录　　　　C. 记录和窗体　　　　D. 报表和字段

2. 在 Access 中，如果不想显示数据表中的某些字段，可以使用（　　　）命令。

　　A. 隐藏　　　　　　　　B. 删除　　　　　　　C. 冻结　　　　　　　D. 筛选

3. Access 中，设置为主键的字段（　　　）。

　　A. 不能设置索引　　　　　　　　　　　　B. 可设置为"有(有重复)"索引

　　C. 系统自动设置索引　　　　　　　　　　D. 可设置为"无"索引

4. 若要求在文本框中输入文本时密码显示为"*"，则应该设置（　　　）属性。

　　A. 默认值　　　　　　　B. 有效性文本　　　　C. 输入掩码　　　　　D. 密码

5. 如果创建的表中建立"性别"字段，并要求用汉字表示，其数据类型应当是（　　　）。

　　A. 是/否　　　　　　　B. 数字　　　　　　　C. 文本　　　　　　　D. 备注

## 二、思考题

1. 简述设计表应注意的问题。

2. 简述设计表要定义哪些内容。

3. 简述表中字段有几种数据类型及各种数据类型的用途。

# 上机实训　Access 数据库中对表的操作

**一、实验目的**

1. 掌握用 Access 创建表的操作方法。
2. 掌握表中数据输入的操作方法。
3. 掌握表中数据编辑的操作方法。
4. 掌握表中字段有效性规则的使用方法。
5. 掌握建立表间关联关系的操作方法。
6. 掌握表的操作方法。

**二、实验内容**

1. 使用"设计视图"创建表结构。

要求：

① 在"学生管理系统"数据库中利用设计视图创建"教师"表结构，其结构如表 3-8 所示。

表 3-8　教师表结构

| 字　段　名 | 类　　型 | 字 段 大 小 | 格　　式 |
|---|---|---|---|
| 教师编号 | 文本 | 8 | |
| 姓名 | 文本 | 6 | |
| 性别 | 文本 | 2 | |
| 年龄 | 数字 | 整型 | |
| 入职日期 | 日期/时间 | | 短日期 |
| 政治面貌 | 文本 | 2 | |
| 学历 | 文本 | 4 | |
| 职称 | 文本 | 3 | |
| 系别 | 文本 | 8 | |
| 联系电话 | 文本 | 8 | |
| 在职否 | 是/否 | | 是/否 |

② 在"学生管理系统"数据库中利用设计视图创建"课程"表结构，其结构如表 3-9 所示。

表 3-9　课程表结构

| 字　段　名 | 类　　型 | 字 段 大 小 | 格　　式 |
|---|---|---|---|
| 课程编号 | 文本 | 3 | |
| 课程名称 | 文本 | 20 | |
| 学分 | 数字 | 整型 | |
| 学时 | 数字 | 整型 | |
| 教师编号 | 文本 | 8 | |

2. 设置字段属性。

要求：

① 将"教师"表的"性别"字段的"字段大小"重新设置为 1，默认值为"男"，索引设置为"有（有重复）"。

② 将"入职日期"字段的"格式"设置为"长日期"，默认值为当前系统日期。

③ 设置"年龄"字段，默认值为 30，取值范围为 25～65，如超出范围则提示"请输入 25～65 之间的数据！"。

④ 将"教师编号"字段显示"标题"设置为"编号"，定义教师编号的输入掩码属性，要求只能输入 6 位数字。

3. 向表中输入数据。

要求：

① 将表 3-10 所示的数据输入到"教师"表中。

表 3-10　教师表内容

| 教师编号 | 姓名 | 性别 | 年龄 | 入职日期 | 政治面貌 | 学历 | 职称 | 系别 | 联系电话 | 在职否 |
|---|---|---|---|---|---|---|---|---|---|---|
| A02001 | 小琴 | 女 | 29 | 2010.6.20 | 群众 | 硕士 | 助教 | 经济 | 88871758 | 是 |
| A02002 | 小刚 | 男 | 35 | 2005.7.15 | 群众 | 硕士 | 讲师 | 管理 | 88871712 | 是 |
| A02003 | 小马 | 男 | 50 | 2003.8.10 | 党员 | 本科 | 副教授 | 土木 | 88871798 | 是 |
| A02004 | 小鹏 | 男 | 45 | 2007.5.20 | 党员 | 博士 | 副教授 | 机电 | 88871783 | 是 |
| B03001 | 小民 | 女 | 35 | 2009.4.16 | 群众 | 博士 | 讲师 | 英语 | 88871711 | 是 |
| B03002 | 小强 | 男 | 60 | 2008.7.18 | 党员 | 本科 | 教授 | 电信 | 88871752 | 是 |
| B03003 | 小鹏 | 男 | 50 | 2004.5.27 | 党员 | 本科 | 副教授 | 经济 | 88871760 | 否 |

② 将表 3-11 所示的数据输入到"课程"表中。

表 3-11　课程表内容

| 课程编号 | 课程名称 | 学分 | 学时 | 教师编号 |
|---|---|---|---|---|
| 001 | 管理学 | 3 | 48 | B03001 |
| 002 | 运筹学 | 3 | 64 | B03002 |
| 003 | 信息系统管理 | 2 | 32 | A02001 |
| 004 | 大学英语 | 2 | 64 | A02002 |
| 005 | 项目管理 | 2 | 48 | A02004 |
| 006 | 数据库技术 | 2 | 32 | A02003 |

4. 设置主键。

要求：

① 将"教师"表"教师编号"字段设置为主键。

② 将"课程"表"课程编号"字段设置为主键。

5. 建立表之间的关联。

要求：创建"学生管理系统"数据库中教师表与课程表之间的关联，并实施参照完整性。

6. 操作表。

要求：

① 将"教师"表中的"姓名"字段和"教师编号"字段显示位置互换。

② 将"教师"表中的"性别"字段列隐藏起来。

③ 在"教师"表中冻结"姓名"列。

④ 在"教师"表中设置"姓名"列的显示宽度为 20。

⑤ 设置"教师"数据表格式，字体为楷体、五号、斜体、蓝色。

⑥ 查找、替换数据。要求：将"教师"表中"职称"字段值中的"讲师"全部改为"副教授"。

⑦ 排序记录。要求：① 在"教师"表中，按"性别"和"年龄"两个字段升序排序；② 在"教师"表中，先按"性别"升序排序，再按"入职日期"降序排序。

⑧ 筛选记录。要求：在"教师"表中筛选出职称的"副教授"的教师。

### 三、实验要求

1. 明确实验目的。

2. 按内容完成以上步骤的操作得到结果验证。

3. 实验小结。

4. 按规定格式书写实验报告。

# 第4章　查　询

使用 Access 的最终目的是通过对数据库中的数据进行各种处理和分析，从中提取有用信息。查询是 Access 处理和分析数据的工具，是用户按照一定条件从 Access 数据库表或已建立的查询中检索需要的数据，供用户查看、统计、分析和使用。

**本章主要内容：**

- 介绍查询的功能和类型。
- 创建查询和使用查询。
- 创建选择查询的操作方法。
- 创建参数查询的操作方法。
- 创建操作查询的操作方法。
- 修改查询的操作方法。
- 创建 SQL 查询的操作方法。

## 4.1　查　询　概　述

### 4.1.1　查询的功能

查询是 Access 数据库的重要对象，其最主要的目的是根据指定的条件对表或者其他查询进行检索，筛选出符合条件的记录，构成一个新的数据集合，从而方便对数据库表进行查看和分析。在 Access 中，利用查询可以实现多种功能。

#### 1. 选择字段

在查询中，可以只选择表中的部分字段。如建立一个查询，只显示"教师"表中每名教师的姓名、性别、工作时间和系别。利用此功能，可以选择一个表中的不同字段来生成所需的多个表或多个数据集。

#### 2. 选择记录

可以根据指定的条件查找所需的记录，并显示找到的记录。如建立一个查询，只显示"教师"表中 2003 年参加工作的男教师。

#### 3. 编辑记录

编辑记录包括添加记录、修改记录和删除记录等。在 Access 中，可以利用查询添加、修改和删除表中的记录。如将"数据库技术"课程不及格的学生从"学生"表中删除。

### 4．实现计算

查询不仅可以找到满足条件的记录，而且还可以在建立查询的过程中进行各种统计计算，如计算每门课程的平均成绩。另外，还可以建立一个计算字段，利用计算字段保存计算的结果，如根据"教师"表中的"入职日期"字段计算每名教师的工龄。

### 5．建立新表

利用查询得到的结果可以建立一个新表。如将"数据库技术"成绩在 90 分以上的学生找出来并存放在一个新表中。

### 6．为窗体、报表提供数据

为了从一个或多个表中选择合适的数据显示在窗体、报表中，用户可以先建立一个查询，然后将该查询的结果作为数据源。每次打印报表或打开窗体时，该查询就从它的基表中检索出符合条件的最新记录。

## 4.1.2　查询的实现

在 Access 中，查询的实现可以通过以下两种方式进行：

① 在数据库中建立查询对象

② 在 VBA 程序代码或模块中使用结构化查询语言（Structured Query Language，SQL）。

## 4.1.3　查询的类型

在 Access 中，查询的类型主要有选择查询、交叉表查询、参数查询、操作查询和 SQL 查询。这 5 类查询的应用目标不同，对数据源的操作方式和操作结果也不同。

### 1．选择查询

选择查询是最常用的查询类型。顾名思义，它是根据指定的条件，从一个或多个数据源中获取数据并显示结果。也可对记录进行分组，并且对分组的记录进行总计、计数、平均以及其他类型的计算。例如，查找 2003 年参加工作的男教师，统计各类职称的教师人数等。

### 2．交叉表查询

交叉表查询能够汇总数据字段的内容，汇总计算的结果显示在行与列交叉的单元格中。交叉表查询可以计算平均值、总计、最大值、最小值等。例如，统计每个班男女学生的人数。此时，可以将"班级"作为交叉表的行标题，"性别"作为交叉表的列标题，统计的人数显示在交叉表行与列交叉的单元格中。

交叉表查询是对基表或查询中的数据进行计算和重构，可以简化数据分析。

### 3．参数查询

参数查询是一种根据用户输入的条件或参数来检索记录的查询。例如，可以设计一个参数查询，提示输入两个成绩值，然后 Access 检索在这两个值之间的所有记录。输入不同的值，得到不同的结果。因此，参数查询可以提高查询的灵活性。执行参数查询时，屏幕会显示一个设计好的对话框，以提示输入信息。

将参数查询作为窗体和报表的基础也是非常方便的。例如，以参数查询为基础创建某课程学生成绩统计报表。在打印报表时，Access 将显示对话框询问要显示的课程，在输入课程名称后，

Access 便可打印出相应课程的报表。

### 4. 操作查询

操作查询与选择查询相似，都需要指定查找记录的条件，但选择查询是检索符合特定条件的一组记录，而操作查询是在一次查询操作中对检索的记录进行编辑等操作。

操作查询有 4 种，分别是生成表、删除、更新和追加。生成表查询是利用一个或多个表中的全部或部分数据建立新表，例如，将选课成绩在 90 分以上的记录找出后放在一个新表中。删除查询可以从一个或多个表中删除记录，例如，将"数据库技术"课程不及格的学生从"学生"表中删除。更新查询可以对一个或多个表中的一组记录进行全面更改，例如，将电信系 2000 年以前参加工作的教师职称改为副教授。追加查询能够将一个或多个表中的记录追加到一个表的尾部，例如，将成绩在 80～90 分的学生记录找出后追加到一个已存在的表中。

### 5. SQL 查询

SQL 查询是使用语句创建的查询。某些 SQL 查询称为 SQL 特定查询，包括联合查询、传递查询、数据定义查询和子查询 4 种。联合查询是将一个或多个表、一个或多个查询组合起来，形成一个完整的查询。执行联合查询时，将返回所包含的表或查询中对应字段的记录。传递查询是直接将命令发送到 ODBC 数据库服务器中，利用它可以检索或更改记录。数据定义查询可以创建、删除或更改表，或者在当前的数据库中创建索引。子查询是包含在另一个选择或操作查询中的 SQL SELECT 语句，可以在查询"设计网格"的"字段"行输入这些语句来定义新字段，或在"条件"行定义字段的查询条件。通过子查询作为查询的条件对某些结果进行测试，查找主查询中大于、小于或等于子查询返回值的值。

打开或新建任意一个数据库，单击功能区"创建"选项卡下"查询"组中的"查询设计"按钮，弹出"显示表"对话框，选择要显示的表之后便进入查询的"设计视图"。在"查询类型"组中可以清楚地看到查询的类型，如图 4-1 所示。

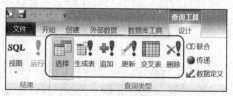

图 4-1　查询类型

## 4.1.4　查询的条件

在实际应用中，并非只是简单的查询，往往需要指定一定的条件。例如，查找 2006 年参加工作的男教师。这种带条件的查询需要通过设置查询条件来实现。

查询条件是运算符、常量、字段值、函数以及字段名和属性等的任意组合，能够计算出一个结果。查询条件在创建带条件的查询时经常用到；因此，了解条件的组成，掌握它的书写方法非常重要。

### 1. 运算符

运算符是构成查询条件的基本元素。Access 提供了关系运算符、逻辑运算符和特殊运算符。它们各自的运算符及含义如表 4-1～表 4-3 所示。

表 4-1　关系运算符及含义

| 关系运算符 | 说　明 | 关系运算符 | 说　明 |
|---|---|---|---|
| = | 等于 | <> | 不等于 |
| < | 小于 | <= | 小于等于 |
| > | 大于 | >= | 大于等于 |

表 4-2　逻辑运算符及含义

| 逻辑运算符 | 说　明 |
|---|---|
| Not | 取反：Not 真=假　　Not 假=真 |
| And | 当 And 连接的表达式均为真时，整个表达式为真，否则为假 |
| Or | 当 Or 连接的表达式均为假时，整个表达式为假，否则为真 |

表 4-3　特殊运算符及含义

| 运　算　符 | 说　明 |
|---|---|
| IN | 用于指定一个字段值的列表，列表中的任意一个值都可与查询的字段相匹配 |
| Between | 用于指定一个字段值的范围。指定的范围之间用 And 连接 |
| Like | 用于指定查找文本字段的字符模式。用 "？" 表示可匹配任何一个字符，用 "*" 表示可匹配任意多个字符，"#" 表示可匹配一个数字 |
| Is Null | 用于指定一个字段为空 |
| Is Not Null | 用于指定一个字段为非空 |

### 2．函数

Access 提供了大量的内置函数，又称标准函数或函数，如算术函数、字符函数、日期/时间函数和统计函数等。这些函数为更好地构造查询条件提供了极大的便利，也为更准确地进行统计计算、实现数据处理提供了有效的方法。表 4-4 对常用的函数作举例说明。

表 4-4　常用函数举例

| 函　　数 | 说　明 |
|---|---|
| Date() | 系统当前日期 |
| Time() | 系统当前时间 |
| Now() | 系统当前日期时间 |
| Year() | 返回日期的年份 |
| Day() | 返回日期的日 |
| Month() | 返回日期的月份 |
| Left(表达式,长度) | 从字符串左边取指定长度的字符 |
| Right(表达式,长度) | 从字符串右边取指定长度的字符 |

| 函　数 | 说　明 |
|---|---|
| Mid(表达式,起始位置,长度) | 从字符串的指定位置取指定长度的字符 |
| Strlen(表达式) | 返回字符串的长度 |
| Instr(表达式 1,表达式 2) | 返回表达式 2 在表达式 1 中出现时首字符的位置 |

### 3．使用数值作为查询条件

表 4-5 所示为使用数值作为查询条件的举例说明。

表 4-5　使用数值作为查询条件

| 字　段　名 | 条　件 | 功　能 |
|---|---|---|
| 成绩 | <60 | 查询成绩小于 60 的记录 |
| 成绩 | Between 80And 90 | 查询成绩在 80~90 分的记录 |
|  | >=80 And <=90 |  |

### 4．使用文本值作为查询条件

表 4-6 所示为使用文本值作为查询条件的举例说明。

表 4-6　使用文本值作为查询条件

| 字　段　名 | 条　件 | 功　能 |
|---|---|---|
| 职称 | "教授" | 查询职称为教授的记录 |
|  | "教授" Or "副教授" | 查询职称为教授或副教授的记录 |
|  | Right([职称],2)="教授" |  |
| 姓名 | In("李元","王朋") | 查询姓名为"李元"或"王朋"的记录 |
|  | "李元" Or "王朋" |  |
|  | Not "李元" | 查询姓名不为"李元"的记录 |
|  | Left([姓名],1)="王" | 查询姓"王"的记录 |
|  | Like "王*" |  |
|  | Instr([姓名],"王")=1 |  |
|  | Len([姓名])=2 | 查询姓名为两个字符的记录 |
| 学生编号 | Mid([学生编号],5,2)="03" | 查询学生编号第 5 和第 6 个字符为 03 的记录 |
|  | Instr([学生编号],"03")=5 |  |

### 5．空值或空字符串作为查询条件

表 4-7 所示为空值或空字符串作为查询条件的举例说明。

表 4-7 空值或空字符串作为查询条件

| 字 段 名 | 条 件 | 功 能 |
|---|---|---|
| 姓名 | Is Null | 查询姓名为空值的记录 |
| | Is Not Null | 查询姓名不是空值的记录 |

### 6．处理日期结果作为查询条件

表 4-8 所示为处理后的日期结果作为查询条件的举例说明。

表 4-8 处理日期结果作为查询条件

| 字 段 名 | 条 件 | 功 能 |
|---|---|---|
| 工作时间 | Between #2013-1-1# And #2013-12-31# | 查询 2013 年参加工作的记录 |
| | Year([工作时间])=2013 | |
| | >= #2013-1-1# And <=#2013-12-31# | |
| | <Date()-15 | 查询 15 天前参加工作的记录 |
| | Between Date()-20 And Date() | 查询 20 天之内参加工作的记录 |
| | Year([工作时间])=2013 And Month([工作时间])=4 | 查询 2013 年 4 月参加工作的记录 |

注：日期常量要用英文的"#"号括起来。

# 4.2 创建选择查询

在 Access 中，创建选择查询的方法有如下两种：

① 使用"查询向导"可创建指定显示格式的查询，创建查询的操作步骤可按照查询向导的引导完成。

② 使用"设计视图"可创建选择查询，创建查询的操作步骤由用户根据查询结果的需求自行确定。

## 4.2.1 使用"查询向导"创建查询

使用"查询向导"创建查询，可以从一个表或多个表和查询中选择要显示的字段，如果查询中的字段来自多个表，这些表应建立关系。

使用查询向导创建选择查询，就是在 Access 系统提供的查询向导的引导下，完成创建查询的整个操作过程。

在 Access 中，有"简单查询向导""交叉表查询向导""重复项查询向导""不匹配项查询向导"4 个创建查询的向导，它们创建查询的方法基本相同，用户可根据不同的需求选择合适的查询向导。

### 1．创建基于一个数据源的简单选择查询

【例 4-1】查找并显示"教师表"中的"姓名""性别""参加工作时间"和"职称"4 个字段。查询名称命名为"教师信息查询"。

具体操作步骤如下：

① 打开"学生管理系统"数据库。

② 在"数据库"窗口中单击功能区"创建"选项卡下"查询"组中的"查询向导"按钮，在弹出的"新建查询"对话框中选择"简单查询向导"选项，如图 4-2 所示，单击"确定"按钮，弹出"简单查询向导"对话框。

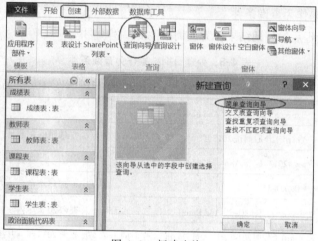

图 4-2   新建查询

③ 在"简单查询向导"对话框的"表/查询"下拉列表框中选择"表：教师表"选项作为查询的数据源。这时，"可用字段"列表框中会显示"教师表"所包含的所有字段。双击"姓名"字段，或选中"姓名"字段，然后单击 ▷ 按钮，将该字段添加到右边的"选定的字段列表框中，然后使用同样的方法将"性别""参加工作时间"和"职称"字段添加到"选定的字段"列表框中，如图 4-3 所示。

④ 单击"下一步"按钮，在"简单查询向导"对话框的"请为查询指定标题"文本框中输入查询名称"教师信息查询"；如果选择"打开查询查看信息"单选按钮，在查询设置完成后将显示查询结果；如果选择"修改查询设计"单选按钮，则在查询设置完成后将显示查询设计视图。这里选择"打开查询查看信息"单选按钮，如图 4-4 所示。

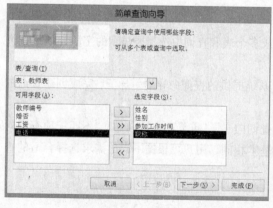

图 4-3   简单查询向导

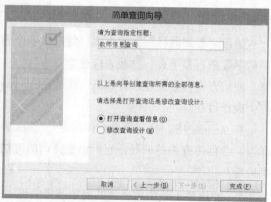

图 4-4   为查询指定标题

⑤ 单击"完成"按钮完成查询设置，同时显示查询结果，如图 4-5 所示。

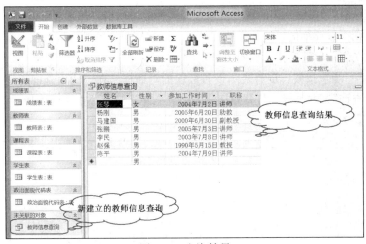

图 4-5　查询结果

### 2. 创建基于多个数据源的简单选择查询

【例 4-2】查询学生的课程成绩，并显示"学生表"中的"学号""姓名""性别"字段，"课程表"中的"课程名称"字段，"成绩表"中的"成绩"字段的信息。查询名称为"学生成绩查询"。

具体操作步骤如下：

① 打开"学生管理系统"数据库。

② 在"数据库"窗口中单击功能区"创建"选项卡下"查询"组中的"查询向导"按钮，在弹出的"新建查询"对话框中选择"简单查询向导"选项，单击"确定"按钮，弹出"简单查询向导"对话框。

③ 在"简单查询向导"对话框的"表/查询"下拉列表框中选择"表：学生表"选项，然后分别双击"可用字段"列表框中的"学号""姓名""性别"字段，将它们添加到"选定的字段"列表框中。

④ 在"表/查询"下拉列表框中选择"表：课程表"选项，然后分别双击"可用字段"列表框中的"课程名称"选项，添加到"选定的字段"列表框中。

⑤ 重复步骤④，并将"成绩表"中的"成绩"字段添加到"选定的字段"列表框中，选择结果如图 4-6 所示。

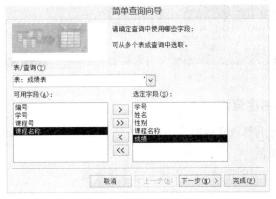

图 4-6　确定查询字段

⑥ 单击"下一步"按钮，屏幕显示设置查询类型的对话框，在这个对话框中，如果选择"明细"单选按钮，则查看详细信息；如果选择"汇总"单选按钮，则对一组或全部记录进行各种统计。这里选择"明细"单选按钮，如图 4-7 所示。

⑦ 单击"下一步"按钮，屏幕显示设置标题的对话框，在"请为查询指定标题"文本框中输入"学生成绩查询"，并选择"打开查询查看信息"单选按钮，如图 4-8 所示。

 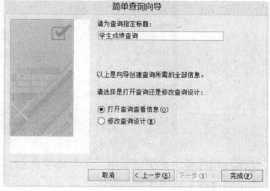

　　图 4-7　设置查询类型　　　　　　　　　　　　　图 4-8　设置标题

⑧ 单击"完成"按钮，完成查询设置，同时显示查询结果，如图 4-9 所示。

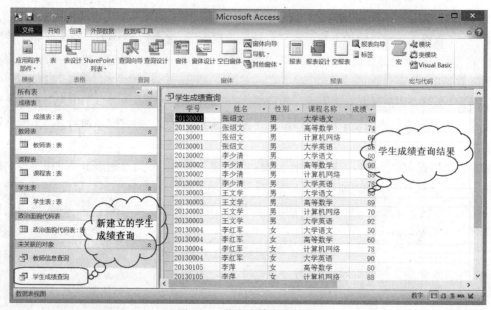

图 4-9　学生成绩查询结果

## 4.2.2　使用设计视图创建查询

使用设计视图是建立和修改查询的最主要的方法，在设计视图上由用户自主设计查询比采用查询向导建立查询更加灵活。

【例 4-3】使用设计视图创建例 4-2 所建立的选择查询。

具体操作步骤如下：

① 打开"学生管理系统"数据库。

② 在"数据库"窗口中单击功能区"创建"选项卡下"查询"组中的"查询设计"按钮，打开"查询设计"视图和"显示表"对话框，如图 4-10 所示。

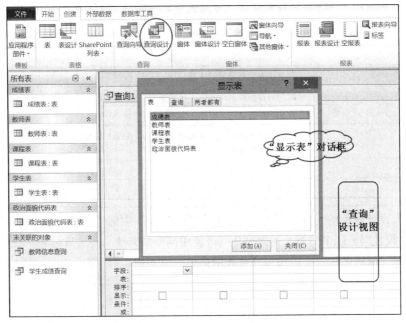

图 4-10  "查询"设计视图和"显示表"对话框

③ 在"显示表"对话框中有"表""查询""两者都有"3 个选项卡。如果建立查询的数据源来自表，则选择"表"选项卡；如果建立查询的数据源来自查询，则选择"查询"选项卡；如果建立查询的数据源来自表和已建立的查询，则选择"两者都有"选项卡。这里选择"表"选项卡。

④ 分别双击"学生表""成绩表"和"课程表"，将它们添加到"查询"设计视图上半部分窗格中，然后关闭"显示表"对话框，如图 4-11 所示。

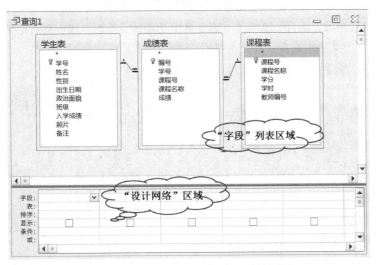

图 4-11  添加表后的"查询"设计视图

__说明__

　　"查询"设计视图窗口由两部分组成，上半部分为"字段列表"区域，显示所选表或查询的所有字段；下半部分为"设计网格"区域，包括内容和作用，如表4-9所示。

表4-9　查询设计网格区的内容和作用

| 行 的 名 称 | 作 用 |
| --- | --- |
| 字段 | 创建该查询所需要的字段 |
| 表 | 查询的数据源，由系统字段添加 |
| 排序 | 查询字段的排序（升序或降序） |
| 显示 | 如果某个字段的显示复选框中有"√"标记，表示查询结果中显示该字段的值，否则该字段在查询中不显示 |
| 条件 | 设置查询的条件 |
| 或 | 设置查询中的"或者"条件 |

　　⑤ 在查询设计视图的字段列表区，分别双击"学生表"中的"学号""姓名""性别"字段，将它们添加到设计网格区中的第1列到第3列。使用同样的方法，将"成绩表"中的"成绩"和"课程表"中的"课程名称"字段添加到设计网格区的第4列和第5列，如图4-12所示。

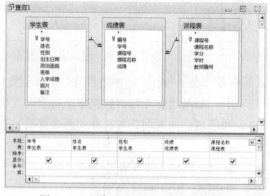

图4-12　添加字段后的查询设计视图

　　⑥ 单击工具栏中的"运行"按钮，或者单击功能区"开始"选项卡下"视图"组中的"视图"按钮，在弹出的菜单中选择"数据表视图"命令，如图4-13所示。

　　⑦ 可以看到"学生成绩查询"的运行结果，如图4-14所示。

图4-13　运行查询

图4-14　查询运行结果

⑧ 单击"保存"按钮，在弹出的对话框中设置查询名称。

### 4.2.3 创建带条件的查询

可以在"查询"设计视图中设置条件来创建带条件的查询。使用条件查询可以很容易地获得所需的数据。

【例 4-4】查找 1995 年出生的女生，并显示"学号""姓名""性别"和"出生日期"字段。

具体操作步骤如下：

① 打开"学生管理系统"数据库。

② 在"数据库"窗口中单击功能区"创建"选项卡下"查询"组中的"查询设计"按钮，打开"查询设计"视图和"显示表"对话框。

③ 在"显示表"对话框中双击"学生表"选项后，关闭"显示表"对话框。

④ 在"查询"设计视图的"字段列表"区域中分别双击"学生表"中的"学号""姓名""性别"和"出生日期"字段，将它们添加到"设计网格"区域字段行的第 1 列到第 4 列中。

⑤ 在"性别"字段的"条件"文本框中输入"女"，在"出生日期"字段的"条件"文本框中输入"Between #1995-1-1# And #1995-12-31#"，或输入"Year([出生日期])=1995"，或输入">=#1995-1-1# And <=#1995-12-31#"，如图 4-15 所示。

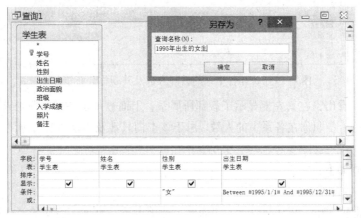

图 4-15　创建带条件的查询

⑥ 单击工具栏中的"运行"按钮 ⚠，或者单击功能区"开始"选项卡下"视图"组中的"视图"按钮，在弹出的菜单中选择"数据表视图"命令，可以看到"1995 年出生的女生"的运行结果，如图 4-16 所示。

⑦ 选择"文件"→"保存"命令，在弹出的对话框中设置查询名称。

图 4-16　1995 年出生的女生

__ 说 明 _____

使用 Year() 函数时，引用的字段必须用方括号括起来，等号右边必须是一个数字，因为 Year() 函数的结果是数字型。

如果希望查询 1995 年出生的学生或者女生，这两个条件就不能在同一行，应将其中一个条件输入在"或"行。

# 4.3　创建交叉表查询

交叉表查询是对来源于某个表中的字段进行分组，一组列在交叉表左侧，一组列在交叉表上部，并在交叉表行与列交叉处显示表中某个字段的各种计算值。

在创建交叉表查询时，需要指定 3 种字段：一是放在交叉表最左端的行标题，它将某一字段的相关数据放入指定的行中；二是放在交叉表最上面的列标题，它将某一字段的相关数据放入指定的列中；三是放在交叉表行与列交叉位置上的字段，需要为该字段指定一个总计项，如总计、平均值、计数等。在交叉表查询中，只能指定一个列字段和一个总计类型的字段。

创建交叉表查询的方法有两种："交叉表查询向导"和"设计视图"。

### 1. 使用"交叉表查询向导"建立查询

使用"交叉表查询向导"建立交叉表查询时，使用的字段必须属于同一个表或同一个查询。如果使用的字段不在同一个表或查询中，则应先建立一个查询，将它们放在一起。

【例 4-5】在"教师表"中统计各个系的教师人数及其职称分布情况，如图 4-17 所示。

| 所属院系 ▾ | 总计 教师结 ▾ | 副教授 ▾ | 讲师 ▾ | 教授 ▾ | 助教 ▾ |
|---|---|---|---|---|---|
| 电信系 | 2 | | | 1 | 1 |
| 管理系 | 2 | | 2 | | |
| 经济系 | 2 | 1 | | 1 | |
| 土木系 | 1 | | | 1 | |

图 4-17　统计各个系的教师人数及其职称分布情况

从交叉表可以看出，在其左侧显示了教师所属系，上面显示了各部门职工人数及职称类型，行、列交叉处显示了各职称在各系中的人数。由于该查询只涉及"教师表"，所以可以直接将其作为数据源。

具体操作步骤如下：

① 打开"学生管理系统"数据库。

② 在"数据库"窗口中单击功能区"创建"选项卡下"查询"组中的"查询向导"按钮，打开"新建查询"对话框，如图 4-18 所示。

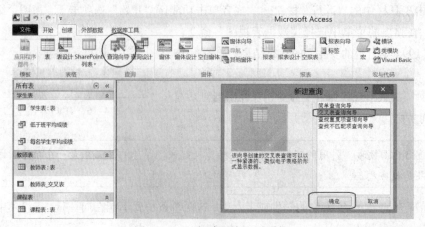

图 4-18　"新建查询"对话框

③ 在"新建查询"对话框中选中"交叉表查询向导"选项，单击"确定"按钮，这时屏幕上显示"交叉表查询向导"对话框，如图 4-19 所示。

④ 选择"教师表"后，单击"下一步"按钮。

⑤ 选择作为行标题的字段。行标题最多可选择 3 个字段，为了在交叉表的每一行的前面显示教师所属院系，这里应双击"可用字段"列表框中的"所属院系"字段，将它添加到"选定字段"列表框中。然后单击"下一步"按钮，如图 4-20 所示。

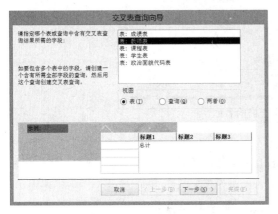

图 4-19　"交叉表查询向导"对话框

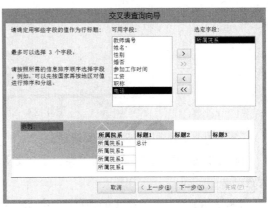

图 4-20　选择作为行标题的字段

⑥ 选择作为列标题的字段。列标题只能选择一个字段，为了在交叉表的每一列的上面显示职称情况，单击"职称"字段。然后单击"下一步"按钮，如图 4-21 所示。

⑦ 确定行、列交叉处的显示内容的字段。为了让交叉表统计每个系的教师职称个数，应单击字段框中的"教师编号"字段，然后在"函数"列表框中选择"计数"（Count）函数。若要在交叉表的每行前面显示总计数，还应选中"是，包括各行小计"复选框。最后单击"下一步"按钮，如图 4-22 所示。

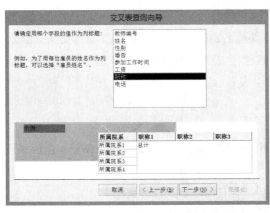

图 4-21　选择作为列标题的字段

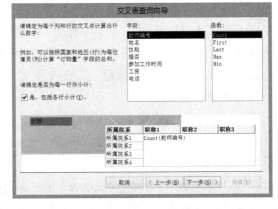

图 4-22　确定行、列交叉处的显示内容的字段

⑧ 在弹出对话框的"请指定查询的名称"文本框中输入所需的查询名称，这里输入"各系教师职称交叉表查询"，然后单击"查看查询"选项按钮，再单击"完成"按钮。如图 4-23 所示。

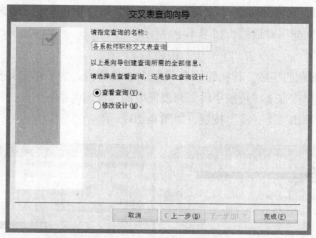

图 4-23　指定查询的名称

### 2. 使用"设计视图"建立交叉表查询

除了可以使用"交叉表查询向导"建立交叉表查询以外，还可以使用"设计视图"建立交叉表查询。

【例 4-6】统计每个学生的选课情况，建立交叉表，如图 4-24 所示。

| 姓名 | 总计选课门 | 大学英语 | 大学语文 | 高等数学 | 宏观经济学 | 计算机网络 | 数据库技术 |
|---|---|---|---|---|---|---|---|
| 成功 | 4 | 1 | | 1 | 1 | | |
| 李红军 | 4 | 1 | 1 | 1 | | | |
| 李莉莉 | 4 | 1 | | 1 | | 1 | 1 |
| 李萍 | 4 | 1 | | 1 | | 1 | 1 |
| 李少清 | 4 | 1 | 1 | 1 | | | |
| 王蓝萍 | 4 | 1 | | | | 1 | 1 | 1 |
| 王奇志 | 4 | 1 | | | | 1 | 1 | 1 |
| 王文学 | 4 | 1 | 1 | 1 | | | |
| 杨明明 | 4 | 1 | | 1 | | | 1 |
| 张三丰 | 4 | 1 | | | | 1 | 1 | 1 |
| 张绍文 | 4 | 1 | 1 | 1 | | | |
| 张晓军 | 4 | 1 | | | | 1 | 1 | 1 |

图 4-24　学生选课情况统计表

从交叉表可以看出，"姓名"作为行标题；"课程名称"作为列标题；行、列交叉处显示了每名学生的选课数。由于在查询中还要计算每名学生总的选课门数，所以还要增加一个"总计选课门数"字段作为行标题。该查询涉及"学生表""课程表"和"成绩表"。

具体操作步骤如下：

① 打开"学生管理系统"数据库。

② 在"数据库"窗口中单击"创建"选项卡下"查询"组中的"查询设计"按钮，弹出"显示表"对话框。

③ 分别双击"学生表""成绩表"和"课程表"，将它们添加到查询视图中。

④ 将"学生表"中的"姓名"字段、"成绩表"中的"成绩"字段和"课程表"中的"课程名称"字段拖放到设计网格的"字段"行上。

⑤ 单击功能区"查询类型"组中的"交叉表查询"按钮，将交叉表添加到"网格设计"窗口中，如图 4-25 所示。

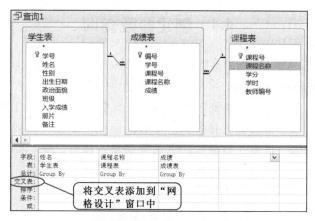

图 4-25 将交叉表添加到"网格设计"窗口中

⑥ 为了将"姓名"放在每行的左边，应单击"姓名"字段的"交叉表"行单元格，然后单击该单元格右边的下拉按钮，从弹出的下拉列表框中选择"行标题"；为了将"课程名称"放在第一行上，单击"课程名称"字段的"交叉表"行单元格，然后单击该单元格右边的下拉按钮，从弹出的下拉列表框中选择"列标题"；为了在行和列的交叉处显示选课数，应单击"成绩"字段的"交叉表"行单元格，然后单击该单元格右边的下拉按钮，从弹出的下拉列表框中选择"值"；单击"成绩"字段的"总计"行单元格，然后单击该单元格右边的下拉按钮，从弹出的下拉列表框中选择"计数"函数。

⑦ 由于要计算每个学生总的选课门数，因此应在第一个空白字段单元格中添加自定义字段名称"总计选课门数：成绩"，用于在交叉表中作为字段名显示，单击该字段的"表"行单元格，然后单击该单元格右边的下拉按钮，从弹出的下拉列表框中选择"成绩表"，单击该字段的"交叉表"行单元格；然后单击该单元格右边的下拉按钮，从弹出的下拉列表框中选择"行标题"，单击该字段的"总计"行单元格，然后单击该单元格右边的下拉按钮，从弹出的下拉列表框中选择"计数"函数，如图 4-26 所示。

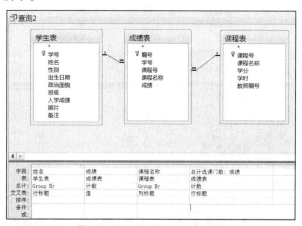

图 4-26 使用查询"设计视图"创建交叉表查询

⑧ 单击"保存"按钮，在"查询名称"文本框中输入"学生选课情况交叉表查询"，然后单击"确定"按钮。

# 4.4    创建参数查询

利用参数查询，通过输入不同的参数值，可以在同一个查询中获得不同的查询结果。

参数查询就是将选择查询中的字段条件，确定为一个带有"参数"的条件，其参数值在创建查询时不需定义，当运行查询时再提供，系统根据运行查询时给定的参数值确定查询结果。参数查询是一个特殊的选择查询，参数的随机性使其具有较大的灵活性。因此，参数查询常常作为窗体、报表、数据访问页的数据源。例如，建立以"学号"为参数，查询某学生所选课程成绩的查询，每次运行这个查询时，要求输入学号，系统将按照输入的学号进行查询。

【例 4-7】建立按输入的学号查询学生成绩的参数查询。

具体操作步骤如下：

① 打开"学生管理系统"数据库。

② 在"数据库"窗口中单击功能区"创建"选项卡下"查询"组中的"查询设计"按钮，打开"查询设计"视图和"显示表"对话框。

③ 在"显示表"对话框中双击"成绩表"和"课程表"选项后，关闭"显示表"对话框。

④ 在查询设计视图的"字段列表"区域中，双击"成绩表"中的"学号"和"成绩"字段，再双击"课程表"中的"课程名称"字段，将它们添加到"设计网格"区域字段行的第 1 列到第 3 列中。

⑤ 在"学号"字段列中的"条件"文本框中输入带方括号的文本：[请输入学号]，如图 4-27 所示，便建立了一个参数查询。

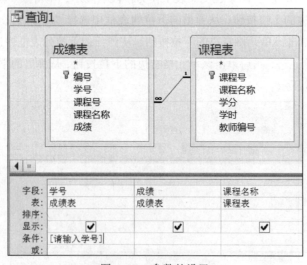

图 4-27    参数的设置

⑥ 单击工具栏中的"运行"按钮 ，或者单击功能区"开始"选项卡下"视图"组中的"视图"按钮，在弹出的菜单中选择"数据表视图"命令，弹出"输入参数值"对话框，在其中输入要查找的学号（如 20130002），然后单击"确定"按钮，则可得到图 4-28 所示的该学号同学的 4 门课程的成绩。

图 4-28　按学号查询结果

⑦ 选择"文件"→"保存"命令，在弹出的对话框中设置查询名称。

【例 4-8】建立按某段入学成绩查找学生信息的参数查询。

具体操作步骤如下：

① 打开"学生管理系统"数据库。

② 在"数据库"窗口中单击功能区"创建"选项卡下"查询"组中的"查询设计"按钮，打开"查询设计"视图和"显示表"对话框。

③ 在"显示表"对话框中双击"学生表"选项后，关闭"显示表"对话框。

④ 在"查询"设计视图的"字段列表"区域中，分别双击"学生表"中的"姓名""性别""出生日期"和"入学成绩"字段，将它们添加到"设计网格"区域字段行的第 1 列到第 4 列中。

⑤ 在"入学成绩"字段列中的"条件"文本框中输入">=[输入最低分数] And <=[输入最高分数]"或者"Between [输入最低分数] And [输入最高分数]"，如图 4-29 所示。

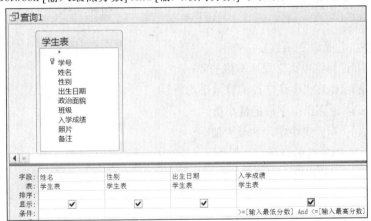

图 4-29　"入学成绩"设置

⑥ 单击工具栏中的"运行"按钮，或者单击功能区"开始"选项卡下"视图"组中的"视图"按钮，在弹出的菜单中选择"数据表视图"命令，弹出"输入参数值"对话框，分别输入最低分数（见图 4-30）和最高分数（见图 4-31），然后单击"确定"按钮，系统显示查询结果，如图 4-32 所示。

⑦ 选择"文件"→"保存"命令，在弹出的对话框中设置查询名称。

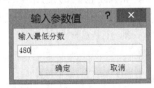

图 4-30　输入最低分数

图 4-31　输入最高分数

| 按某段入学成绩查找学生信息 | | | |
|---|---|---|---|
| 姓名 | 性别 | 出生日期 | 入学成绩 |
| 李少清 | 男 | 1994/4/23 | 500 |
| 李红军 | 女 | 1993/6/16 | 486 |
| 成功 | 男 | 1994/9/1 | 510 |

图 4-32　按分数段查询结果

# 4.5　在查询中进行计算

在实际应用中，常常需要对记录或字段进行汇总统计，Access 查询提供了利用函数建立总计查询的方式，总计查询可以对查询中的某列进行总和（Sum）、平均（Avg）、计数（Count）、最小值（Min）和最大值（Max）等计算。

## 4.5.1　创建总计查询

创建总计查询是通过使用查询"设计网格"中的"总计"行上的"总计"选项实现的。使用"查询"设计视图中的"总计"行，可以对查询中的全部记录或记录组计算一个或多个字段的统计值。

"总计"共有 12 个选项，可分为分组（Group By）、合计函数、表达式（Expression）和限制条件（Where）4 类。

① 合计函数。包括以下函数：

总计（Sum）：计算组中该字段所有值的和。

平均值（Avg）：计算组中该字段的算术平均值。

最小值（Min）：返回组中字段的最小值。

最大值（Max）：返回组中字段的最大值。

计数（Count）：返回行的合计。

标准差（StDev）：计算组中字段所有值的统计标准差。

方差（Var）：计算组中字段所有值的统计方差。

第一条记录（First）：返回该字段的第一个值。

最后一条记录（Last）：返回该字段的最后一个值。

② 分组。分组（Group By）对记录分组。例如，按性别将学生分成两组。

③ 表达式。表达式()"字段"列表框内设置的是表达式，它在来源表中不存在，字段值则由表达式计算得到。

④ 限制条件。可以在条件()字段的"条件"文本框内设置条件表达式。

在建立总计查询中，了解总计中的 12 个总计项的含义和掌握它们的使用方法，将有助于在查询中实现计算。

### 1．在查询中进行统计计算

【例 4-9】统计"学生表"中的学生人数。

具体操作步骤如下：

① 打开"学生管理系统"数据库。

②　在"数据库"窗口中单击功能区"创建"选项卡下"查询"组中的"查询设计"按钮，打开"查询设计"视图和"显示表"对话框。

③　在"显示表"对话框中双击"学生表"选项后，关闭"显示表"对话框。

④　在"查询"设计视图的"字段列表"区域中，双击"学生表"中的"学号"字段，将其添加到"设计网格"区域字段行的第 1 列中。

⑤　单击功能区"查询工具" / "设计"选项卡下"显示/隐藏"组中的"汇总"按钮 Σ，此时在"设计网格"区域中插入了"总计"行，系统自动将"学号"字段的"总计"列表框设置成分组，如图 4-33 所示。

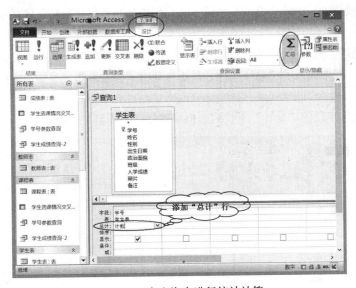

图 4-33　在查询中进行统计计算

⑥　在"学号"字段的"总计"下拉列表框中选择"计数"选项，如图 4-34 所示。

⑦　单击工具栏中的"运行"按钮 ，或者单击功能区"开始"选项卡下"视图"组中的"视图"按钮，在弹出的菜单中选择"数据表视图"命令，可以看到"学号之计数"查询的运行结果，如图 4-35 所示。

图 4-34　设置"总计"行

图 4-35　"计数"查询结果

⑧　选择"文件"→"保存"命令，在弹出的对话框中设置查询名称。

**2．在查询中进行分组统计**

【例4-10】统计每名学生的平均成绩。

具体操作步骤如下：

① 打开"学生管理系统"数据库。

② 在"数据库"窗口中单击功能区"创建"选项卡下"查询"组中的"查询设计"按钮，打开"查询设计"视图和"显示表"对话框。

③ 在"显示表"对话框中双击"学生表"和"成绩表"选项后，关闭"显示表"对话框。

④ 在"查询"设计视图的"字段列表"区域中，双击"学生表"中的"学号"和"姓名"字段，再双击"成绩表"中的"成绩"字段，将它们添加到"设计网格"区域字段行的第1列到第3列中。

⑤ 单击功能区"查询工具"/"设计"选项卡下"显示/隐藏"组中的"汇总"按钮 **Σ**，此时在"设计网格"区域中插入了"总计"行，系统自动将"学号"和"成绩"字段的"总计"列表框设置成分组。

⑥ 在"成绩"字段的"总计"下拉列表框中选择"平均值"选项，如图4-36所示。

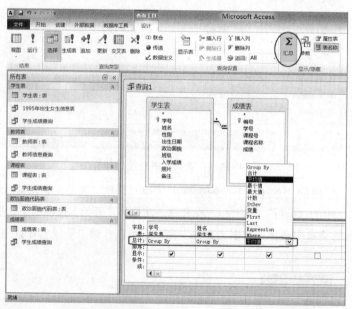

图4-36　设置查询的"平均值"选项

⑦ 单击工具栏中的"运行"按钮 **!**，或者单击功能区"开始"选项卡下"视图"组中的"视图"按钮，在弹出的菜单中选择"数据表视图"命令，可以看到"成绩之平均值"查询的运行结果，如图4-37所示。

⑧ 选择"文件"→"保存"命令，在弹出的对话框中设置查询名称。

| 查询1 | | |
|---|---|---|
| 学号 | 姓名 | 成绩之平均 |
| 20130001 | 张绍文 | 64.75 |
| 20130002 | 李少清 | 84 |
| 20130003 | 王文学 | 82.75 |
| 20130004 | 李红军 | 69.5 |
| 20130105 | 李萍 | 86.5 |
| 20130106 | 成功 | 77.5 |
| 20130107 | 杨明明 | 69.25 |
| 20130108 | 李莉莉 | 83.25 |
| 20130209 | 王蓝萍 | 79.25 |
| 20130210 | 张晓军 | 78.75 |
| 20130211 | 王奇志 | 93.25 |
| 20130212 | 张三丰 | 68.5 |

【例4-11】统计"学生表"中男、女学生人数。

具体操作步骤如下：

图4-37　"平均值"查询结果

① 打开"学生管理系统"数据库。

② 在"数据库"窗口中单击功能区"创建"选项卡下"查询"组中的"查询设计"按钮，打开"查询设计"视图和"显示表"对话框。

③ 在"显示表"对话框中双击"学生表"选项后，关闭"显示表"对话框。

④ 在"查询"设计视图的"字段列表"区域中，双击"学生表"中的"学号"和"性别"字段，将它们添加到"设计网格"区域字段行的第1列到第2列中。

⑤ 单击功能区"查询工具" / "设计"选项卡下"显示/隐藏"组中的"汇总"按钮 Σ，此时在"设计网格"区域中插入了"总计"行，系统自动将"学号"和"性别"字段的"总计"列表框设置成分组。

⑥ 在"学号"字段的"总计"下拉列表框中选择"计数"选项，"性别"字段的"总计"行默认为"Group By"，如图4-38所示。

⑦ 单击工具栏中的"运行"按钮 ，或者单击功能区"开始"选项卡下"视图"组中的"视图"按钮，在弹出的菜单中选择"数据表视图"命令，可以看到"统计男、女学生人数"的运行结果，如图4-39所示。

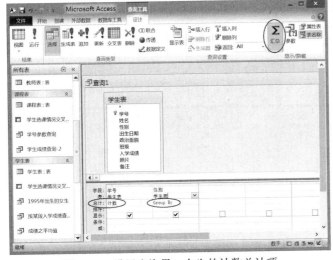

图4-38 设置查询男、女生的计数总计项　　　　图4-39 男、女生计数总计查询结果

⑧ 选择"文件"→"保存"命令，在弹出的对话框中设置查询名称。

【例4-12】按课程名称统计每门成绩的总和、平均分、最高分和最低分。

具体操作步骤如下：

① 打开"学生管理系统"数据库。

② 在"数据库"窗口中单击功能区"创建"选项卡下"查询"组中的"查询设计"按钮，打开"查询设计"视图和"显示表"对话框。

③ 在"显示表"对话框中双击"课程表"和"成绩表"选项后，关闭"显示表"对话框。

④ 在"查询"设计视图的"字段列表"区域中，双击"课程表"中的"课程名称"字段，再双击"成绩表"中的"成绩"字段4次，将它们添加到"设计网格"区域字段行的第1列到第5列中。

⑤ 单击功能区"查询工具"/"设计"选项卡下"显示/隐藏"组中的"汇总"按钮 $\Sigma$，此时在"设计网格"区域中插入了"总计"行，将"课程名称"字段的"总计"列表框设置成分组。

⑥ 分别在第 2 列到第 5 列的"成绩"字段的"总计"下拉列表框中分别选择"和计"选项、"平均值"选项、"最大值"选项和"最小值"选项。

⑦ 然后分别将第 2 列到第 5 列的"成绩"字段的"字段"文本框，按照图 4-40 所示的名称输入新字段名。注意：字段中的冒号一定要是半角符号，如果是全角的冒号，Access 会自动变成"表达式：[成绩]"这样的样式。

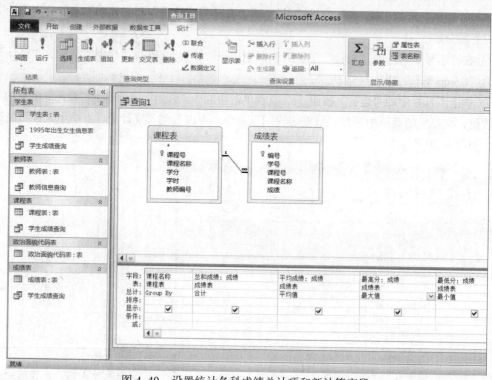

图 4-40　设置统计各科成绩总计项和新计算字段

⑧ 单击工具栏中的"运行"按钮 ，或者单击功能区"开始"选项卡下"视图"组中的"视图"按钮，在弹出的菜单中选择"数据表视图"命令，可以看到"统计各科成绩"的运行结果，如图 4-41 所示。

| 课程名称 | 总成绩 | 平均成绩 | 最高分 | 最低分 |
|---|---|---|---|---|
| 大学英语 | 1009 | 84.083333333 | 98 | 55 |
| 大学语文 | 280 | 70 | 80 | 50 |
| 高等数学 | 573 | 71.625 | 90 | 50 |
| 宏观经济学 | 644 | 80.5 | 95 | 40 |
| 计算机网络 | 932 | 77.666666667 | 90 | 60 |
| 数据库技术 | 311 | 77.75 | 96 | 50 |

图 4-41　"统计各科成绩"查询结果

⑨ 选择"文件"→"保存"命令，在弹出的对话框中设置查询名称。

### 4.5.2　创建计算字段

计算字段是指根据一个或多个表中的一个或多个字段，使用表达式建立的新字段。在前面的例子中我们看到，查询结果中统计函数字段为"学号之计数""成绩之平均值"，这样显示的效果可读性较差，可以使用创建计算字段来调整该字段的显示效果。另外，有时需要统计的数据在表中没有相应的字段，或者用于计算的数据值来源于多个字段，就需要创建计算字段。

【例 4-13】查找并显示低于班平均分的学生姓名、所在班级和其平均成绩。建立本查询需要首先建立一个"班平均成绩"查询和"每名学生平均成绩"查询，然后将这两个查询作为建立"低于班平均成绩"查询的数据源。

### 1. 建立"班平均成绩"查询

具体操作步骤如下：

① 打开"学生管理系统"数据库。

② 在"数据库"窗口中单击功能区"创建"选项卡下"查询"组中的"查询设计"按钮，打开"查询设计"视图和"显示表"对话框。

③ 在"显示表"对话框中双击"成绩表"选项后，关闭"显示表"对话框。

④ 在查询设计视图的"字段列表"区域中，双击"成绩表"中的"学号"和"成绩"字段，将其添加到"设计网格"区域字段行的第 1 列和第 2 列中。

⑤ 单击功能区"查询工具"/"设计"选项卡下"显示/隐藏"组中的"汇总"按钮 Σ，此时在"设计网格"区域中插入了"总计"行，将"学号"和"成绩"字段的"总计"列表框设置成分组。

⑥ 按照图 4-42 所示，以"学号"字段列表框上的名称输入一个新的计算字段："班级:left([学号],6)"（注：班级号为"学生编号"中的前 6 位。这里使用 Left 函数是为了将"学生表"中"学生编号"字段值的前 6 位取出来。在"成绩"字段的"总计"下拉列表框中分别选择"平均值"选项）。

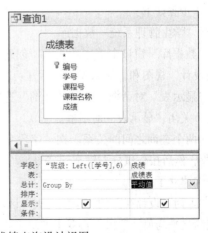

图 4-42　班平均成绩查询设计视图

⑦ 单击工具栏中的"运行"按钮 ，或者单击功能区"开始"选项卡下"视图"组中的"视图"按钮，在弹出的菜单中选择"数据表视图"命令，可以看到"班平均成绩"的运行结果，如图 4-43 所示。

| 班平均成绩查询 | |
| --- | --- |
| "班级" ▼ | 成绩之平均 ▼ |
| 201300 | 75.25 |
| 201301 | 79.125 |
| 201302 | 79.9375 |

图 4-43　　"班平均成绩"查询结果

⑧ 选择"文件"→"保存"命令，在弹出的对话框中设置查询名称。

**2．建立"每名学生平均成绩"查询**

按照前面介绍的方法，建立"每名学生平均成绩"查询，如图 4-44 所示。

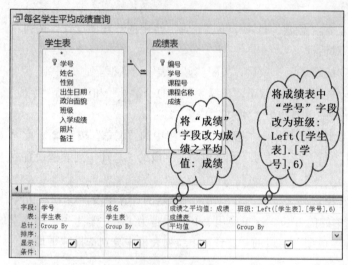

图 4-44　　"每名学生平均成绩"设计视图及查询结果

**3．创建"低于班平均成绩"查询**

具体操作步骤如下：

① 打开"学生管理系统"数据库。

② 在"数据库"窗口中单击功能区"创建"选项卡下"查询"组中的"查询设计"按钮，打开"查询设计"视图和"显示表"对话框。

③ 在"显示表"对话框中选择"查询"选项卡，双击"每名学生平均成绩"和"班平均成绩"选项后，关闭"显示表"对话框。

④ 建立两个查询之间的关系。在"字段列表"区域中选定"每名学生平均成绩"查询中的"班级"字段，然后按住鼠标左键拖到"班平均成绩"查询中的"班级"字段上，释放鼠标左键，则为两个查询建立了关系。

⑤ 在"查询"设计视图的"字段列表"区域中双击"每名学生平均成绩"中的"班级""姓名"和"成绩之平均值"字段，再双击"班平均成绩"中的"班级"字段，将它们添加到"设计网格"区域字段行的第 1 列至第 4 列中，如图 4-45 所示。

⑥ 按照图 4-46 所示，在第 3 列"成绩之平均值"字段列的"排序"列表框中选择"升序"选项。在第 4 列将"班级"字段改为"成绩之平均值"，在第 5 列输入计算字段"差值:[每名学生平均成绩]![成绩之平均值]-[班平均成绩]![成绩之平均值]"，并在"条件"文本框中输入"<0"。注:

计算字段输入值中的标点符号采用半角符号，以免系统报错。

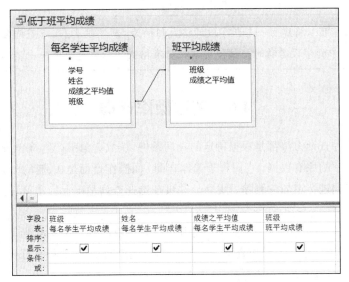

图 4-45　添加查询字段的设计视图

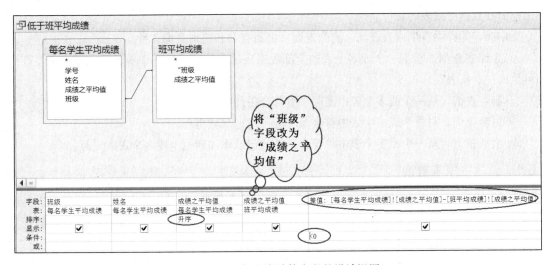

图 4-46　添加查询计算字段的设计视图

⑦ 单击工具栏中的“运行”按钮，或者单击功能区“开始”选项卡下“视图”组中的“视图”按钮，在弹出的菜单中选择“数据表视图”命令，可以看到“低于班平均成绩”的运行结果，如图 4-47 所示。

低于班平均成绩

| 班级 | 姓名 | 每名学生平 | 班平均成绩 | 差值 |
|---|---|---|---|---|
| 201300 | 张绍文 | 64.75 | 75.25 | -10.5 |
| 201302 | 张三丰 | 68.5 | 79.9375 | -11.4375 |
| 201301 | 杨明明 | 69.25 | 79.125 | -9.875 |
| 201300 | 李红军 | 69.5 | 75.25 | -5.75 |
| 201301 | 成功 | 77.5 | 79.125 | -1.625 |
| 201302 | 张晓军 | 78.75 | 79.9375 | -1.1875 |
| 201302 | 王蓝萍 | 79.25 | 79.9375 | -.6875 |

图 4-47　“低于班平均成绩”查询结果

⑧ 选择"文件"→"保存"命令，在弹出的对话框中设置查询名称。

───── 说 明 ─────

通过以上示例，可以将建立一个新字段的格式归纳为"新字段名:[表或查询名称]![字段名称]"。需要引用表或查询中的字段名称时应该使用这种标准格式，以避免应用中出错。

# 4.6  创建操作查询

前面介绍的几种查询方法都是根据特定的查询条件，从数据源中产生符合条件的动态数据集，本身并没有改变表中的原有数据，它们属于选择查询。而操作查询是在选择查询的基础上创建的，可对数据源中的数据进行追加、删除、更新，并可在选择查询基础上创建新表。具有选择查询、参数查询的特性。

操作查询与选择查询的另一个不同是，打开选择查询就能够直接显示查询结果，而打开操作查询，运行更新、删除、追加等操作查询，不直接显示操作查询结果，只有打开操作的目的表（更新、追加、删除、生成的表），才能看到操作查询的结果。

操作查询将改变操作目的表中的数据，因此，为了避免操作引起的数据丢失，在运行操作查询前应做好数据库或表的备份。

操作查询的种类有生成表查询、删除查询、更新查询和追加查询4种。

① 生成表查询。根据一个或多个表的全部数据或部分数据创建一个新表，运行生成表查询即可生成一个新表。

② 删除查询。从一个或多个表中删除一组符合条件的记录。

③ 更新查询。对一个或多个表中符合条件的一组记录做更新。

④ 追加查询。从一个或多个表中将符合条件的记录添加到一个或多个表的尾部。

## 4.6.1  创建生成表查询

使用生成表查询，可以使查询的运行结果以表的形式存储，生成一个新表，这样就可以实现利用一个表、多个表或已知查询再创建表，从而使数据库中的表可以再创建新表，实现数据资源的多次利用及重组数据集合。

【例 4-14】将"成绩表"中不及格的学生信息生成一个"不及格表"。

具体操作步骤如下：

① 打开"学生管理系统"数据库。

② 在"数据库"窗口中单击功能区"创建"选项卡下"查询"组中的"查询设计"按钮，打开"查询设计"视图和"显示表"对话框。

③ 在"显示表"对话框中双击"成绩表"和"课程表"选项后，关闭"显示表"对话框。

④ 将"学号""课程名称"和"成绩"字段添加到"设计网格"区域字段行的第 1 列到第 3 列中。

⑤ 在"成绩"字段列的"条件"文本框中输入"<60"，如图 4-48 所示。

⑥ 单击功能区"设计"选项卡下"查询类型"组中的"生成表"按钮，弹出"生成表"对话框，如图 4-49 所示，在"表名称"文本框中输入要创建的表名称，即"不及格表"，然后选择

"当前数据库"单选按钮，表示新表放在当前数据库中，单击"确定"按钮。

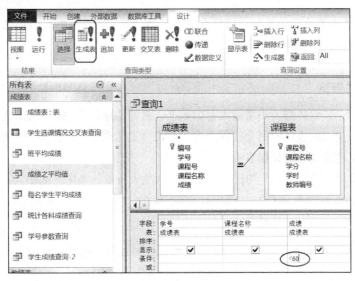

图 4-48 生成的"查询"设计视图

⑦ 单击工具栏中的"运行"按钮 ，弹出一个提示框，如图 4-50 所示。

图 4-49 "生成表"对话框

图 4-50 生成表提示框

⑧ 单击"是"按钮，在导航栏的"表"列表框中可以看到系统建立了一个名为"不及格表"的新表，若单击"否"按钮，则不建立新表，如图 4-51 所示。

⑨ 单击功能区"开始"选项卡下"视图"组中的"视图"按钮，在弹出的菜单中选择"数据表视图"命令，可以看到"不及格表"的预览结果，如图 4-52 所示。

图 4-51 建立和预览"不及格表"

| 学号 | 课程名称 | 成绩 |
| --- | --- | --- |
| 20130001 | 大学英语 | 55 |
| 20130004 | 大学语文 | 50 |
| 20130107 | 高等数学 | 50 |
| 20130212 | 宏观经济学 | 40 |
| 20130212 | 数据库技术 | 50 |

图 4-52 "不及格表"的预览结果

⑩ 选择"文件"→"保存"命令，在弹出的对话框中设置查询名称。

—— 注 意 ————
生成表查询在查看查询结果时，只能在导航栏的"表"列表框中找到相应的表查看，不能直接在"查询"列表框中查看查询结果。

### 4.6.2 创建追加查询

在数据库操作中，给数据表中增加大量的数据，最好的操作手段就是使用追加查询。追加查询要求数据源与待追加的表结构完全相同。换句话说，追加查询就是将一个数据表中的数据追加到与之具有相同字段及属性的数据表中。

【例 4-15】将如下"新生表"的记录追加到"学生表备份"表中，如图 4-53 所示。

| 新生表 | | | | | | | |
| 学号 | 姓名 | 性别 | 出生日期 | 政治面貌 | 班级 | 入学成绩 | 照片 |
| 20130013 | 张小贤 | 男 | 1993/12/12 | 01 | 2013金融管理 | 450 | |
| 20130014 | 李文 | 女 | 1995/5 /23 | 02 | 2013国际贸易 | 490 | |
| 20130015 | 王立行 | 男 | 1993/6 /21 | 02 | 2013市场营销 | 520 | |

图 4-53  新生表

具体操作步骤如下：

① 打开"学生管理系统"数据库。

② 在"数据库"窗口中单击功能区"创建"选项卡下"查询"组中的"查询设计"按钮，打开"查询设计"视图和"显示表"对话框。

③ 在"显示表"对话框中双击"新生表"选项后，关闭"显示表"对话框。

④ 将"新生表"中所有字段都添加到"设计网格"区域。

⑤ 单击功能区"设计"选项卡下"查询类型"组中的"追加"按钮，弹出"追加"对话框，如图 4-54 所示，在"表名称"文本框中输入要追加的表名称，即"学生表备份"，然后选择"当前数据库"单选按钮，表示新表放在当前数据库中，单击"确定"按钮。

图 4-54  "追加"对话框

⑥ 系统自动在"设计网格"区域增加一行"追加到"行，如图 4-55 所示。

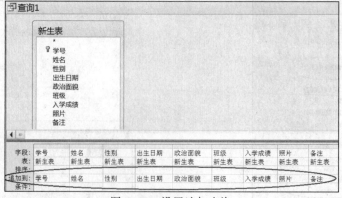

图 4-55  设置追加查询

⑦　单击工具栏中的"运行"按钮 ，弹出一个提示框，如图 4-56 所示。系统显示将追加 3 条记录。

⑧　单击"是"按钮，系统将要追加的记录追加到指定的表中；若单击"否"按钮，则不追加。

⑨　选择"文件"→"保存"命令，在弹出的对话框中设置查询名称。图 4-57 和图 4-58 所示为原"学生表备份"表和追加后的"学生表备份"表。

图 4-56　追加查询提示框

图 4-57　原"学生表备份"表

图 4-58　追加查询后的"学生表备份"表

### 4.6.3　创建删除查询

如果要一次删除一批数据，使用删除查询比在表中删除记录的方法更加方便。删除查询就是利用该查询一次删除符合条件的一批记录。删除查询可以从一个表中删除记录，也可以从多个相互关联的表中删除记录。若要从多个表中删除相关记录，必须已经建立了相关表之间的关系；并且在"建立关系"对话框中分别选择"实施参照完整性"和"级联删除相关记录"复选框，这样将选择窗口中关联表中的记录删除。

【例 4-16】删除"学生表备份"表中入学成绩在 500 分以下的记录。

具体操作步骤如下：

①　打开"学生管理系统"数据库。

②　在"数据库"窗口中单击功能区"创建"选项卡下"查询"组中的"查询设计"按钮，打开"查询设计"视图和"显示表"对话框。

③ 在"显示表"对话框中双击"学生表备份"选项后，关闭"显示表"对话框。

④ 双击"学生表备份"中的"*"和"入学成绩"字段，将其添加到"设计网格"区域，并在"入学成绩"字段列的"条件"文本框中输入"<500"。

⑤ 单击功能区"设计"选项卡下"查询类型"组中的"删除"按钮，在"设计网格"区域中增加一个"删除"行，如图 4-59 所示。

⑥ 单击功能区"开始"选项卡下"视图"组中的"视图"按钮，在弹出的菜单中选择"数据表视图"命令，可以预览要删除的记录。

⑦ 单击工具栏中的"运行"按钮 ，弹出一个提示框，如图 4-60 所示。

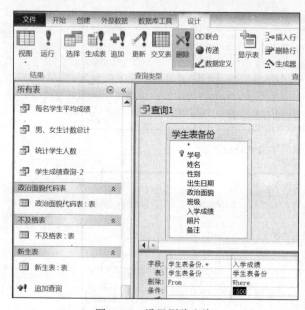

图 4-59 设置删除查询

图 4-60 删除查询提示框

⑧ 单击"是"按钮，系统将删除这些记录；若单击"否"按钮，则不删除。

⑨ 选择"文件"→"保存"命令，在弹出的对话框中设置查询名称。

⑩ 在数据库窗口的"表"列表框中双击"学生表备份"选项，查看删除记录后的表，如图 4-61 所示。

| 学号 | 姓名 | 性别 | 出生日期 | 政治面貌 | 班级 | 入学成绩 | 照片 |
|---|---|---|---|---|---|---|---|
| 20130002 | 李少清 | 男 | 1994/4/23 | 02 | 2013金融管理 | 500 | |
| 20130003 | 王文学 | 男 | 1994/3/21 | 02 | 2013金融管理 | 560 | |
| 20130015 | 王立行 | 男 | 1993/6/21 | 02 | 2013市场营销 | 520 | |
| 20130105 | 李萍 | 女 | 1994/11/17 | 02 | 2013国际贸易 | 563 | |
| 20130106 | 成功 | 男 | 1994/9/1 | 03 | 2013国际贸易 | 510 | |
| 20130211 | 王奇志 | 男 | 1994/12/8 | 01 | 2013市场营销 | 538 | |
| 20130212 | 张三丰 | 男 | 1995/1/2 | 03 | 2013市场营销 | 520 | |

图 4-61 删除记录后的学生表备份

## 4.6.4 创建更新查询

更新查询可以更改一个或多个表或查询中的数据。用户通过添加某些特定的条件来更新一个或多个表中的记录或筛选出要更改的记录。

**【例 4-17】** 创建更新查询，将"课程表"中学时数为 60 的课程改为 48 学时。

具体操作步骤如下：

① 打开"学生管理系统"数据库。

② 在"数据库"窗口中单击功能区"创建"选项卡下"查询"组中的"查询设计"按钮，打开"查询设计"视图和"显示表"对话框。

③ 在"显示表"对话框中双击"课程表"选项后，关闭"显示表"对话框。

④ 将"课程表"中的"学时"字段添加到"设计网格"区域。

⑤ 单击功能区"设计"选项卡下"查询类型"组中的"更新"按钮，在"设计网格"区域增加一个"更新到"行，并在"条件"文本框中输入原始数据"60"，在"更新到"文本框中输入要修改的数据"48"，如图 4-62 所示。

⑥ 单击工具栏中的"运行"按钮 ，弹出一个提示框，如图 4-63 所示。

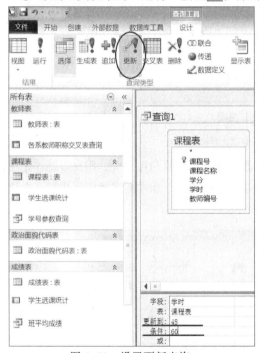

图 4-62  设置更新查询

图 4-63  更新查询提示框

⑦ 单击"是"按钮，系统将更新这些记录；若单击"否"按钮，则不更新。

⑧ 选择"文件"→"保存"命令，在弹出的对话框中设置查询名称。

⑨ 在数据库窗口的"表"列表框中双击"课程表"选项，查看更新记录后的表。

# 4.7  创建 SQL 查询

从以上几节的介绍可见，Access 的交互查询不仅功能多样，而且操作简便。事实上，这些交互查询功能都有相应的 SQL 语句与之对应，当在"查询"设计视图中创建查询时，Access 将自动在后台生成等效的 SQL 语句。当查询设计完成后，就可以通过"SQL 视图"查看对应的 SQL 语句。

然而对于某些 SQL 的特定查询（如传递查询、联合查询和数据定义查询），都不能在设计网格中创建，而必须直接在 SQL 视图中创建 SQL 语句，这就必须学习一些 SQL 查询语句。

### 4.7.1  SQL 视图

SQL 视图是用于显示和编辑 SQL 查询的窗口（见图 4-64），主要用于查看或修改已创建的查询、通过 SQL 语句直接创建查询两种场合。

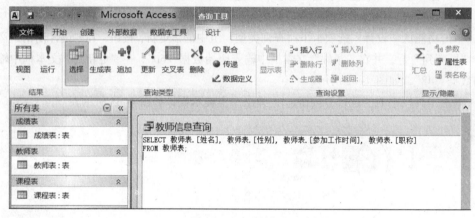

图 4-64  SQL 视图

**1. 查看或修改已创建的查询**

当用户已经创建了一个查询，如果要查看或修改该查询对应的 SQL 语句，用户需要首先在查询视图中打开该查询，然后单击功能区"开始"选项卡下"视图"组中的"视图"按钮，在弹出的菜单中选择"SQL 视图"命令即可，如图 4-65 所示。

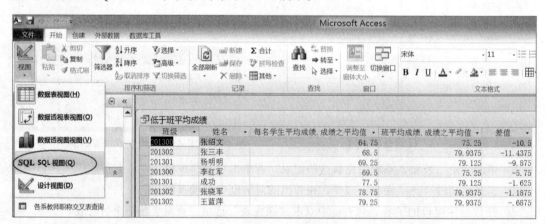

图 4-65  进入"查看或修改已创建的查询"SQL 视图

**2. 通过 SQL 语句直接创建查询**

通过 SQL 语句直接创建查询，可以首先按照常规方法新建一个设计查询，并在打开设计视图的同时弹出"显示表"对话框，将其关闭，然后单击功能区"开始"选项卡下"视图"组中的"视图"按钮，在弹出的菜单中选择"SQL 视图"命令，切换到"SQL 视图"窗口。在 SQL 视图窗口中，用户即可通过直接输入 SQL 语句来创建查询如图 4-66 所示。

图 4-66  进入"通过 SQL 语句直接创建查询"SQL 视图

### 4.7.2  SQL 简介

SQL（Structured Query Language，结构化查询语言）是在数据库领域中应用最为广泛的数据库查询语言。最早的 SQL 标准是于 1986 年 10 月由美国 ANSI（American National Standards Institute）公布的。随后，ISO（Interational Standarda Organization）于 1987 年 6 月也正式确定它为国际标准，并在此基础上进行了补充。到 1989 年 4 月，ISO 提出了具有完整性特征的 SQL，1992 年 11 月又公布了 SQL 的新标准，从而建立了 SQL 在数据库领域的核心地位。SQL 的主要特点如下：

① SQL 是一种一体化语言，它包括了数据定义、数据查询、数据操纵和数据控制等方面的功能，可以完成数据库活动中的全部工作。

② SQL 是一种高度非过程化语言，它只需要描述"做什么"，而不需要说明"怎么做"。

③ SQL 是一种非常简单的语言，它所使用的语句很接近于自然语言，易于学习和掌握。

④ SQL 是一个共享语言，它全面支持客户机/服务器模式。

现在很多数据库应用开发工具都将 SQL 直接融入自身语言中，Access 也不例外。

SQL 设计巧妙，语言简单，完成数据定义、数据查询、数据操纵和数据控制的核心功能只用 9 个动词，如表 4-10 所示。

表 4-10  SQL 的动词

| SQL 功能 | 动　词 |
| --- | --- |
| 数据定义 | CREATE、DROP、ALTER |
| 数据操作 | INSTER、UPDATE、DELETE |
| 数据查询 | SELECT |
| 数据控制 | CRANT、REVOTE |

### 4.7.3  SQL-SELECT 语法

SQL 查询是使用 SQL 语句创建的查询。在 SQL 视图窗口中，用户可以通过直接编写 SQL 语句实现查询功能。在每个 SQL 语句里面，最基本的语法结构是"SELECT...FROM...[WHERE]..."，其中 SELECT 表示要选择显示哪些字段，FROM 表示从哪些表中查询，WHERE 说明查询的条件。

通常该语句可选择的子句很多，格式一般较长，但其实并不复杂。灵活地配上 GROUP BY、ORDER BY、HAVING 等子句后，就能方便地实现各种用途广泛的查询，并可以通过 INTO 子句将查询结果输出到指定的表中。

该语句的一般格式是：

```
SELECT [谓词]*|<字段列表>
FROM 表名[,…][IN 外部数据库]
[WHERE…]
[GROUP BY…]
[HAVING…]
[ORDER BY…]
```

在一般的语法格式描述中使用了如下符号：

<>：表示在实际的语句中要采用实际需要的内容进行替代。

[]：表示可以根据需要进行选择，也可以不选。

1：表示多项选项只能选择其中之一。

{}：表示必选项。

下面通过表 4-11 说明常用的术语。

**表 4-11　SQL-SELECT 语句说明**

| 术　语 | 说　明 |
| --- | --- |
| SELECT | 用于指定在查询结果中包含的字段、常量和表达式 |
| 谓词 | 包括 ALL、DISTINCT 等。其中，ALL 表示检索所有符合条件的记录（含重复记录），默认值为 ALL；DISTINCT 表示检索要去掉重复行的所有记录 |
| * | 表示检索包括指定表的所有字段 |
| 字段列表 | 表示检索指定的字段 |
| FROM | 数据来源子句 |
| 表名 | 用于指定要查询的表名 |
| 外部数据库 | 如果表达式所在的表不在当前数据库中，则使用该参数指定其所在的外部数据库 |
| WHERE | 指定查询条件。只把满足逻辑表达式的数据作为查询结果。作为可选项，如果不加条件，则所有数据都作为查询结果 |
| GROUP BY | 对查询结果进行分组统计，统计选项必须是数值型的数据 |
| HAVING | 过滤条件，功能与 WHERE 一样，只是要与 GROUP 子句配合使用表示条件，将统计结果作为过滤条件 |
| ORDER BY | 指定查询结果排列顺序，一般放在 SQL 语句的最后 |

下面将对 SQL-SELECT 语法中的子句逐一进行说明。

### 1. 选择输出 SELECT 子句

SELECT 通常是 SQL 语句中的第一个关键词。SELECT 子句用于指定输出表达式和记录范围，SELECT 语句不会更改数据库中的数据。

最简单的 SQL 语句是：

```
SELECT　字段　FROM　表名
```

在 SQL 语句中，可以通过星号"*"选择表中所有的字段。如"SELECT * FROM 教师表"表示选择"教师表"中的所有字段。如果是多个字段（即字段列表），则用逗号分隔开。

### 2．数据来源 FROM 子句

FROM 子句用来指明数据来源，是 SELECT 语句所必需的子句，不能缺少。

其中，表名用来标识从中检索数据的一个或多个表。该表名可以是单个表名、保存的查询名、或者是 INNER JOIN、LEFT JOIN 或者 RIGHT JOIN 产生的结果。

INNER JOIN：规定内连接。只有在被连接的表中有匹配记录的记录才会出现在查询结果中。

LEFT JOIN：规定左外连接。JOIN 左侧表中的所有记录及 JOIN 右侧表中匹配的记录才会出现在查询结果中。

RIGHT JOIN：规定右外连接。JOIN 右侧表中的所有记录及 JOIN 左侧表中匹配的记录才会出现在查询结果中。

IN 外部数据库：包含表的表达式中的所有表的外部数据库的完整路径。

### 3．条件 WHERE 子句

WHERE 子句用来设定条件以返回需要的记录。条件表达式跟在 WHERE 关键字之后。

比如：WHERE 教师编号="D02001"，表示查询"教师编号"为 D02001 的所有记录。

### 4．分组统计 GROUP BY 子句

GROUP BY 子句用来分组字段列表，将特定字段列表中相同的记录组合成单个记录，GROUP BY 是可选的。

其语法是：

```
[GROUP BY 字段列表]
```

其中，字段列表最多有 10 个用于分组记录的字段名称。字段列表中字段名称的顺序决定了从最高到最低的分组级别。

### 5．HAVING 子句

在 GROUP BY 组合记录后，HAVING 显示由 GROUP BY 子句分组的记录中满足 HAVING 子句条件的任何记录。HAVING 子句可以包含最多 40 个通过编辑运算符（如 And 和 Or）连接起来的表达式。其语法是：

```
[GROUP BY 字段列表]
[HAVING 表达式]
```

HAVING 与 WHERE 相似，WHERE 确定哪些记录会被选中，HAVING 确定哪些记录将被显示。

### 6．排序 ORDER BY 子句

以升序或降序的方式对指定字段查询的返回记录进行排序。ORDER BY 是可选的，如果希望按排序后的顺序显示数据，那么必须使用 ORDER BY。其语法是：

```
[ORDER BY 字段 1[ASC|DESC][,字段 2[ASC|DESC][,…]]]
```

字段：设置排序的字段或表达式。

ASC：按表达式升序排列，默认为升序。

DESC：按表达式降序排列。

### 4.7.4　SQL 查询示例

SQL 查询既可用于单表查询，也可用于多表查询，下面通过示例分别介绍这两种情况。

#### 1．单表查询示例

【例 4-18】查找并显示"学生表"中的"学号"和"姓名"字段。

```
SELECT 学号,姓名 FROM 学生表;
```

【例 4-19】查询"教师表"中"职称"为"讲师"的教师信息，并在结果中显示"姓名""工作时间"和"职称"字段。

```
SELECT 姓名,工作时间,职称 FROM 教师表 WHERE 职称="讲师";
```

【例 4-20】查询"成绩表"中，班级为"0901"班的成绩大于 75 分的学生记录，在结果中显示"学号"字段。

```
SELECT 学号 FROM 成绩表 WHERE ((LEFT([学号],4)="0901")AND (成绩>75));
```

【例 4-21】查询"教师表"中"职称"为"讲师"，且"工作时间"在 2003-1-1 以后的教师信息，将查询所得结果以"工作时间"字段按照降序排列。查询结果中显示"姓名""性别""工作时间"和"职称"字段。

```
SELECT 姓名,性别,工作时间,职称 FROM 教师表
WHERE ((工作时间>#2003-1-1#)AND(职称="讲师"))
ORDER BY 工作时间 DESC;
```

#### 2．多表查询

用 SQL 语句实现多表查询时，可通过连接字段将多个表两两连接起来，使用户可以像操作一个表那样进行查询操作。

【例 4-22】从"学生表"和"成绩表"中联合查询"学号""姓名""课程号"和"成绩"字段信息。

```
SELECT 学生表.学号,学生表.姓名,成绩表.课程号,成绩表.成绩 FROM 学生表
INNER JOIN 成绩表 ON 学生表.学号=成绩表.学号;
```

其中 JOIN…ON…是连接运算符，连接左右两个表名所指的表，ON 表示连接的条件。INNER 表示内部连接，除了内部连接外，还有左外部连接 LEFT 和右外部连接 RIGHT。

【例 4-23】用 SQL 语句设计参数查询，当依次输入两个学生的学号时，查询两个学号之间的学生信息，查询的结果中要含有"学号""姓名""性别""课程号"和"成绩"字段信息。

```
SELECT 学生表.学号,学生表.姓名,学生表.性别,成绩表.课程号,成绩表.成绩 FROM 学生表
INNER JOIN 成绩表 ON 学生表.学号=成绩表.学号
WHERE 学生表.学号 BETWEEN [起始学号: ]AND[结束学号: ];
```

事实上，SELECT 语句的功能非常强大，这里只介绍了最简单、最常用的几种，对于 SELECT 语句更为复杂的用法，可参考 SQL 查询的帮助信息，这里不再介绍。

### 4.7.5　SQL 特定查询

前面已经提到，并非所有的查询都能在 Access 查询中转化成查询设计视图中的交互操作，有一类称为 SQL 特定查询（如联合查询、传递查询和数据定义查询等），就不能在设计视图中创建，只能通过在 SQL 视图中输入 SQL 语句来创建。

**1．联合查询**

联合查询将两个或多个表或查询中的字段合并到查询结果的一个字段中。使用联合查询可以合并两个表中的数据。

【**例 4-24**】建立一个联合查询，合并"不及格表"和"成绩表"中成绩高于 90 分（含 90 分）的记录，显示出学生"学号""课程名称"和"成绩"字段的数据。然后可以根据联合查询，创建名为"合并成绩联合查询"。

具体操作步骤如下：

① 打开"学生管理系统"数据库。

② 在"数据库"窗口中单击功能区"创建"选项卡下"查询"组中的"查询设计"按钮，打开"查询设计"视图和"显示表"对话框，关闭"显示表"对话框。

③ 单击功能区"开始"选项卡下"视图"组中的"视图"按钮，在弹出的菜单中选择"SQL 视图"命令，单击功能区"设计"选项卡下"查询类型"组中的"联合"按钮 联合，打开"联合查询"窗口。

④ 在窗口中输入 SQL 语句，如图 4-67 所示。

图 4-67　联合查询设置

⑤ 单击工具栏中的"运行"按钮 ，查看联合查询的结果。

⑥ 选择"文件"→"保存"命令，在弹出的对话框中设置查询名称。

**2．传递查询**

传递查询使用服务器能接受的命令直接将命令发送到 ODBC 输入库（如 Microsoft FoxPro）。例如，用户可以使用传递查询来检索记录或更改数据。使用传递查询，可以不必连接到服务器上的表而直接使用它们。传递查询对于在 ODBC 服务器上运行存储过程也很有用。

**3．数据定义查询**

SELECT 语句是 SQL 的核心。除此以外，SQL 还能提供用来定义和维护表结构的"数据定义"语句和用于维护数据的"数据操作"语句。

数据定义查询可以创建、删除或改变表，也可以在数据表中创建索引。用于"数据定义"查询的 SQL 语句包括 CREATE TABLE、CREATE INDEX、ALTER TABLE 和 DROP，可分别用来创建表结构、创建索引、添加字段和删除字段。

（1）创建表结构

```
CREATE [TEMPORARY] TABLE<表名>[<字段 1><字段类型 1>(字段大小 1)][NOT NULL] [索引 1]
[<字段 2><字段类型 2>(字段大小 2)] [NOT NULL][索引 2][,…]][,CONSTRAINT
MULTIFIELDINDEX[,…]])
```

下面通过表 4-12 说明创建表结构常用的选项。

表 4-12　创建表结构常用选项及其说明

| 术　语 | 说　明 |
| --- | --- |
| CREATE TABLE | 创建一个表结构 |
| TEMPORARY | 该表只能在创建它的会话中可见。当会话终止时，该表会被自动删除，临时表能够被多个用户访问 |
| <表名> | 要建立的表的名字 |
| 字段 1，字段 2 | 要在新表中创建字段的名称。必须创建至少一个字段 |
| 字段类型 1，字段类型 2 | 新表中字段的数据类型 |
| 字段大小 | 以字符为单位的字段大小（仅限于文本和二进制字段） |
| 索引 1，索引 2 | CONSTRAINT 子句，用于定义单字段索引 |
| MULTITIELDINDEX | CONSTRAINT 子句，用于定义多字段索引 |

使用 CREATE TABLE 语句可以在当前数据库中创建一个新的、初始化为空的表。如果多字段指定了 NOT NULL，那么新记录必须包含该字段的有效数据。

【例 4-25】创建"教师表 2"数据表，其中包括"教师编号""姓名""性别""学历""出生日期""职称""系别"和"邮箱"字段，其中"出生日期"为"日期/时间"型数据，其余字段为"文本"型数据，并设置"教师编号"字段为该表的主键。

```
CREATE TABLE 教师表 2(教师编号 TEXT(4) NOT NULL,姓名 TEXT(8),性别 TEXT(2),学历
TEXT(4),出生年月 DATE,职称 TEXT(4),系别 TEXT(8),邮箱 TEXT,CONSTRAINT [教师编号
INDEX] PRIMARY KEY[教师编号])
```

单击"运行"按钮，即可创建"教师表 2"数据表，然后在数据库窗口中单击"表"按钮，用户即可在数据列表中找到新建的"教师表 2"表。该数据表包括 7 个字段，其中"教师编号"定义为该数据表的主键。

（2）修改表结构

```
ALTER TABLE<表名>[ADD<字段名><字段类型>][DROP<字段名><字段类型>][ALTER<字段名><字
段类型>]
```

下面通过表 4-13 说明修改表结构常用的选项。

表 4-13　修改表结构常用选项及其说明

| 术　语 | 说　明 |
| --- | --- |
| ALTER TABLE | 修改表结构 |
| <表名> | 要修改的表的名字 |
| ADD | 增加表中字段 |
| DROP | 删除表中字段 |
| ALTER | 修改表中字段的属性 |

【例 4-26】复制并粘贴"教师表"，然后在名称为"教师表 1"的数据表中添加一个"备注"字段。

```
ALTER TABLE 教师表 1 ADD 备注 MEMO
```

【例 4-27】复制并粘贴"教师表 1"，并将新表命名为"教师表 3"，然后将例 4-26 中创建的

"备注"字段的数据类型更改为"文本"型。

```
ALTER TABLE 教师表 3 ALTER 备注 TEXT
```

这时，当打开"教师表 3"数据表的设计视图，就会发现"备注"字段的数据类型已经由"备注"型变成了"文本"型。

如果要删除字段，用户可以采用以下方法：

```
ALTER TABLE 表名 DROP 字段名
```

【例 4-28】复制并粘贴"教师表 2"，将新表命名为"教师表 4"，然后删除"教师表 4"中的"备注"字段。

```
ALTER TABLE 教师表 4 DROP 备注
```

（3）删除表

格式：`DROP TABLE 表名`

功能：删除指定的表。

【例 4-29】复制并粘贴"学生表"，将新表命名为"学生表副本"，然后删除"学生表副本"表。

```
DROP TABLE 学生表副本；
```

（4）索引的建立和删除

创建索引：`CREATE INDEX 索引名 ON 表名`

【例 4-30】给学生表中的"入学成绩"字段创建索引。

```
CREATE INDEX 入学成绩 ON 学生表
```

删除索引：`DROP INDEX 索引名 ON 表名`

【例 4-31】删除课程表中索引名为课程名称的索引。

```
DROP INDEX 课程名称 ON 课程表
```

### 4.7.6  数据更新

#### 1. 数据插入

格式 1：`INSERT INTO 表名 [(字段名 1[，字段名 2[，...]])] VALUES (值 1[，值 2[，...])`

格式 2：`INSERT INTO 表名 [(字段名 1[，字段名 2[，...]])] [IN 外部数据库]`
`SELECT 查询字段 1[，查询字段 2[，...]] FROM 表名列表`

功能：将数据插入指定的表中。格式 1，一条语句插入一条记录；格式 2，将用 SELECT 语句查询的结果插入指定的表中。

下面通过表 4-14 说明数据插入常用的选项。

表 4-14  数据插入常用选项及其说明

| 术　语 | 说　　明 |
| --- | --- |
| 字段名 1，字段名 2 | 需要插入数据的字段。若省略，表示表中的每个字段均要插入数据。 |
| 值 1，值 2 | 插入到表中的数据，其顺序和数量必须与字段名 1，字段名 2 一致 |

【例 4-32】向学生表中加入学生数据，如图 4-68 所示。

| 学号 | 姓名 | 性别 | 出生日期 | 政治面貌 | 班级 | 入学成绩 |
| --- | --- | --- | --- | --- | --- | --- |
| 20140001 | 张敏 | 女 | 1996/2/3 | 03 | 2014项目管理 | 560 |
| 20140002 | 令狐冲 | 男 | 1996/3/5 | 03 | 2014网络工程 | 570 |

图 4-68  学生数据

```
INSERT INTO 学生表(学号,姓名,性别,出生日期,政治面貌,班级,入学成绩) VALUES
("20140001","张敏","女",#1996/2/3#,03,2014项目管理,560);
INSERT INTO 学生表 VALUES("20140002","令狐冲",男,#1996/3/5#,03,2014网络工程,570)
```

### 2．数据更新

格式：UPDATE　表 FIELDS SET 字段名1=新值[,字段名2=新值2…] WHERE 条件；

功能：更新指定表中符合条件的记录。

下面通过表4-15说明数据更新常用的选项。

表4-15　数据更新常用选项及其说明

| 术　　语 | 说　　明 |
| --- | --- |
| <表名> | 要修改的表的名字 |
| 字段名1，字段名2 | 要修改的字段 |
| 新值1，新值2 | 和字段1、字段2对应的数据 |
| WHERE 条件 | 限定符合条件的记录参加修改 |

【例4-33】将学生表中"性别"字段的值换成"男"。

```
UPDATE 学生表 SET 性别="男";
```

【例4-34】将学生表中学号为偶数的记录性别改为"女"。

```
UPDATE 学生表 SET 性别="女" WHERE 学号 LIKE "*[0,2,4,6,8]"
```

### 3．数据删除

格式：DELETE FROM 表名 [WHERE 条件]

功能：从指定表中删除符合条件的数据。

说明：如果没有增加条件子句，则删除表中的所有数据。

【例4-35】删除学生表中学号为"20140002"的数据。

```
DELETE FROM 学生表 WHERE 学号="20140002";
```

# 知识网络图

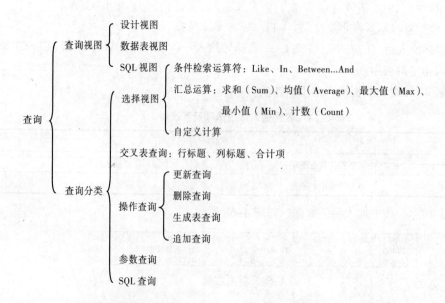

# 习　题　四

**简答题**

1. 简述查询的概念。
2. 简述查询的作用。
3. 简述查询与表的区别。
4. 简述查询的分类，各类之间有什么区别？
5. 简述创建查询的方法。
6. 简述 SQL 语句的特点。

# 上机实训一　Access 环境中 SQL 语句的应用（一）

### 一、实验目的

1. 掌握使用 SQL 进行数据定义的 SQL 语句的代码。
2. 掌握使用 SQL 进行数据更新的 SQL 语句的代码。
3. 掌握使用 SQL 进行数据查询的 SQL 语句的代码。
4. 熟练掌握 SELECT 语句编写数据查询的语句代码。

### 二、实验内容

1. 根据给定的表结构，用 SQL 的创建语句 CREATE TABLE 创建表。
2. 根据已创建的表，用 SQL 的选择查询语句创建查询。

### 三、实验步骤

1. 通过开始菜单启动 Access，在中间窗格的上方，单击"空数据库"图标，在右侧窗格的文件名文本框中，给出一个默认的文件名"Database1.accdb"。

2. 在"文件名"文本框中输入名称，单击"创建"按钮。

3. 在"数据库"窗口中单击功能区"创建"选项卡下"查询"组中的"查询设计"按钮，打开"查询设计"视图和"显示表"对话框，关闭"显示表"对话框。

4. 单击功能区"开始"选项卡下"视图"组中的"视图"按钮，在弹出的菜单中选择"SQL视图"命令。

5. 单击功能区"设计"选项卡下"查询类型"组中的"数据定义"按钮 数据定义，打开"数据定义查询"窗口。

6. 在"数据定义查询"窗口中，输入 SQL 中的 CREATE TABLE 语句代码。（注：语句中的分隔符号和括号用英文符号。）

① 创建"学院"表代码。

```
CREATE TABLE 学院(学院编号 char(1),学院名称 char(4),院长姓名 char(6),
电话 char(13),地址 char(5),
primary key (学院编号)) ;
```

② 创建"系"表代码。

```
CREATE TABLE 系(系编号 char(4),系名称 char(14),系主任 char(6),
```

教研室个数 smallint,班级个数 smallint,学院编号 char(1),
primary key (系编号),
foreign key (学院编号)references  学院 (学院编号));

③ 创建"班级"表代码。

CREATE TABLE 班级(班级编号 char(8),班级名称 char(4),班级人数 smallint,
班长姓名 char(6),专业 char(10),系编号 char(4),
primary key (班级编号) ,
foreign key (系编号)references  系(系编号)) ;

④ 创建"学生"表代码。

CREATE TABLE 学生
(学号 char(6),姓名 char(6),性别 char(2),出生日期 date,籍贯 varchar(50),
班级编号 char(8),primary key (学号),
foreign key (班级编号)references  班级(班级编号));

⑤ 创建"课程"表代码。

CREATE TABLE 课程( 课程编号 char(5), 课程名 char(12),
学时 smallint,学分 smallint,学期 smallint,
教师编号 char(7),教室 char(5),
primary key (课程编号) ,
foreign key (教师编号)references  教师(教师编号)) ;

⑥ 创建"成绩"表代码。

CREATE TABLE 成绩( 学号 char(6), 课程编号 char(5),成绩 real,
foreign key (学号)references 学生(学号),
foreign key (课程编号)references  课程(课程编号)) ;

⑦ 创建"教研室"表代码。

CREATE TABLE 教研室(教研室编号 char(6),
教研室名称 char(20),教师人数 smallint,系编号 char(4),
primary key (教研室编号) ,
foreign key (系编号)references  系(系编号)) ;

⑧ 创建"教师"表代码。

CREATE TABLE 教师(教师编号 char(7),姓名 char(6),
性别 char(2),职务 char(8),教研室编号 char(6),
primary key (教师编号) ,
foreign key (教研室编号)references  教研室(教研室编号));

**四、实验要求**

1. 明确 Access 环境中 SQL 语句的应用方法。
2. 按内容完成以上步骤的操作。
3. 按规定格式书写实验报告。

# 上机实训二　Access 环境中 SQL 语句的应用（二）

**一、实验目的**

1. 掌握使用 SQL 语句进行简单查询。

2. 掌握使用 SQL 语句进行条件查询。

3. 掌握使用 SQL 语句进行多表查询。

4. 熟练掌握 SELECT 语句编写数据查询的语句代码。

**二、实验内容**

1. 根据给定的表，用 SQL 的选择语句 SELETE 创建查询。

2. 根据已创建的多个表，用 SQL 的选择查询语句创建联合查询。

**三、实验步骤**

1. 打开数据库。

2. 在"数据库"窗口中单击"创建"选项卡下"查询"组中的"查询设计"按钮，打开"查询设计"视图和"显示表"对话框，关闭"显示表"对话框。

3. 单击功能区"开始"选项卡下"视图"组中的"视图"按钮，在弹出的菜单中选择"SQL视图"命令。

4. 单击功能区"设计"选项卡下"查询类型"组中的"数据定义"按钮 ![数据定义]（或"联合"按钮 ![联合]），打开"数据定义查询"（或"联合查询"）编辑窗口。

5. 在"数据定义查询"（或"联合查询"）编辑窗口中，输入 SQL 中的 SELETE 语句代码。（注：语句中的分隔符号和括号用英文符号。）

① 在"学生"表中，使用 SQL 语句，编写查询每位学生的姓名及生日的代码。

SELECT 学号, 姓名, 出生日期 FROM 学生;

② 在"学生"表中，使用 SQL 语句，查询男、女人数的代码。

SELECT count(学号) AS 人数, 性别 FROM 学生 GROUP BY 性别;

③ 在"学生"和"班级"表中，使用 SQL 语句，编写查询每位学生所在班级的代码。

SELECT 学号, 姓名, 班级名称, 专业 FROM 班级, 学生
WHERE 班级.班级编号=学生.班级编号;

④ 在"学生"和"班级"表中，使用 SQL 语句，编写查询"软件工程"专业的全体学生的代码。

SELECT 学号, 姓名, 性别, 专业, 出生日期, 籍贯
FROM 学生　WHERE 学生.班级编号 IN
　(SELECT 班级编号 from 班级 WHERE 专业="软件工程");

⑤ 在"学院""系""班级""学生"表中，使用 SQL 语句，编写查询每位学生所在学院、系和班级的代码。

SELECT 学院名称, 系名称, 班级名称, 学号, 姓名
FROM 学院, 系, 班级, 学生 WHERE 学院.学院编号=系.学院编号
　And 系.系编号=班级.系编号 And 班级.班级编号=学生.班级编号;

⑥ 在"学院""系""班级""学生"表中，使用 SQL 语句，编写查询统计"J101"系全体男同学人数的代码。

SELECT count(*) AS 男生人数 FROM 学生 WHERE 班级编号 like "J101*" AND 性别="男";

⑦ 在"学生"表中，使用 SQL 语句，编写查询男学生数 3 人及 3 人以上的班组长的代码。

SELECT 班级编号 FROM 学生 WHERE 性别="男"
GROUP BY 班级编号 HAVING COUNT(*)>=3;

⑧ 在"学院"和"系"表中，使用 SQL 语句，编写查询"计算机"学院院长姓名和电话以及系主任的代码。

```
SELECT 学院名称，院长姓名，电话，系名称，系主任，教研室个数 FROM
学院，系 WHERE 学院.学院编号=系.学院编号 And 学院名称="计算机";
```

⑨ 在"学院""系""班级""学生"表中，使用 SQL 语句，编写查询"计算机"学院每位学生信息的代码。

```
SELECT 学院名称，系名称，班级名称，学号，姓名
FROM 学院，系，班级，学生
WHERE 学院.学院编号=系.学院编号
And 系.系编号=班级.系编号
And 班级.班级编号=学生.班级编号 And 学院名称="计算机";
```

⑩ 在"学生"和"成绩"表中，使用 SQL 语句，编写查询每位学生所选课程的成绩的代码。

```
SELECT 学生.学号，姓名，课程编号，成绩
FROM 成绩，学生 WHERE 学生.学号=成绩.学号;
```

### 四、实验要求

1. 明确 Access 环境中 SQL 语句的应用方法。

2. 按内容完成以上步骤的操作。

3. 按规定格式书写实验报告。

# 上机实训三　Access 表的各种查询操作

### 一、实验目的

1. 掌握各种查询的创建方法。

2. 掌握使用 Access 参数查询。

3. 掌握使用 Access 生成表查询。

4. 掌握使用 Access 删除、更新、追加表查询。

### 二、实验内容

1. 利用"简单查询向导"创建选择查询。

要求：以"教师"表为数据源，查询教师的姓名和职称信息，所建查询命名为"教师情况"。

2. 在设计视图中创建选择查询。

要求：查询学生所选课程的成绩，并显示"学生编号""姓名""课程名称"和"成绩"字段。

3. 创建分组统计查询。

要求：统计男、女学生年龄的最大值、最小值和平均值。

4. 利用"交叉表查询向导"创建查询。

要求：查询每个学生的选课情况和平均成绩，行标题为"学生编号"，列标题为"课程编号"，计算字段为"成绩"。注意：交叉表查询不做各行小计。

5. 使用设计视图创建交叉表查询。

要求：使用设计视图创建交叉表查询，用于统计各门课程男女生的平均成绩，要求不做各行小计。

6. 创建参数查询。

要求：以已创建的"选课成绩"查询为数据源建立查询，按照学生"姓名"查看某学生的成绩，并显示学生的"学生编号""姓名""课程名称"和"成绩"等字段。

7. 创建生成表查询。

要求：将成绩在 90 分以上学生的"学生编号""姓名""成绩"存储到"优秀成绩"表中。

8. 创建删除查询。

要求：创建查询，将"学生"表的备份表"学生表副本"中姓"张"的学生记录删除。

9. 创建更新查询。

要求：创建更新查询，将"教师编号"为"D"开头的"教师编号"改为 AD 开头。

10. 创建追加查询。

要求：创建查询，将选课成绩在 80～89 分之间的学生记录添加到已创建的"优秀成绩"表中。

### 三、实验步骤

略。

### 四、实验要求

1. 明确实验目的。
2. 按要求完成以上实验内容。
3. 按规定格式书写实验报告。

# 第 5 章 窗 体

窗体就是程序运行时的 Windows 窗口，在应用系统设计时称为窗体。在 Access 中，窗体就是人机交互的界面。窗体作为输入和输出的界面，它可以完成下列功能：① 显示与编辑数据。可以通过窗体录入、修改、删除数据表中的数据，该功能是窗体最普遍的应用；② 使用窗体查询或统计数据库中的数据可以通过窗体输入数据查询或统计条件，查询或统计数据库中的数据；③ 显示提示信息用于显示提示、说明、错误、警告等信息，帮助用户进行操作。

**本章主要内容：**
- 了解窗体的类型、组成及功能。
- 掌握窗体的各种创建方法。
- 掌握窗体中控件的使用和设置方法。

## 5.1 窗 体 概 述

窗体作为输入和输出的界面，提供了灵活的查看和编辑数据的方法。用户一方面可以通过窗体上的文本框、组合框、选项按钮等图形化的控件，直观而方便地完成数据的输入、修改、删除和查询等操作；另一方面，还可以通过命令按钮控制应用程序的流程。

### 1．窗体的类型

Access 2010 提供了 7 种类型的窗体，分别是纵栏式窗体、表格式窗体、数据表窗体、主/子窗体、图表窗体、数据透视表窗体和数据透视图窗体。

下面以"学生管理系统"中的"学生信息表"为例，分别介绍窗体的 7 种类型。

（1）纵栏式窗体

纵栏式窗体将窗体中的一条记录按列显示，每列的左侧显示字段名，右侧显示字段内容，如图 5-1 所示。

（2）表格式窗体

通常，一个窗体在同一时刻只显示一条记录。如果一条记录内容比较少，单独占用一个窗体空间，就显得十分浪费。此时，可以建立一种表格式窗体，即在一个窗体中显示多条记录内容，如图 5-2 所示。

图 5-1  "学生信息表"纵栏式窗体 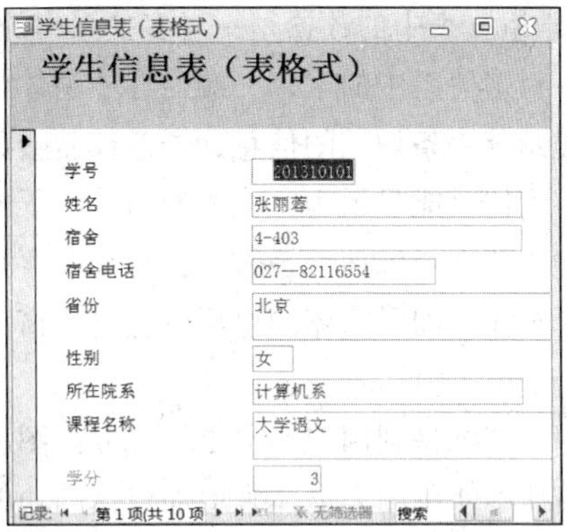          图 5-2  "学生信息表"表格式窗体

（3）数据表窗体

数据表窗体从外观上看与数据表和查询显示数据的界面相同，如图 5-3 所示。数据表窗体的主要功能是用来作为一个窗体的子窗体。

图 5-3  "学生信息表"数据表窗体

（4）主/子窗体

窗体中的窗体称为子窗体，包含子窗体的窗体称为主窗体。主窗体和子窗体通常用于显示多个表或查询中的数据，这些表或查询中的数据具有一对多关系。例如，在"教学管理"数据库中，每名学生可以选多门课程，这样"学生"表和"选课成绩"表之间就存在一对多关系，"学生"表中的每一条记录都与"选课成绩"表中的多条记录相对应。此时，可以创建一个带有子窗体的窗体，用于显示"学生"表、"选课成绩"表中的数据，如图 5-4 所示。

图 5-4  "学生信息表"主/子窗体

“学生”表中的数据是一对多关系中的“一”端，在主窗体中显示。“选课成绩”表中的数据是此一对多关系中的“多”端，在子窗体中显示。在这种窗体中，主窗体和子窗体彼此链接，主窗体显示某一条记录的信息，子窗体就会显示与主窗体当前记录相关的记录的信息。

主窗体只能显示为纵栏式的窗体，子窗体可以显示为数据表窗体、表格式窗体等。当在主窗体中输入数据或添加记录时，会自动保存每一条记录到子窗体对应的表中。在子窗体中，可创建二级子窗体，即子窗体内也可以包含子窗体。

（5）图表窗体

图表窗体是利用 Microsoft Graph 以图表方式显示表中数据。可以单独使用图表窗体，也可以在子窗体中使用图表窗体来增加窗体的功能。图表窗体的数据源可以是数据表或查询，如图 5-5 所示。

窗体1 - 数据表

| | 学号 | 成功 (A) | 李红军 (B) | 李莉莉 (C) | 李萍 (D) | 李少清 (E) |
|---|---|---|---|---|---|---|
| 1 | 20130001 | | | | | |
| 2 | 20130002 | | | | | 5 |
| 3 | 20130003 | | | | | |
| 4 | 20130004 | | 486 | | | |

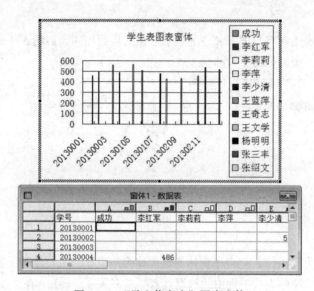

图 5-5　“学生信息表”图表窗体

（6）数据透视表窗体

数据透视表窗体是 Access 为了以指定的数据表或查询为数据源产生一个 Excel 的分析表而建立的一种窗体形式。数据透视表窗体允许用户对表格内的数据进行操作；用户也可以改变透视表的布局，以满足不同的数据分析方式和要求。数据透视表窗体对数据进行的处理是 Access 其他工具无法完成的，如图 5-6 所示。

学生各省分布透视表

将筛选字段拖至此处

| | 所在院系 | | | | |
|---|---|---|---|---|---|
| | 管理系 | 计算机系 | 经济系 | 艺术系 | 总计 |
| 省份 | 学号 的计数 | 学号 的计数 | 学号 的计数 | 学号 的计数 | 学号 的计数 |
| 北京 | 1 | 1 | | | 2 |
| 江苏 | 1 | 1 | 1 | 1 | 4 |
| 上海 | | | 2 | | 2 |
| 武汉 | | 1 | | | 1 |
| 浙江 | | | | 1 | 1 |
| 总计 | 2 | 3 | 3 | 2 | 10 |

图 5-6　“学生信息表”数据透视表窗体

（7）数据透视图窗体

数据透视图窗体是以图形的方式，显示数据的统计信息，使数据更加具有直观性，如常见的柱状图、饼图等都是数据透视图的具体形式，如图 5-7 所示。

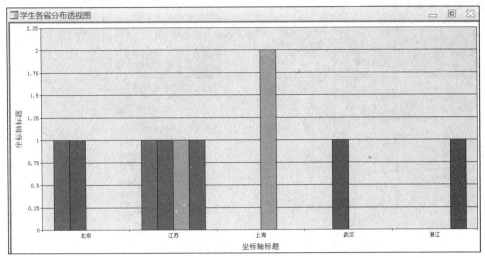

图 5-7　"学生信息表"数据透视图窗体

### 2. 窗体的视图

Access 2010 的窗体有 3 种视图，分别为"窗体"视图、"布局"视图和"设计"视图。在 Access 2010 中打开任一窗体，然后单击功能区"开始"选项卡下"视图"组中的"视图"按钮，在弹出的菜单中选择视图的查看方式，如图 5-8 所示。

下面以"学生管理系统"中的"学生表窗体"为例，对各个视图进行简单的介绍。

"窗体"视图：它是用得最多的窗体，也是窗体的工作视图，该视图用来显示数据表中的记录。用户可以通过它来查看、添加和修改数据，也可以设计美观人性化的用户界面，如图 5-9 所示。

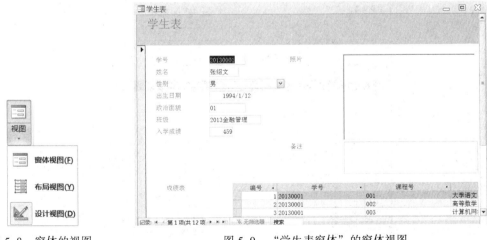

图 5-8　窗体的视图　　　　　　　　图 5-9　"学生表窗体"的窗体视图

"布局"视图：界面和"窗体"视图几乎一样，区别仅在于里面各个控件的位置可以移动，可以对现有的各个控件进行重新布局，但不能像"设计"视图那样添加控件。

"设计"视图：多用来设计和修改窗体的结构、美化窗体等。可以利用右边的"属性表"窗格设置该窗体和窗体中控件的各种属性，如图 5-10 所示。

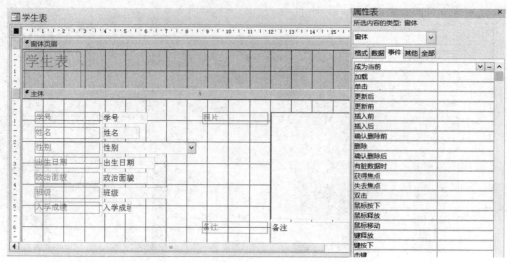

图 5-10 "学生表窗体"的设计视图

### 3. 窗体的组成

窗体通常由页眉、页脚和主体 3 部分组成。

页眉位于窗体的最上方，又称页眉节，分为窗体页眉和页面页眉，窗体页眉在执行窗体时显示，页面页眉只在打印时输出。

页脚位于窗体的最下方，又称页脚节，分为窗体页脚和页面页脚，窗体页脚在执行窗体时显示，页面页脚只在打印时输出。

页眉和页脚中间部分称为主体，又称主体节，它是窗体的核心内容。

窗体组成如图 5-11 所示。

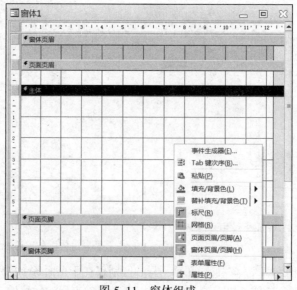

图 5-11 窗体组成

**4．窗体的数据源**

将窗体与表或查询相关联，可以在窗体中实现数据的修改、删除和添加等操作，达到在数据表视图中对记录进行操作的相同效果。也就是说，在窗体中对数据操作的结果会自动保存到相关联的数据表中。

与窗体相关联的表或查询称为窗体的数据源或记录源，它是窗体信息的来源。在 Access 中，窗体只能使用一个表或查询作为数据源。若要创建使用多个表的数据的窗体，可以先根据这些表建立一个查询，再将该查询作为数据源。单纯执行命令操作的窗体不需要数据源。

**5．创建窗体**

Access 2010 在功能区的"创建"选项卡下"窗体"组中提供了多种创建窗体的功能按钮。包括"窗体""窗体设计""空白窗体""窗体向导""导航"和"其他窗体"，如图 5-12 所示。

图 5-12　"窗体"组

单击"导航"和"其他窗体"按钮还可以展开下拉列表，列表中提供了创建特定窗体的方式，如图 5-13 和图 5-14 所示。

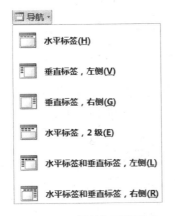

图 5-13　"导航"下拉列表

图 5-14　"其他窗体"下拉列表

综上所述，Access 2010 提供了多种不同的创建窗体的方法，以帮助用户建立功能强大的窗体，用户可以在实际应用时灵活选用。

下面就对这几种方法分别进行介绍。

## 5.2　自动创建窗体

Access 2010 中可以通过"窗体""分割窗体"和"多个项目"按钮，自动创建相应的窗体。

### 5.2.1　使用"窗体"工具创建窗体

具体操作步骤如下：

① 打开"学生管理系统"数据库。

② 屏幕左侧的导航窗格显示了该数据库中的所有表、查询、窗体等对象。打开任意一个表。本例中打开"学生表"，如图 5-15 所示。

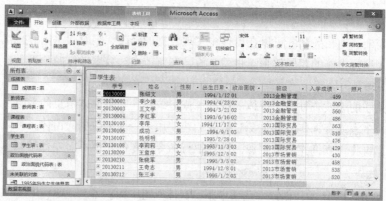

图 5-15　打开任意表

③ 单击"创建"选项卡下"窗体"组中的"窗体"按钮，自动创建如图 5-16 所示的窗体。

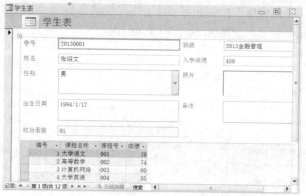

图 5-16　使用"窗体"工具创建窗体

④ 保存该窗体，并将此窗体命名为"学生表窗体 1"。

### 5.2.2　使用"分割窗体"工具自动创建分割窗体

使用分割窗体可以同时提供数据的两种视图：窗体视图和数据表视图。这两种视图连接到同一数据源，并且总是保持相互同步。如果在窗体的一部分中选择了一个字段，则会在窗体的另一部分中选择相同的字段。可以在任一部分中添加、编辑或删除数据。

使用"分割窗体"工具自动创建分割窗体的具体操作步骤如下：

① 打开"学生管理系统"数据库。

② 屏幕左侧的导航窗格显示了该数据库中的所有表、查询、窗体等对象。打开任意一个表。本例中打开"学生表"。

③ 单击功能区"创建"选项卡下"窗体"组中的"其他窗体"下拉按钮，在弹出的菜单中选择"分割窗体"选项，自动创建分割窗体，如图 5-17 所示。

④ 结果如图 5-18 所示，将此窗体命名为"学生表窗体 2"。

图 5-17　使用"分割窗体"工具
自动创建分割窗体

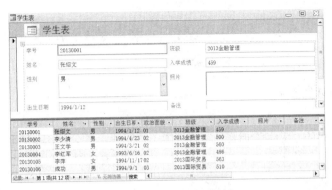

图 5-18 创建"分割窗体"

分割窗体具有在一个窗体中同时利用两种窗体类型的优势。例如，可以使用窗体的数据表部分快速定位记录，然后使用窗体部分查看或编辑记录。

### 5.2.3 使用"多个项目"工具自动创建多个项目窗体

使用单窗体工具创建窗体时，Access 创建的窗体一次显示一条记录。如果需要一个可显示多条记录的窗体，可以使用多项目工具。

使用多项目工具时，Access 创建的窗体类似于数据表。数据排列成行和列的形式，一次可以查看多条记录。但是，多项目窗体提供了比数据表更多的自定义选项，如添加图形元素、按钮和其他控件的功能。

使用"多个项目"工具创建显示多条记录的窗体。

具体操作步骤如下：

① 打开"学生管理系统"数据库。

② 屏幕左侧的导航窗格显示了该数据库中的所有表、查询、窗体等对象。打开任意一个表。本例中打开"学生表"。

③ 单击功能区"创建"选项卡下"窗体"组中的"其他窗体"下拉按钮，在弹出的菜单中选择"多个项目"命令，自动创建多项目窗体，结果如图 5-19 所示。

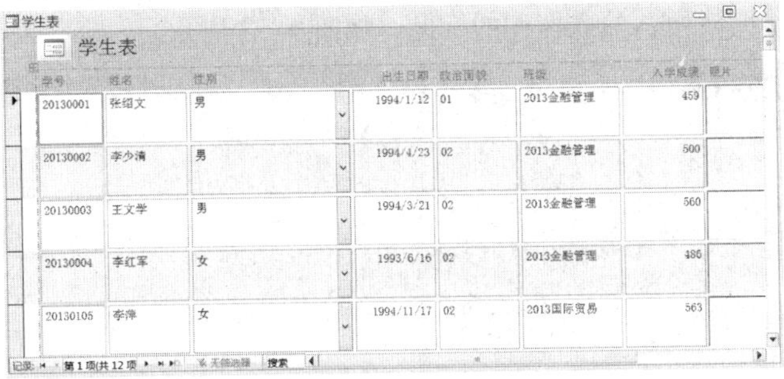

图 5-19 使用"多个项目"工具创建显示多条记录的窗体

④ 将此窗体命名为"学生表窗体 3"。

由上可见，Access 有着强大的自动创建窗体的功能。但自动创建窗体的内容比较简单，格式也不是特别美观，只能提供一般的功能，一般情况下，可以先用它来自动创建一个窗体，然后再打开设计视图来修改窗体，使之符合设计要求，这是比较有效率的方法。

## 5.3 使用"窗体向导"创建窗体

使用窗体向导可以按照向导的提示，输入窗体的相关信息，一步一步完成窗体的设计工作。

### 1. 创建基于单表的窗体

具体操作步骤如下：

① 打开已经建立的"学生管理系统"数据库。打开任意一个表。本例中打开"学生表"。

② 单击功能区"创建"选项卡下"窗体"组中的"窗体向导"按钮。

③ 弹出"窗体向导"对话框，如图 5-20 所示。

④ 单击"窗体向导"对话框中的"表/查询"组合框右侧的下拉按钮，可看到该数据库中的所有有效的表或者查询数据源。这里选择"表：学生表"选项作为该窗体的数据源，在"可用字段"列表框中列出了"学生表"中的所有可用字段。

⑤ 在"可用字段"列表框中选择需要在新建窗体中显示的字段，单击"添加"按钮，将所选字段移到"选定字段"列表框中，这里，单击 ﹥﹥ 按钮将"学生表"中的所有可用字段添加到"选定字段"列表框中，如图 5-21 所示。

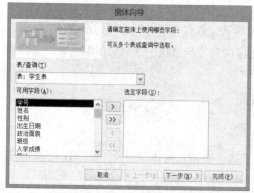

图 5-20 "窗体向导"对话框

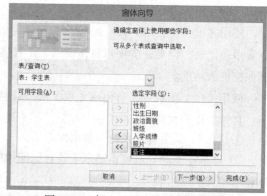

图 5-21 加入"选定字段"列表框

⑥ 单击"下一步"按钮，选择窗体使用的布局方式，本例中选择"纵栏表"，如图 5-22 所示。

⑦ 单击"下一步"按钮，输入窗体的标题，如图 5-23 所示。

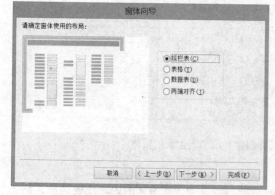

图 5-22 "选择窗体布局"对话框

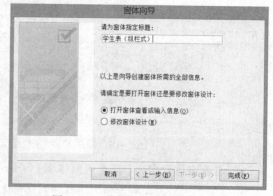

图 5-23 "窗体定义名称"对话框

⑧ 单击"完成"按钮，创建窗体的效果如图 5-24 所示。

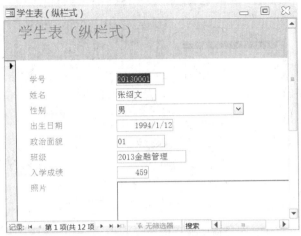

图 5-24　使用"窗体向导"创建窗体

### 2．创建基于多表的单窗体

上面创建的窗体仅仅采用了"学生表"作为数据源，是基于单表的窗体，下面以学生管理系统数据库中的"成绩表"和"学生表"为数据源，建立一个基于多表的单窗体。

具体操作步骤如下：

① 打开已经建立的"学生管理系统"数据库。

② 单击功能区"创建"选项卡下"窗体"组中的"窗体向导"按钮。

③ 弹出"窗体向导"对话框。

④ 单击"窗体向导"对话框中的"表/查询"组合框右侧的下拉按钮，选择"表：成绩表"选项作为该窗体的数据源。单击 >> 按钮将"成绩表"中的所有可用字段添加到"选定字段"列表框中，如图 5-25 所示。

⑤ 重新选择"表：学生表"作为另一个数据源，单击 >> 按钮将"学生表"中的所有可用字段添加到"选定字段"列表框中，如图 5-26 所示。

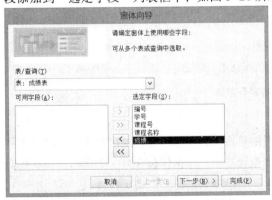

图 5-25　数据源"选定字段"列表框

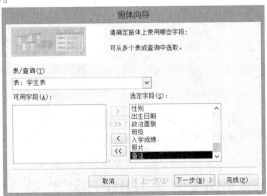

图 5-26　另一数据源"选定字段"列表框

⑥ 单击"下一步"按钮，弹出选择数据查看方式对话框。由于数据来源于两个表，因此有通过"成绩表"和"学生表"两种查看方式，要创建单个窗体，应该选择"成绩表"方式查看，如图 5-27 所示。

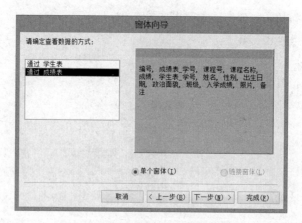

图 5-27　选择数据查看方式对话框

⑦ 单击"下一步"按钮，选择窗体使用的布局方式，本例中选择"纵栏表"。

⑧ 单击"下一步"按钮，输入窗体的标题。

⑨ 单击"完成"按钮，图 5-28 所示为创建的单窗体效果。

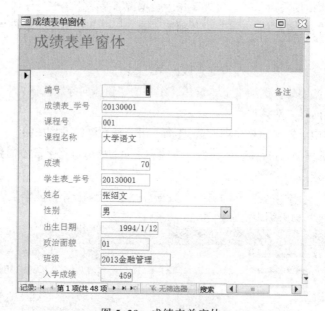

图 5-28　成绩表单窗体

### 3．创建基于多表的主窗体和次窗体

使用"窗体向导"不仅可以创建一个基于多表的单窗体，还可以创建主次窗体，主次窗体是 Access 中常用的窗体，次窗体就是窗体中的窗体，也就是用一个窗体包含另一个窗体，一般我们用次窗体作为一个参考的内容，用户可以查阅数据，下面就来创建一个主次窗体。

具体操作步骤如下：

① 重复上例的步骤 1～5。

② 单击"下一步"按钮，弹出选择数据查看方式对话框。这是选择"学生表"方式查看，并选中"带有子窗体的窗体"单选按钮，创建主次窗体，如图 5-29 所示。

③ 单击"下一步"按钮，弹出选择布局的对话框，这次只有两个选项，即"表格"布局和"数据表"布局，这里选择"数据表"布局作为布局方式。

④ 单击"下一步"按钮，弹出需要输入主窗体和次窗体名称的对话框。输入窗体的名称， 如图 5–30 所示。

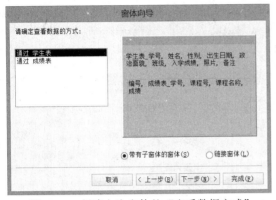

图 5–29 创建主次窗体的"查看数据方式"

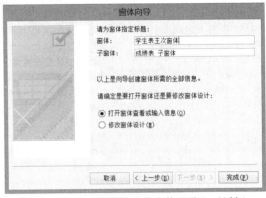

图 5–30 "主窗体和次窗体名称"对话框

⑤ 单击"完成"按钮完成创建，完成以后的窗体如图 5–31 所示，可以看到在"学生表"窗体中包含了"成绩表_子窗体"。

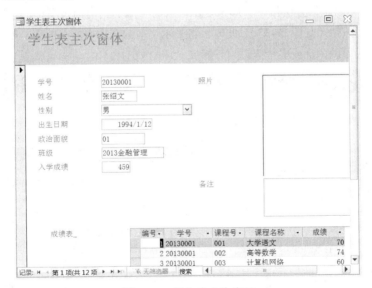

图 5–31 学生表主次窗口

在屏幕左边的导航窗格中，在"窗体"对象下，也可以看到多了两个窗体，即"学生表"主次窗体和"成绩表_子窗体"窗体。

## 5.4 使用"空白窗体"创建窗体

在这种模式下，可通过拖动表的各个字段建立专业的窗体，如数据透视图和数据透视表。

使用"空白窗体"创建窗体的具体操作步骤如下：

① 打开已经建立的"学生管理系统"数据库。

② 单击功能区"创建"选项卡下"窗体"组中的"空白窗体"按钮，创建一个空白窗体，并显示"字段列表"任务窗格，如图 5-32 所示。

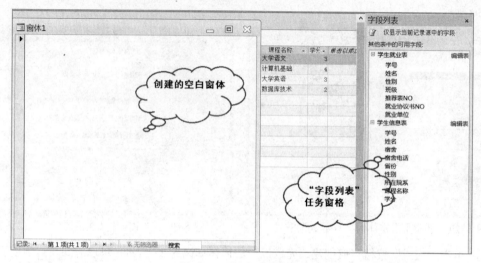

图 5-32　创建空白窗体

③ 在"字段列表"任务窗格中，如果显示"没有可添加到当前视图中的字段"信息，可单击"显示所有表"按钮（见图 5-33），此时，将显示当前数据库中所有的表。展开包含你希望在该窗体上显示的字段的一个或多个表。

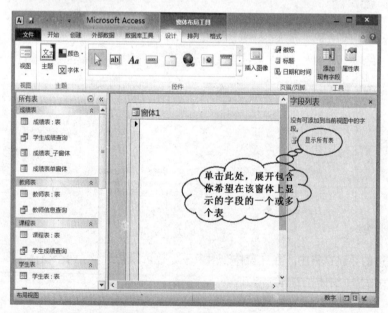

图 5-33　"显示所有表"按钮

④ 这里展开"学生表"，若要向窗体中添加一个字段，可双击它或将它拖动到窗体上。若要同时添加几个字段，可按住【Ctrl】键并单击要添加的字段，然后将它们拖动到窗体上，如图 5-34 所示。

图 5-34　在空白窗体上添加字段

⑤ 保存建立的窗体，将窗体命名为"学生简明信息"，这样就利用空白窗体功能新建立了一个窗体。

## 5.5　创建数据透视表

数据透视表是一种交互式的表，它可以按设定的方式进行计算，如求和与计数等。所进行的计算与数据在数据透视表中的排列有关。例如，可以水平或者垂直显示字段值，然后计算每一行或列的合计；也可以将字段值作为行号或列标，在每个行列交汇处计算出各自的数量，然后计算小计和总计。

下面以"学生管理系统"数据库中的"学生表"为数据源，建立一个数据透视表窗体，在表中能够分类显示各班级学生在全国各地的分布情况。

具体操作步骤如下：

① 打开已经建立的"学生管理系统"数据库，打开"学生表"。

② 单击功能区"创建"选项卡下"窗体"组中的"其他窗体"下拉按钮，在弹出的菜单中选择"数据透视表"命令，进入数据透视表"设计视图"。

③ 数据透视表"设计视图"中将显示"数据透视表字段列表"任务窗格，如图 5-35 所示。

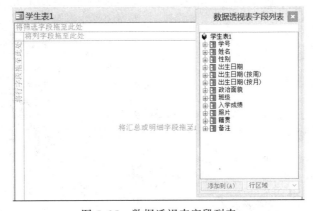

图 5-35　数据透视表字段列表

④ 选择要作为数据透视表行、列的字段，本例要在透视表的左边列中显示学生来自的各个地区，上边行中显示各个班级的名称，中间显示学生的学号、姓名和性别信息。因此操作过程为：选择"籍贯"字段，然后在下面的下拉列表框中选择"行区域"选项，然后单击"添加到"按钮，将"籍贯"添加到数据透视表中，或者直接将"籍贯"字段拖到"行区域"，如图5-36所示。

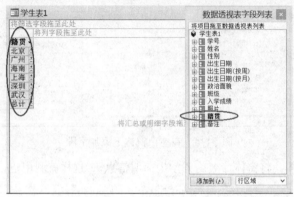

图5-36　向数据透视表中添加行

⑤ 使用同样的方法，将"班级"字段添加到"列区域"，将"学号""姓名"和"性别"字段添加到"明细数据"中，得到的视图如图5-37所示。

| 筛选字段 | | | | | | | | | | 总计 |
|---|---|---|---|---|---|---|---|---|---|---|
| 班级 ▾ | | | | | | | | | | |
| | 2013国际贸易 | | | 2013金融管理 | | | 2013市场营销 | | | 总计 |
| 籍贯 ▾ | 学号 ▾ | 姓名 ▾ | 性别 ▾ | 学号 ▾ | 姓名 ▾ | 性别 ▾ | 学号 ▾ | 姓名 ▾ | 性别 ▾ | 无汇总信息 |
| 北京 | 20130108 | 李莉莉 | 女 | ▸20130001 | 张绍文 | 男 | 20130210 | 张晓军 | 男 | |
| 广州 | | | | | | | 20130209 | 王蓝萍 | 女 | |
| 海南 | | | | | | | 20130211 | 王奇志 | 男 | |
| 上海 | 20130107 | 杨明明 | 男 | 20130002 | 李少清 | 男 | | | | |
| | | | | 20130004 | 李红军 | 女 | | | | |
| 深圳 | 20130106 | 成功 | 男 | 20130003 | 王文学 | 男 | | | | |
| 武汉 | 20130105 | 李萍 | 女 | | | | 20130212 | 张三丰 | 男 | |
| 总计 | | | | | | | | | | |

图5-37　向数据透视表中添加列及明细数据

⑥ 在学生信息表中，只有"学号"字段是唯一的（如果姓名没有同名的，也是唯一的），因此用"学号"字段进行统计汇总，将"学号"字段添加到"数据区域"，得到统计信息，如图5-38所示。

图5-38　将"学号"字段添加到"数据区域"

⑦　由于要以"学号"来统计各班级的学生分布情况，故在"学号"字段上右击，在弹出的快捷菜单中选择"自动计算"→"计数"命令，如图 5-39 所示。

图 5-39　将"学号"字段添加到"数据区域"

⑧　Access 提供了"显示/隐藏"组来控制各种信息的显示，本例中单击"显示/隐藏"组中的"隐藏详细信息"按钮或者单击字段旁的"–"符号，可以隐藏字段的明细信息以方便查看汇总信息（单击"+"符号可显示明细数据），为进一步方便查看，可在数据透视表字段列表中右击"汇总"下拉列表中的"学号（2）的计数"选项，在弹出的快捷菜单中选择"删除"命令，如图 5-40 所示。

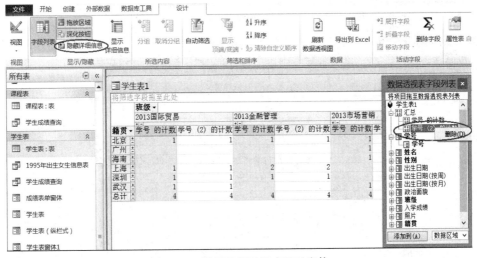

图 5-40　设置数据透视表显示窗体

⑨　将上述的数据透视表命名为"学生各地分布情况"数据透视表，完成数据透视表窗体的创建，如图 5-41 所示。

学生各地分布数据透视表
将筛选字段拖至此处

| 籍贯 | 班级：2013国际贸易 学号 的计数 | 2013金融管理 学号 的计数 | 2013市场营销 学号 的计数 | 总计 学号 的计数 |
|---|---|---|---|---|
| 北京 | 1 | 1 | 1 | 3 |
| 广州 |  |  | 1 | 1 |
| 海南 |  |  | 1 | 1 |
| 上海 | 1 | 2 |  | 3 |
| 深圳 | 1 | 1 |  | 2 |
| 武汉 | 1 |  | 1 | 2 |
| 总计 | 4 | 4 | 4 | 12 |

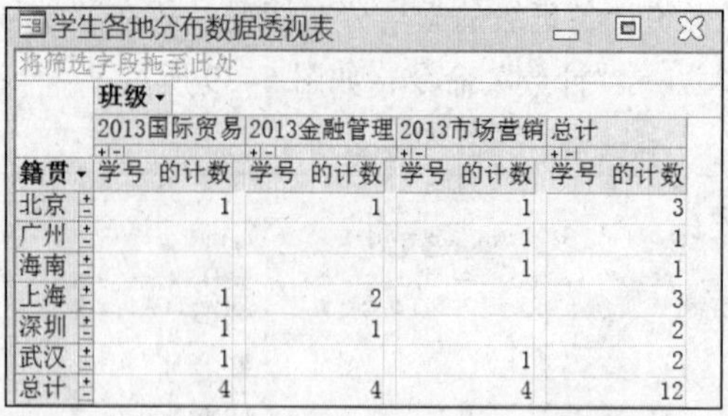

图 5-41　数据透视表窗体

用户可以将生成的数据透视表导出到 Excel 表格中，方法为：在 Access 导航栏中选中“学生各地分布情况”数据透视表，单击功能区“外部数据”选项卡下“导出”组中的“Excel”按钮，或在 Access 导航栏中右击“学生各地分布情况”数据透视表，在弹出的快捷菜单中选择“导出”→Excel 命令即可。

从上面的例子可以看出，运用数据透视表比前面曾介绍过的交叉表查询有着明显的优势，它可以显示数据的明细记录，功能更强大。

## 5.6　创建数据透视图

在本节中，同样以“学生管理系统”数据库中的“学生表”为数据源，建立一个数据透视图窗体，在图中以分布直方图的形式统计各班级学生在全国各地的分布情况。本例中要在数据透视图的下方显示全国各个地区，统计的信息为学生人数。

具体操作步骤如下：

① 打开已经建立的“学生管理系统”数据库，打开“学生表”。

② 单击功能区“创建”选项卡下“窗体”组中的“其他窗体”下拉按钮，在弹出的菜单中选择“数据透视图”命令，进入数据透视表“设计视图”，如图 5-42 所示。

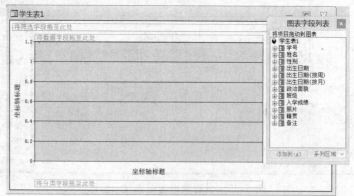

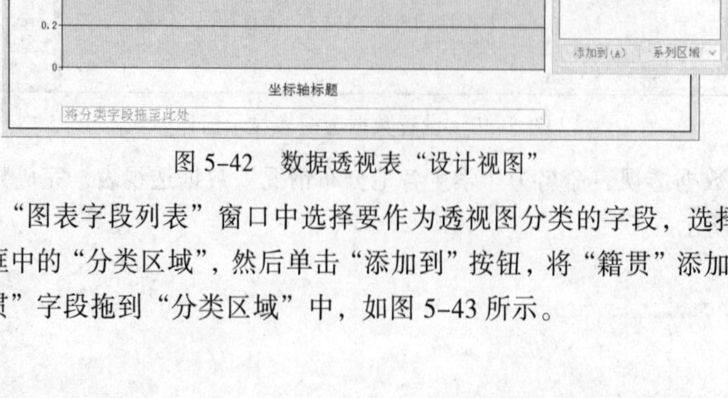

图 5-42　数据透视表“设计视图”

③ 在弹出的“图表字段列表”窗口中选择要作为透视图分类的字段，选择“籍贯”字段，再选择下拉列表框中的“分类区域”，然后单击“添加到”按钮，将“籍贯”添加到数据透视图中，或者直接将“籍贯”字段拖到“分类区域”中，如图 5-43 所示。

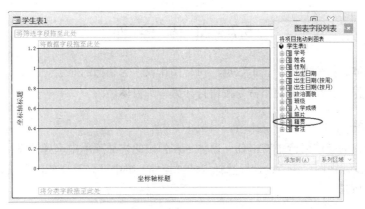

图 5-43　将"籍贯"字段添加到"分类区域"中

④ 使用同样的方法，将"学号"字段添加到"数据区域"中，得到的视图如图 5-44 所示。

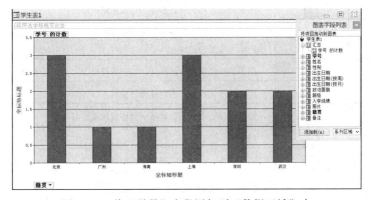

图 5-44　将"学号"字段添加到"数据区域"中

⑤ 这样就显示了统计内容，在数据透视图中，直观地显示了学生在全国的分布情况。还可以将"班级"字段添加到右边的"系列区域"中，分类统计各个班级学生的分布情况，如图 5-45 所示。

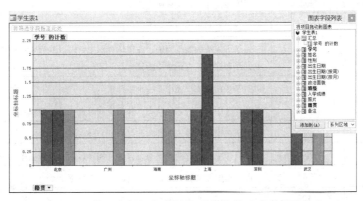

图 5-45　将"班级"字段添加到右边的"系列区域"中

⑥ 关闭"图表字段列表"窗口，单击"拖放区域"按钮隐藏拖放区域，得到完整的统计视图。

# 5.7 窗体控件

控件是在窗体、报表上用于显示数据、执行操作或作为装饰的对象。例如，可以在窗体上使用文本框显示数据，在窗体上使用命令按钮打开另一个窗体。

## 5.7.1 控件概述

在数据库窗口的导航窗格中右击任一窗体，在弹出的快捷菜单中选择"设计视图"命令，切换到"窗体"的设计视图，在"设计"选择卡的"控件"组中可以看到各种类型的"控件"按钮，其功能如表 5-1 所示。

表 5-1 控件及功能

| 控件名称 | 图 标 | 功 能 |
|---|---|---|
| 选择对象 | | 用于选定控件、节或窗体，释放锁定的按钮 |
| 文本框 | ab| | 用于显示、输入或编辑窗体或报表的基础记录源数据，显示计算结果，或接收用户输入数据的控件 |
| 标签 | Aa | 用于显示说明文本的控件，如窗体或报表上的标题或指示文字 |
| 命令按钮 | xxxx | 用于在窗体或报表上创建命令按钮 |
| 选项卡控件 | | 用于创建一个多页的选项卡窗体或选项卡对话框 |
| 超链接 | | 用于添加超链接 |
| 选项组 | | 与复选框、选项按钮或切换按钮搭配使用，可以显示一组可选值 |
| 分页符 | | 在窗体中开始一个新的屏幕，或在打印窗体或报表时开始一个新页 |
| 组合框 | | 该控件组合了文本框和列表框的特性，即可以在文本框中输入文字或在列表框中选择输入项，然后将值添加到基础字段中 |
| 图表 | | 用于在窗体上显示图表 |
| 直线 | | 用于在窗体或报表中画直线 |
| 切换按钮 | | 具有弹起和按下两种状态，可用作"是/否"型字段的绑定控件 |
| 列表框 | | 显示可滚动的数据列表；在窗体视图中，可以从列表框中选择值输入到新记录中，或者更改现有记录中的值 |
| 矩形 | | 用于在窗体或报表中画一个矩形框 |
| 复选框 | | 具有选中和不选两种状态，作为可同时选中的一组选项中的一项 |
| 未绑定对象框 | | 用于在窗体或报表上显示非结合型 OLE 对象 |
| 选项按钮 | | 具有选中和不选两种状态，作为互相排斥的一组选项中的一项 |
| 子窗体/子报表 | | 用于在窗体或报表中显示来自多个表的数据 |
| 绑定对象框 | | 用于在窗体或报表上显示结合型 OLE 对象 |
| 图像 | | 用于在窗体或报表上显示静态图片 |
| 控件向导 | | 用于打开或关闭控件向导；使用控件向导可以创建列表框、组合框、选项组、命令按钮、图表、子报表或子窗体 |
| ActiveX 控件 | | 用于插入 ActiveX 控件 |

### 5.7.2　控件的类型

控件有 3 种类型：绑定型控件、未绑定型控件和计算型控件。

① 绑定型控件：数据源为表或查询中的字段的控件。使用绑定型控件可以显示数据库中字段的值。这些值可以是文本、日期、数字、是/否值、图片或图形。例如，窗体中显示学生姓名的文本框的值是从"学生表"中的"姓名"字段获得的。

② 未绑定型控件：无数据源（如字段或表达式）的控件。使用未绑定型控件可以显示信息、线条、矩形和图片。例如，显示窗体标题的标签就是未绑定型控件。

③ 计算型控件： 数据源是表达式而不是字段的控件。表达式是运算符（如 = 和 +）、控件名称、字段名称、返回单个值的函数以及常量的组合。表达式所使用的数据可以来自窗体的基础表或查询中的字段，也可以来自窗体上的其他控件。例如，求学生所学课程的总评成绩表达式为："=[平时成绩]*0.2+[考试成绩  ]*0.8"。

### 5.7.3　常用控件的使用

#### 1．标签控件

【例 5-1】修改"学生管理系统"数据库中"学生表窗体"的标题。

具体操作步骤如下：

① 打开已经建立的"学生管理系统"数据库，双击打开导航栏中的"学生信息表 1"窗体。

② 单击功能区"开始"选项卡下"视图"组中的"视图"下拉按钮，在弹出的菜单中选择"设计视图"命令，进入窗体"设计视图"，如图 5-46 所示。

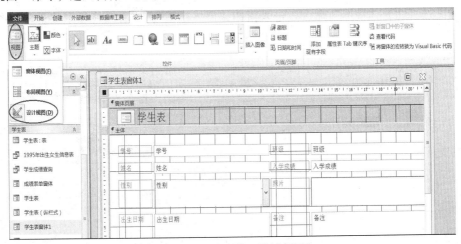

图 5-46　进入窗体"设计视图"

③ 在"窗体页眉"中，修改标题格式为华文琥珀，颜色为深蓝。方法为用鼠标选中"学生表"标题，再单击功能区"设计"选项卡下"主题"组中的"字体"下拉按钮，在弹出的"新建主题字体"对话框中设置字体为华文琥珀，按【Enter】键确定，再单击"颜色"下拉按钮，在弹出的"新建主题颜色"对话框中设置文字/背景颜色为深蓝，按【Enter】键确定。

④ 单击功能区"设计"选项卡下"控件"组中的"标签"按钮 **Aa**，在要建立"标签"控件的"窗体页眉"区域按下鼠标左键，拖动鼠标绘制一个方框，放开鼠标，在方框中输入"商贸学院"文本，用鼠标选中方框并右击，在弹出的快捷菜单中设置标签的显示效果，如图 5-47 所示。

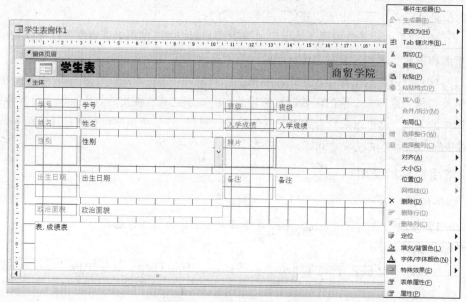

图 5-47　设置"标签"属性

⑤ 设置完成后，单击功能区"设计"选项卡下"视图"组中的"视图"下拉按钮，在弹出的菜单中选择"窗体视图"命令，进入窗体"窗体视图"。查看最终显示效果，如图 5-48 所示。

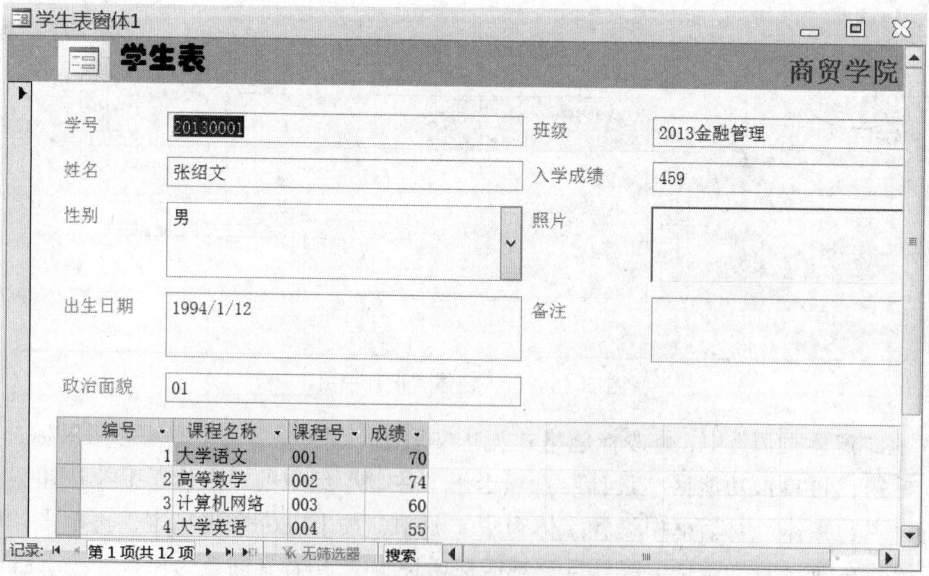

图 5-48　添加"标签"控件

### 2．文本框控件

文本框是一个交互式的控件，既可以显示数据，又可以接收数据的输入。它是最常用的控件。文本框既可以是绑定型、非绑定型，也可以是计算型的。绑定型文本框用于显示窗体数据源的某个字段；非绑定型文本框用于接收用户输入；如果是用于显示计算结果，就是计算型的文本框。

创建绑定型文本框最快捷的方法就是直接将字段从"字段列表"窗格中拖到窗体上。还有一种方法是，先在窗体上创建非绑定型文本框，然后在"属性表"中该文本框的"控件来源"属性框中选择字段。

创建计算型文本框，首先要创建非绑定型文本框，然后在文本框中输入以等号"="开头的表达式，或在其"控件来源"属性框中输入以等号"="开头的表达式。也可以利用该属性框右侧的生成器按钮打开"表达式生成器"对话框来生成表达式。

【例 5-2】创建 3 个文本框，用于接收乘数、被乘数和结果的简易计算器。

具体操作步骤如下：

① 在数据库窗口中，单击功能区"创建"选项卡下"窗体"组中的"空白窗体"按钮，创建一个空白窗体。

② 单击功能区"设计"选项卡下"控件"组中的"文本框"按钮 **abl**，选择要放置第一个文本框的窗体主体节位置，单击鼠标，弹出"文本框向导"对话框，如图 5-49 所示。

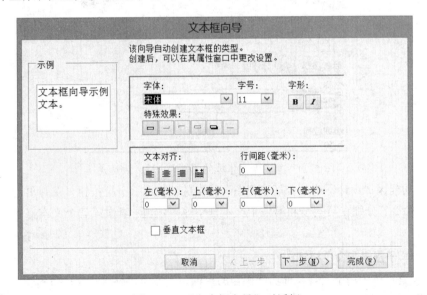

图 5-49　"文本框向导"对话框

③ 单击"完成"按钮，在窗体主体节中添加了一个"未绑定"文本框，按照此方法再添加两个文本框。并且依次将附加的标签标题命名为"乘数""被乘数""乘积"。

④ 选择"被乘数"标签所对应的第一个文本框，单击功能区"设计"选项卡下"工具"组中的"属性表"按钮 ，查看文本框的名称，并记下，如为"text0"，如图 5-50 所示，再使用此方法查看"乘数"标签所对应的第二个文本框的名称，并记下。

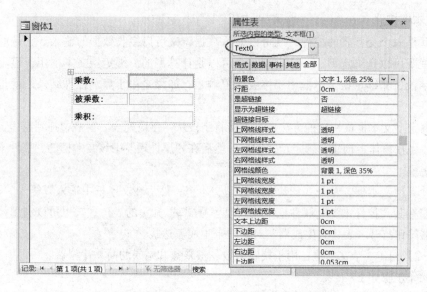

图 5-50　文本框的属性

⑤ 选择第三个文本框，单击功能区"设计"选项卡下"工具"组中的"属性表"按钮 ，在"控件来源"属性框中输入以等号"="开头的表达式"=[text0]*[text4]"，如图 5-51 所示。

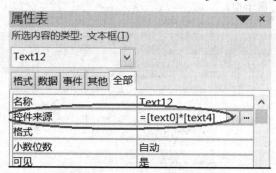

图 5-51　第三个文本框的属性表中输入表达式

⑥ 单击功能区"设计"选项卡下"视图"组中的"视图"下拉按钮，在弹出的菜单中选择"窗体视图"命令，分别在第一个和第二个文本框中输入数值，查看第三个文本框中显示乘积的结果。

**3．子窗体/子报表和命令按钮控件**

命令按钮是窗体中用于实现某种功能操作的控件，其操作代码通常放在命令按钮的"单击"事件中。

【例 5-3】在教师信息窗体中创建命令按钮用以在子窗体中查询教师授课情况。

具体操作步骤如下：

① 打开已经建立的"学生管理系统"数据库，打开导航栏中的"教师信息查询"。

② 单击功能区"创建"选项卡下"窗体"组中的"窗体"按钮，建立窗体，如图 5-52 所示。

图 5-52 建立"教师信息查询"窗体

③ 单击功能区"设计"选项卡下"视图"组中的"视图"下拉按钮,在弹出的菜单中选择"设计视图"命令,进入教师信息查询窗体的"设计视图",如图 5-53 所示。

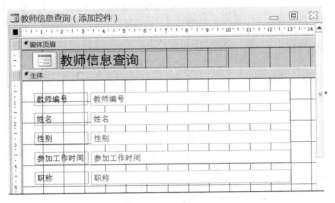

图 5-53 教师信息查询窗体的"设计视图"

④ 单击功能区"设计"选项卡下"控件"组中的"子窗体/子报表"按钮,在"教师信息查询"主窗体中选择要放置子窗体的位置,单击鼠标添加"子窗体/子报表"控件。

⑤ 弹出"子窗体向导"对话框,在"请选择将用于子窗体或子报表的数据来源"中选择"使用现有的表和查询"单选按钮,单击"下一步"按钮,如图 5-54 所示。

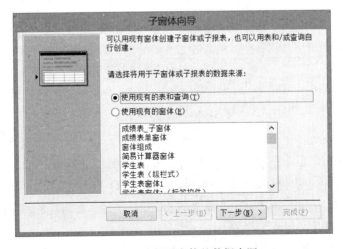

图 5-54 选择子窗体的数据来源

⑥ 在"表/查询"下拉列表框中选择"表.课程表"选项，将教师编号、课程号、课程名称、学时、学分"可用字段"加入到"选定字段"列表框中，单击"下一步"按钮，如图 5-55 所示。

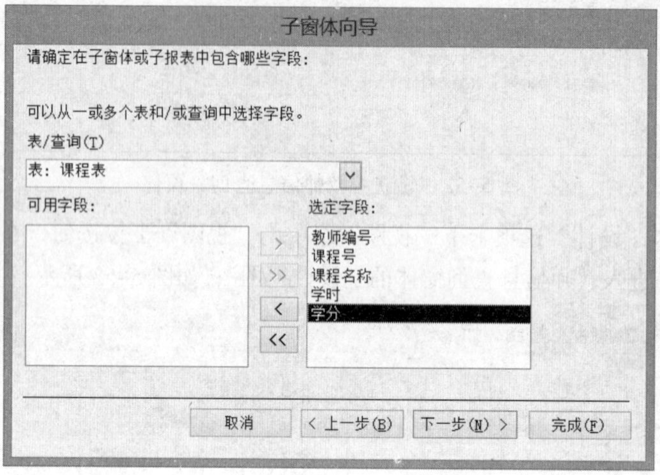

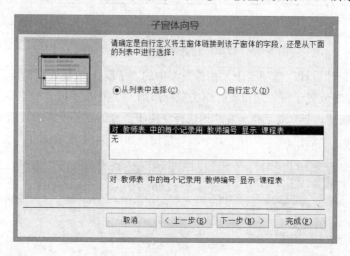

图 5-55　选定表及字段

⑦ 在子窗体向导对话框的连接字段设置中选择"从列表中选择"单选按钮，将主窗体与子窗体连接的字段名称设置为"教师编号"，单击"下一步"按钮，如图 5-56 所示。

图 5-56　设置链接字段

⑧ 将子窗体的名称设置为"教师授课情况"，单击"完成"按钮，效果如图 5-57 所示。

⑨ 在窗体页脚处，单击功能区"设计"选项卡下"控件"组中的"命令按钮"按钮，选择要放置命令按钮的窗体页脚位置，弹出"命令按钮向导"对话框。

⑩ 在对话框的"类别"列表框中选择"记录导航"类别，在对应的"操作"列表框中选择"转至下一项记录"选项，如图 5-58 所示。

⑪ 单击"下一步"按钮，选择"文本"单选按钮，默认文本框中的内容为"下一项记录"，如图 5-59 所示。

图 5-57　添加子窗体

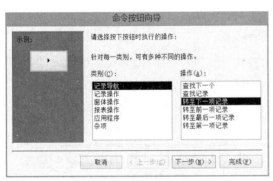

图 5-58　设置命令按钮

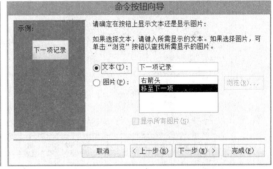

图 5-59　命名"命令按钮"

⑫ 单击"下一步"按钮，给"命令按钮"命名，这里默认文本框的名称。

⑬ 单击"完成"按钮，在窗体中添加了一个命令按钮，按照此方法分别创建其他 4 个命令按钮"前一条记录""添加记录""保存记录""退出"。其中，"添加记录"和"保存记录"在"记录操作"类别中，"退出"在"应用程序"类别中，效果如图 5-60 所示。

图 5-60　完成的主子窗体及其命令按钮

#### 4．选项卡控件

选项卡是一个包含多个页面的容器控件，每个页面中都可以放置多个控件。使用选项卡可以将几组相关的信息组织在同一个窗体中。

【例 5-4】创建一个"学生全部信息"查询窗体，该窗体包含 3 个选项卡，分别显示学生表、课程表、成绩表。

具体操作步骤如下：

① 启动 Access 2010，单击功能区"创建"选项卡下"查询"组中的"查询设计"按钮，新建一个包含"学生表""成绩表""课程表"相关字段的查询，保存查询为"学生全部信息"，如图 5-61 所示。

② 单击功能区"创建"选项卡下"窗体"组中的"空白窗体"按钮，建立一个空白窗体。

③ 单击功能区"设计"选项卡下"视图"组中的"视图"下拉按钮，在弹出的菜单中选择"设计视图"命令，打开空白窗体的"设计视图"。

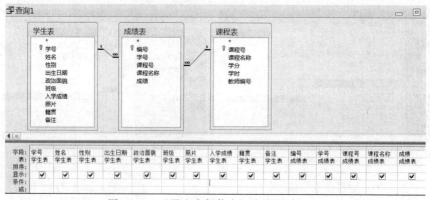

图 5-61　"学生全部信息"查询设计视图

④ 在空白窗体设计视图中，单击工具箱中的"选项卡控件"按钮，选择要放置选项卡的窗体主体节处，在主体节添加选项卡，如图 5-62 所示。

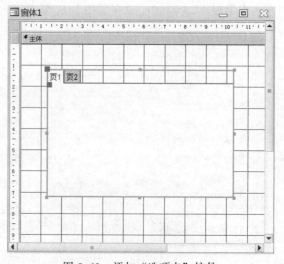

图 5-62　添加"选项卡"控件

⑤ 右击"页 2"选项卡，在弹出的快捷菜单中选择"插入页"命令，添加一个"页 3"选项卡。

⑥ 右击"页 1"选项卡，在弹出的快捷菜单中选择"属性"命令，弹出"属性"对话框，在"标题"文本框中输入"学生表"，按【Enter】键，关闭"属性"对话框。

⑦ 单击功能区"设计"选项卡下"工具"组中的"添加现有字段"按钮，单击"显示所有表"按钮，单击学生表前面的"+"符号打开字段列表，在学生表"字段列表"中将所需的字段拖动到选项卡"页 1"上的主体节中，如图 5-63 所示。

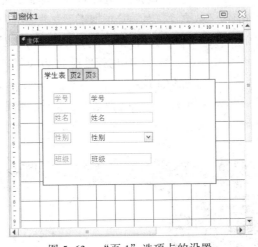

图 5-63　　"页 1"选项卡的设置

⑧ 重复上述操作，分别将"页 2"和"页 3"的"标题"属性设置为"成绩表"和"课程表"，在"字段列表"中将所需的字段分别拖动到"页 2"和"页 3"的主体节上。

⑨ 单击工具栏中的"窗体视图"按钮，可以分别浏览不同选项卡中的内容。

**5. 组合框与列表框控件**

组合框（ComBox）和列表框（List）控件都提供了一个值列表，通过从列表中选择数据完成输入工作。与文本框相比，既可以保证输入数据的正确性，又可以提高数据的输入速度。

列表框只允许用户从列表中选择一个选项，如图 5-64 所示，组合框中的列表通常都是折叠起来的，用户可以在文本框中输入数据，也可以单击文本框右侧的下拉按钮，打开下拉列表框，从列表框中选择数据，如图 5-65 所示。

图 5-64　列表框

图 5-65　组合框

**6. 图像控件**

图像控件（Image）是一个放置图形对象的控件。在工具箱中单击"图像控件"按钮后，在窗体的合适位置上单击鼠标，会弹出"插入图片"对话框，用户可以从磁盘上选择需要的图形或图像文件。

## 5.8　切换面板窗体

数据库应用系统的浏览、添加、删除等功能，是通过一个个的独立窗体实现的，为了方便用户在不同的功能之间进行随意切换，应将这些独立的窗体集成在一起，Access 提供了切换面板窗体。需要说明的是 Access 2010 已经取消了"切换面板"按钮，然而"切换面板"按钮在创建"集成"窗体操作时，为用户提供了一种"全自动"的建立过程，非常方便，打开文件扩展名为.mdb 的文件时，可以通过单击功能区"数据库工具"选项卡下"管理"组中的"切换面板管理器"按钮创建切换面板。在文件扩展名为.accdb 的文件中改为单击功能区"创建"选项卡下"窗体"组中的"窗体设计"按钮手工建立窗体后，再为相应的控件添加 VBA 代码或函数来实现切换面板的创建（具体方法请参见本书第 10 章的相关内容）。

【例 5-5】打开文件扩展名为.mdb 为"学生管理系统"文件，创建"教学管理系统"切换面板，效果如图 5-66 所示。

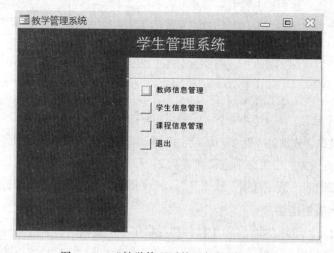

图 5-66　"教学管理系统"切换面板窗体

具体操作步骤如下：

① 将.accdb 文件转换为.mdb 文件。打开"学生管理系统.accdb"文件，在 Access 2010 窗口中选择"文件"→"保存并发布"→"Access 2000 数据库（*.mdb）"选项，然后单击"另存为"按钮，选择保存文件位置，把.accdb 文件转换为.mdb 文件。

② 双击打开文件扩展名为.mdb 的"学生管理系统"文件，单击"数据库工具"选项卡下"管理"组中的"切换面板管理器"按钮，在弹出的提示框中单击"是"按钮，弹出"切换面板管理器"对话框。

在"切换面板管理器"对话框中，系统已自动创建好一个"主切换面板"面板页，用户可以直接使用它，也可以新建切换面板页。单击"新建"按钮，弹出"新建"对话框，在"切换面板页名"文本框中输入"教学管理系统"，如图 5-67 所示。

③ 单击"确定"按钮，在"切换面板页"列表框中建立了名为"教学管理系统"的切换面板页，选择"教学管理系统"选项，单击"创建默认"按钮，将此页设置为默认页，表示设置为当前使用的切换面板。

④ 选择"教学管理系统"选项，单击"编辑"按钮，弹出"编辑切换面板页"对话框。单击"新建"按钮，弹出"编辑切换面板项目"对话框，在"文本"文本框中输入"教师信息管理"，在"命令"下拉列表框中选择"在'编辑'模式下打开窗体"选项，在"窗体"下拉列表框中选择"教师授课情况"选项，单击"确定"按钮。于是在"教学管理系统"主切换面板下创建了"教师信息管理"切换项，如图 5-68 和图 5-69 所示。

图 5-67　"切换面板管理器"和"新建"对话框　　　　图 5-68　"编辑切换面板项目"对话框

⑤ 在"编辑切换面板页"中单击"新建"按钮，使用同样的方法创建"学生信息管理""课程信息管理"切换项。

⑥ 单击"新建"按钮，在"文本"文本框中输入"退出"，在"命令"下拉列表框中选择"退出应用程序"选项，再单击"确定"按钮，结果如图 5-70 所示。

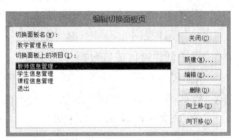

图 5-69　"编辑切换面板页"中创建好的　　　　　图 5-70　主切换面板下的所有切换项
　　　　　"教师信息管理"切换项

⑦ 单击"关闭"按钮，完成切换面板创建，如图 5-71 所示。

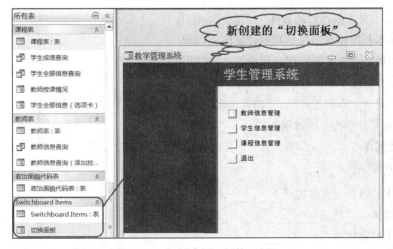

图 5-71　新创建的"切换面板"

# 知识网络图

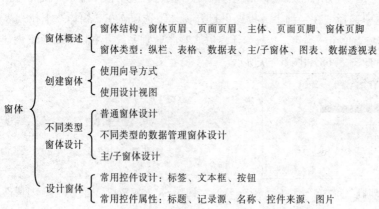

# 习　题　五

## 一、选择题

1. 不属于 Access 窗体的视图是（　　　）。

　A. 设计视图　　　　　B. 窗体视图　　　　　C. 版面视图　　　　　D. 数据表视图

2. 用于创建窗体或修改窗体的是（　　　）。

　A. 设计视图　　　　　B. 窗体视图　　　　　C. 数据表视图　　　　D. 透视表视图

3. 窗体是 Access 数据库中的一个对象，通过窗体可以完成下列（　　　）功能。

　① 输入数据；② 编辑数据；③ 存储数据；④ 以行、列形式显示数据；

　⑤ 显示和查询表中的数据；⑥ 导出数据

　A. ①②③　　　　　　B. ①②④　　　　　　C. ①②⑤　　　　　　D. ①②⑥

4. 新建一个窗体，默认标题为"窗体 1"，把窗体标题改为"输入数据"应设置窗体的（　　　）。

　A. 名称属性　　　　　B. 字体名称属性　　　C. 标题属性　　　　　D. 字号属性

5. 以下关于文本框控件的叙述，不正确的是（　　　）。

　A. 文本框控件既能显示数据也能输入数据

　B. 非绑定型文本框控件必须设置"控件来源"属性

　C. 计算型文本框控件以表达式作为数据来源

　D. 绑定型文本框控件的，"控件来源"属性为表或查询中的字段

6. 以下不可以作为窗体数据源的是（　　　）。

　A. 数据库　　　　　　B. 表　　　　　　　　C. 查询　　　　　　　D. 表和查询

## 二、填空题

1. 窗体中的数据主要来源于＿＿＿＿＿和＿＿＿＿＿。

2. 创建窗体可以使用＿＿＿＿＿和＿＿＿＿＿两种方式。

3. 窗体中的窗体称为＿＿＿＿＿。

4. 窗体由多个部分组成，每个部分称为＿＿＿＿＿。

5. 在创建主/子窗体之前，必须要设置_____之间的关系。

### 三、简答题

1. 在 Access 中创建窗体有哪几种视图方式？
2. 文本框控件有哪几种类型？
3. 选项卡控件的作用是什么？
4. 主/子窗体的作用是什么？如何创建主/子窗体？

# 上机实训  Access 环境中窗体的设计方法

### 一、实验目的

1. 掌握窗体的设计方法。
2. 掌握使用窗体向导创建窗体的操作步骤。
3. 掌握使用设计视图创建窗体的操作步骤。
4. 掌握控件的使用方法。

### 二、实验内容

1. 以"教师表"为数据源用向导创建一个输入教师信息的窗体。然后进入设计视图加入一个标签，标题名为"教师信息录入系统"。设置字体、字号和颜色。

2. 利用数据库中的"学生表"，在其中加一个"照片"字段，创建"学生信息"窗体，给每个学生加上照片。

3. 进入数据库窗口，在设计视图中创建窗体，将学生表的数据加入到窗体中，窗体背景为淡蓝色。

### 三、实验步骤

略。

### 四、实验要求

1. 明确实验目的。
2. 按内容完成以上操作，得到结果验证。
3. 按规定格式书写实验报告。

# 第6章 报 表

在 Access 数据库应用系统中，报表专门用于数据的打印输出，它可以按用户要求的格式和内容将数据库中的各种信息（包括汇总和合计信息）打印出来，方便用户分析和查询。

**本章主要内容：**

- 使用自动创建报表建立报表。
- 使用报表向导建立报表。
- 使用设计视图创建报表。
- 使用标签向导创建报表。
- 创建子报表的方法。
- 编辑报表的方法。

## 6.1 报 表 概 述

在 Access 数据库应用系统中，报表和窗体都属于用户界面，只是窗体最终显示在屏幕上，而报表还可以打印在纸上。另外，窗体可以与用户进行信息交互，而报表没有交互功能。

报表通常由报表页眉、报表页脚、页面页眉、页面页脚及主体 5 部分组成，这些部分称为报表的"节"，每个"节"都有其特定的功能，如图 6-1 所示。

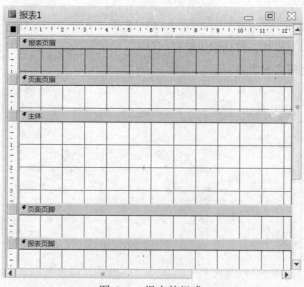

图 6-1　报表的组成

### 1．报表页眉

报表页眉仅仅在报表的首页打印输出。报表页眉主要用于打印报表的封面、报表的制作时间、制作单位等只需输出一次的内容。通常把报表页眉设置为单独一页，可以包含图形和图片。

### 2．页面页眉

页面页眉的内容在报表每组头部打印输出，主要用于定义报表输出的每一列的标题，也包含报表的页标题。

### 3．主体

主体是报表打印数据的主体部分。可以将数据源中的字段直接拖到"主体"节中，或者将报表控件放到"主体"节中用来显示数据内容。"主体"节是报表的关键内容，是不可缺少的项目。

### 4．页眉/页脚

页面/页脚的内容在报表每页底部打印输出。主要用来打印报表页号、制表人和审核人等信息。

### 5．报表页脚

报表页脚是整个报表的页脚，它的内容只在报表的最后一页底部打印输出。主要用来打印数据的统计结果信息。

# 6.2  创 建 报 表

报表的类型有：纵栏式报表、表格式报表、图表报表和标签报表。

① 纵栏式报表。一行显示一个字段，字段标题显示在字段的左侧。

② 表格式报表。以行、列形式显示记录，一条记录占一行，字段标题显示在每一列的上方。

③ 图表报表。以图表形式输出记录，可以更直观地表示出数据之间的关系。

④ 标签报表。是一种特殊类型的报表，可以打印在标签上，如商品标签、客户的邮件标签、学生登记卡等。

Access 提供了三种创建报表的方法：使用"自动报表"创建报表、使用"向导"创建报表和使用"设计视图"创建报表。

## 6.2.1  使用"自动报表"创建报表

自动报表是基于一个表或查询创建的报表，该报表能够显示记录源中的所有字段和记录。这种方法简单，但是报表中的信息占用空间较多，信息显示不紧凑。

【例 6-1】以"课程表"为记录源，创建自动报表。

具体操作步骤如下：

① 打开"学生管理系统"数据库，在导航栏的所有表下选中"课程表"。

② 单击功能区"创建"选项卡下"报表"组中的"报表"按钮，自动生成报表如图 6-2 所示。

③ 保存报表，将报表命名为"课程自动报表"。

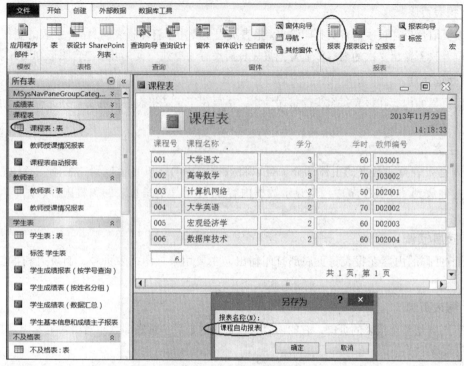

图 6-2　课程自动报表

## 6.2.2　使用"向导"创建报表

使用向导基于一个或多个表或查询创建报表，报表包含的字段个数在创建报表时可以选择。另外，还可以定义报表布局及样式。

【例 6-2】以"查询教师授课情况"查询为记录源，使用向导创建报表。

具体操作步骤如下：

① 打开"学生管理系统"数据库，在导航栏的所有表下选中"查询教师授课情况"查询。

② 单击功能区"创建"选项卡下"报表"组中的"报表向导"按钮，弹出"报表向导"对话框，如图 6-3 所示。

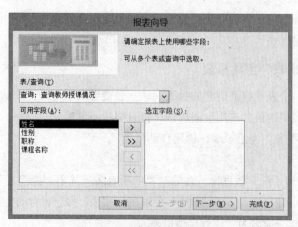

图 6-3　"报表向导"对话框

③ 在"表/查询"下拉列表框中选择"查询：查询教师授课情况"查询，单击 >> 按钮，将全部字段添加到右边的"选定字段"列表框中，如图 6-4 所示。

④ 单击"下一步"按钮，弹出确定查看数据方式对话框。在"请确定查看数据的方式"列表框中选择"通过教师表"选项，如图 6-5 所示。

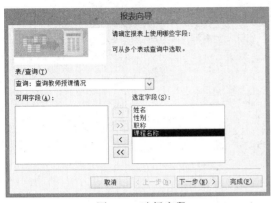
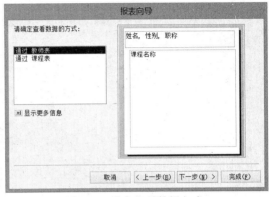

图 6-4  选择字段              图 6-5  确定查看数据方式

⑤ 单击"下一步"按钮，弹出确定是否添加分组级别对话框。利用 > 按钮，将"姓名"字段作为分组依据，然后再单击"分组选项"按钮，弹出"分组间隔"对话框，在"分组间隔"下拉组合框中选择"第一个字母"选项，即按"姓名"字段的第一个字母来分组，单击"确定"按钮，如图 6-6 所示。

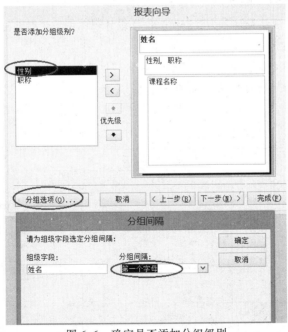

图 6-6  确定是否添加分组级别

⑥ 单击"下一步"按钮，弹出确定明细记录使用的排序次序对话框，最多可以按 4 个字段对记录排序，本例不选择排序字段。

⑦ 单击"下一步"按钮，弹出确定报表的布局方式对话框，选择"阶梯"布局。

⑧ 单击"下一步"按钮，为报表指定标题为"教师授课情况报表"，单击"完成"按钮，结果如图 6-7 所示。

图 6-7    教师授课情况表

如果对生成的报表不满意，可以单击功能区中的"视图"按钮，在设计视图中对其进行修改。

## 6.2.3    使用"设计视图"创建报表

【例 6-3】以"学生成绩查询"为数据源，使用设计视图创建带有学号查询功能的报表。

具体操作步骤如下：

① 打开"学生管理系统"数据库，单击功能区"创建"选项卡下"报表"组中的"报表设计"按钮，进入报表的设计视图，如图 6-8 所示。

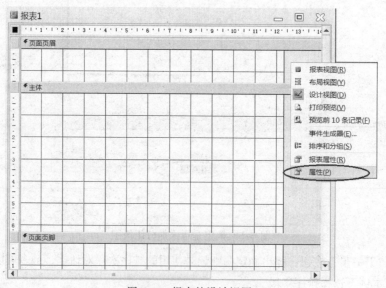

图 6-8    报表的设计视图

② 设定报表记录源，报表记录源可以是表或查询。在报表的右边空白区域右击，在弹出的快捷菜单中选择"属性"命令，弹出报表的"属性表"窗格，在"属性表"窗格中切换到"数据"选项卡，如图 6-9 所示。

③ 单击"记录源"行旁的省略号按钮，打开"查询生成器"，在"查询生成器"中，将"成绩表"和"学生表"添加到查询设计生成器窗口中，并将"成绩表"中

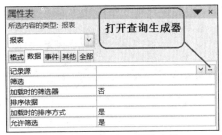

图 6-9　"报表"属性窗体

的"学号""课程号""课程名称"和"成绩"字段添加到查询设计网格中；将"学生表"中的"姓名""性别""班级"字段添加到查询设计网格中。由于要建立以"学号"为查询字段的参数报表，因此在"学号"字段的"条件"行中输入查询条件："[请输入学号：]"，如图 6-10 所示。

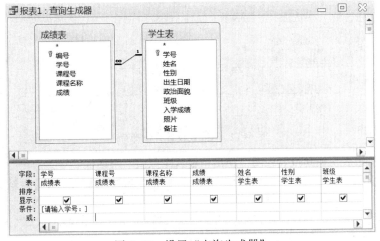

图 6-10　设置"查询生成器"

④ 单击"关闭"组中的"另存为"按钮，将该查询保存为"学生成绩查询"查询，如图 6-11 所示，关闭"查询生成器"。

⑤ 完成对报表的数据源设置以后，关闭"属性表"窗格，返回报表的设计视图。

⑥ 在报表设计视图中添加控件和字段，详细说明如下：

图 6-11　保存查询

- 在页面页眉中添加"标签"控件，输入"学生成绩表"，调整字体大小和位置。
- 单击功能区"设计"选项卡下"工具"组中的"添加现有字段"按钮，弹出"字段列表"窗格，将"学号"字段拖到页面页眉中，将"姓名""性别""班级""课程名称""成绩"字段分别拖入主体节，并排列各字段。
- 单击功能区"设计"选项卡下"页眉/页脚"组中的"页码"按钮，在"页面页脚"中插入页码。
- 在报表页脚中创建两个"标签"控件，分别输入"教师签字:"和"日期:"。
- 调整报表的大小及行的高度。

报表设计视图布局如图 6-12 所示。

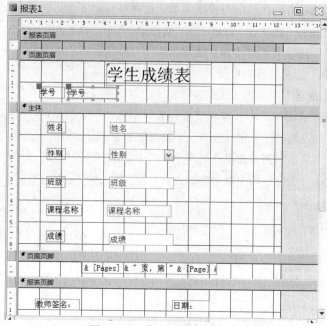

图 6-12　报表设计视图布局

⑦ 将建立的报表切换到报表视图，弹出"输入参数值"对话框。

⑧ 输入查询学生学号为："20130002"，单击"确定"按钮，返回参数报表结果，如图 6-13 所示。

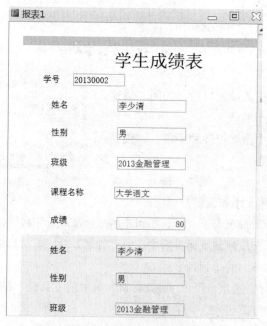

图 6-13　学生成绩报表

⑨ 保存报表，将报表命名为"学生成绩报表"。

### 6.2.4　使用"标签向导"创建报表

标签报表是多列布局的报表，是 Access 报表的一种特殊类型，它完全是为适应标签纸而设置的报表。在 Access 中，通过已有的数据源，利用标签报表的独特性，可以方便、快捷地创建大量的标签式简短信息报表。

【例 6-4】以"学生表"为记录源，创建标签报表。

具体操作步骤如下：

① 打开"学生管理系统"数据库，在导航栏的所有表下选中"学生表"。

② 单击功能区"创建"选项卡下"报表"组中的"标签"按钮，弹出"标签向导"对话框，如图 6-14 所示。

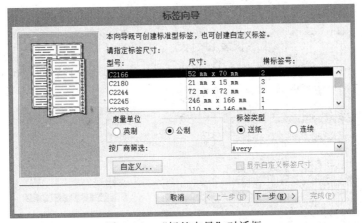

图 6-14　"标签向导"对话框

在"标签向导"对话框中选择标签的型号，默认选择 Avery 厂商的 C2166 型，这种标签的尺寸为：52 mm × 70 mm，一行显示两个。

③ 单击"下一步"按钮，弹出设置文本对话框，设置文本字体为"宋体"，字号为"20"，字体粗细"半粗"等，如图 6-15 所示。

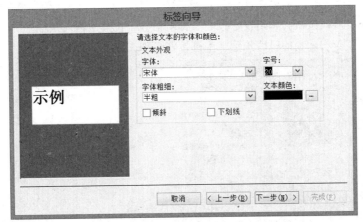

图 6-15　设置文本对话框

④ 单击"下一步"按钮，弹出设置标签显示内容对话框，用户既可以从左边的"可用字段"列表框中选择要显示的字段，也可以直接输入所需的文字。这一步是标签向导中非常重要的一步。

用户需要在这一步中设置标签中要显示的内容。输入的文字内容如图 6-16 所示。

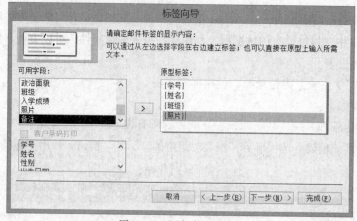

图 6-16　添加标签字段

⑤ 单击"下一步"按钮，在弹出的对话框中选择排序的依据字段，如图 6-17 所示。此处选择"学号"字段作为报表打印时的排序依据字段。

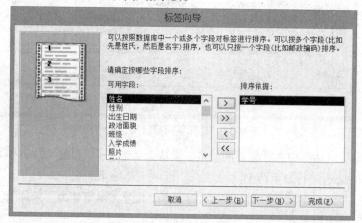

图 6-17　选择排序依据字段

⑥ 单击"下一步"按钮，弹出设定报表名称对话框，在其中输入该报表的名称"标签 学生表"，在下面选中"查看标签的打印预览"单选按钮，如图 6-18 所示。

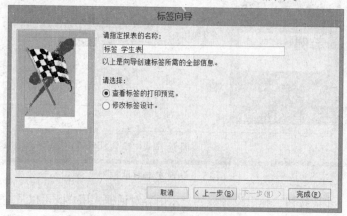

图 6-18　设定报表名称

⑦ 单击"完成"按钮，完成标签报表的创建，进入报表的打印预览视图，如图 6-19 所示。

图 6-19　创建的学生标签报表

# 6.3　报表排序与分组

数据表中记录的排列顺序是按照输入的先后排列的，即按照记录的物理顺序排列。有时，需要将记录按照一定特征排列，这就是排序。

用户在输出报表时，需要把同类属性的记录排列在一起，这就是分组。

## 6.3.1　报表排序

【例 6-5】将"学生成绩报表"按"成绩"字段降序排序。

具体操作步骤如下：

① 选中已创建的"学生成绩报表"对象并右击，在弹出的快捷菜单中选择"设计视图"命令。

② 单击功能区"设计"选项卡下"分组和汇总"组中的"分组和排序"按钮，在设计视图下方出现的"分组、排序和汇总"页面中单击"添加排序"按钮，如图 6-20 所示。

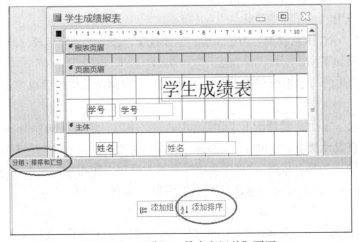

图 6-20　"分组、排序和汇总"页面

③ 在弹出的菜单中选择"成绩"字段，在"排序次序"下拉列表框中选择"降序"选项，如图 6-21 所示。

图 6-21　设置报表排序

④ 单击功能区"开始"选项卡下"视图"组中的"视图"下拉按钮，在弹出的菜单中选择"打印预览"命令，结果如图 6-22 所示。

| | 编号 | 学号 | 课程号 | 课程名称 | 成绩 |
|---|---|---|---|---|---|
| | 19 | 20130105 | 004 | 大学英语 | 98 |
| | 44 | 20130211 | 006 | 数据库技术 | 96 |
| | 43 | 20130211 | 005 | 宏观经济学 | 95 |
| | 46 | 20130212 | 004 | 大学英语 | 94 |
| | 31 | 20130108 | 004 | 大学英语 | 93 |
| | 42 | 20130211 | 004 | 大学英语 | 92 |
| | 12 | 20130003 | 004 | 大学英语 | 92 |
| | 35 | 20130209 | 005 | 宏观经济学 | 90 |
| | 45 | 20130212 | 003 | 计算机网络 | 90 |
| | 41 | 20130211 | 003 | 计算机网络 | 90 |
| | 30 | 20130108 | 003 | 计算机网络 | 90 |
| | 6 | 20130002 | 002 | 高等数学 | 90 |
| | 32 | 20130108 | 005 | 宏观经济学 | 90 |

图 6-22　预览报表排序后的结果

### 6.3.2　报表分组

报表分组是指将具有共同特征的相关记录组成一个集合，在显示或打印时将它们集中在一起，并且可以为同组记录设置汇总信息。利用分组还可以提高报表的可读性和信息的利用率。这是排序功能的进一步应用。

【例 6-6】以"学生成绩查询"为记录源，创建报表，按"学号"字段分组统计。

具体操作步骤如下：

① 选中已创建的"学生成绩查询"对象并右击，在弹出的快捷菜单中选择"设计视图"命令。

② 单击功能区"设计"选项卡下"分组和汇总"组中的"分组和排序"按钮，在设计视图下方出现的"分组、排序和汇总"页面中选择"学号"字段为排序依据，"排序次序"设置为升序，单击"添加组"按钮，在弹出的菜单中选择"姓名"字段，如图 6-23 所示。

图 6-23　设置分组和排序

③ 关闭"排序与分组"页面，按照图 6-24 所示的报表设计视图，在报表中添加控件和字段。

图 6-24 学生成绩表（姓名分组排序）设计视图

详细说明如下：

① 在报表页眉中创建"标签"控件，输入"学生成绩表（按姓名分组）"，设置字体、字号。

② 在姓名页眉中分别拖入"学号""姓名"字段，并将生成的"学号""姓名"标签分别剪贴到页面页眉中；用同样的方法将"课程名称"和"成绩"字段拖入到主体节中，将生成的"课程名称"和"成绩"标签剪贴到页面页眉中，并预览打印效果，如图 6-25 所示。

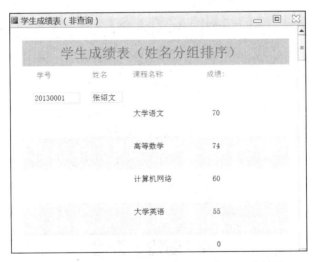

图 6-25 使用"姓名"字段分组的报表预览结果

### 6.3.3 报表中的数据汇总

在报表中，经常需要对所有记录或一组记录计算总计、求平均值或计数。

【例 6-7】在例 6-6 中创建的"学生成绩表"中继续统计每位学生的平均成绩和整个报表的总平均成绩。

具体操作步骤如下：

① 在设计视图中打开"学生成绩表"。

② 单击工具箱中的"文本框"控件，单击姓名页眉节中需要放置计算控件的位置添加文本框控件，在标签中输入"平均成绩"，在文本框控件中输入"=Avg([成绩])"。

③ 使用同样的方法在报表页脚节中需要放置计算控件的位置，添加文本框控件，在标签中输入"总平均成绩"，在文本框中输入"=Avg([成绩])"，如图 6-26 所示。

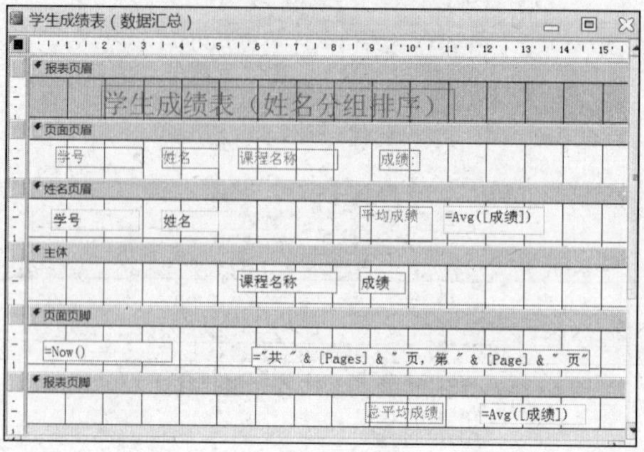

图 6-26　设置报表数据汇总

④ 打印预览效果如图 6-27 所示。

图 6-27　"学生课程成绩报表"添加汇总结果

## 6.4　创建子报表

创建子报表可以在已有的报表中创建，也可以将已有报表添加到另一个已有报表中来创建。

【例 6-8】利用"子窗体/子报表"控件创建子报表。以"学生表"为记录源，创建一个主报表，显示学生部分信息；以"成绩表"为数据源，利用"子窗体/子报表"控件创建子报表显示学生成绩。

具体操作步骤如下：

① 在设计视图中创建报表，数据源为"学生表"，报表布局如图 6-28 所示，将该报表作为主报表。

② 在设计视图中调整报表布局，在主体节中留出添加子报表的空间位置，确保已选中了"设计"选项卡下"控件"组中的"使用控件向导"按钮 使用控件向导(W)。

③ 单击功能区"设计"选项卡下"控件"组中的"子窗体/子报表"按钮，选择报表主体节

中要放置子报表位置。

④ 在弹出的"子报表向导"对话框中选择"使用现有的表和查询"选项。

⑤ 单击"下一步"按钮，在"表/查询"下拉列表框中选择"表：成绩表"选项，将"可用字段"列表框中的"课程名称"字段移动到"选定字段"列表框中；然后在"表/查询"下拉列表框中再次选择"表：成绩表"选项，将"可用字段"列表框中的"成绩"字段移动到"选定字段"列表框中，如图 6-29 所示。

图 6-28　报表布局

图 6-29　确定子报表显示字段

⑥ 单击"下一步"按钮，在弹出的对话框中确定主报表和子报表的链接字段，在这里选择"从列表中选择"单选按钮。

⑦ 单击"下一步"按钮，在弹出的对话框中为子报表指定名称，输入"课程成绩子报表"。

⑧ 单击"完成"按钮，选择"文件"→"保存"命令，命名为"学生基本信息和成绩主子报表"，打印预览效果如图 6-30 所示。

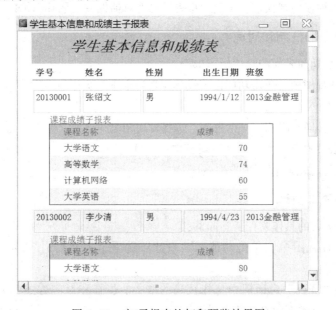
图 6-30　主/子报表的打印预览效果图

# 6.5　编　辑　报　表

## 6.5.1　在报表中创建背景图片

为了美化报表，可以在报表中添加背景图片，它可以应用于整个报表。

具体操作步骤如下：

① 在报表设计视图中，单击功能区"设计"选项卡下"工具"组中的"属性表"按钮，弹出报表的"属性表"窗格，选择"全部"选项卡，单击"图片"属性框后的□按钮，如图 6-31 所示。

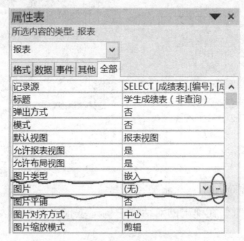

图 6-31　报表属性对话框

② 在弹出的"插入图片"对话框中选择文件的路径和文件名。

③ 在"图片类型"属性框中指定图片的添加方式：嵌入或链接。

④ 其他图片属性使用默认值，关闭"报表"属性对话框完成图片添加。

## 6.5.2　在报表中添加日期和时间

在报表中添加日期和时间的具体操作步骤如下：

① 在报表设计视图中，单击功能区"设计"选项卡下"页眉/页脚"组中的"日期与时间"按钮。

② 在弹出的"日期与时间"对话框中，选择日期和时间格式，单击"确定"按钮。

③ 如果有报表页眉节，则在报表页眉节中添加日期和时间文本框，否则添加在主体节。文本框中的内容分别是"=Date()"和"=Time()"。

## 6.5.3　在报表中添加页码

在报表中添加页码的具体操作步骤如下：

① 在报表设计视图中，单击功能区"设计"选项卡下"页眉/页脚"组中的"页码"按钮。

② 在弹出的"页码"对话框中选择页码的格式、位置和对齐方式，单击"确定"按钮。

③ 在页面页眉节或页面页脚节中添加页码文本框，其内容是"="第"&[Page]&"页""。

# 知识网络图

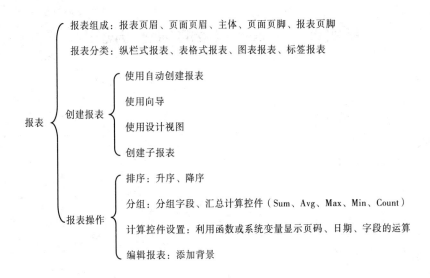

# 习 题 六

## 一、填空题

1. 报表页眉的内容只在报表的_____打印输出。

2. 如果设置了页面页眉，就设置了_____。

3. 报表只能输出数据，不能_____数据。

## 二、选择题

1. 如果设置报表上某个文本框的控件来源属性为"=2*3+1"，则打开报表视图时，该文本框显示的信息是（　　　）。

　　A. 未绑定　　　　　　　　B. 7　　　　　　　　C. 2*3+1　　　　　　　　D. 出错

2. 报表可以（　　　）数据源中的数据。

　　A. 编辑　　　　　　　　B. 显示　　　　　　　　C. 修改　　　　　　　　D. 删除

3. 下列说法中正确的是（　　　）。

　　A. 主报表和子报表必须基于相同的记录源

　　B. 主报表和子报表必须基于相关的记录源

　　C. 主报表和子报表不可以基于完全不同的记录源

　　D. 主报表和子报表可以基于完全不同的记录源

4. 关于报表的数据源（　　　）。

　　A. 可以是任意对象　　　　　　　　　　　　　B. 只能是表对象

　　C. 只能是查询对象　　　　　　　　　　　　　D. 只能是表对象或查询对象

## 三、思考题

1. 什么是报表，报表有什么作用？

2. 简述报表由哪些部分组成，各部分的作用是什么？

3. 创建报表的方法有几种，各有什么优点？

# 上机实训　Access 报表的创建与使用

## 一、实验目的

1. 掌握设计报表的方法。

2. 掌握创建报表的操作步骤。

3. 掌握报表的使用方法。

4. 了解创建其他报表的操作步骤。

## 二、实验内容

1. 使用"自动创建报表"方式创建报表。

要求：基于"教师表"为数据源，使用"报表"按钮创建报表。

2. 使用报表向导创建报表。

要求：使用"报表向导"创建"学生表"报表。

3. 使用报表设计视图创建报表。

要求：以"学生成绩查询"为数据源，在报表设计视图中创建"学生成绩信息报表"，进行页面设置，添加一个徽标。

4. 创建标签报表，添加标签的框线，然后将标签 2 列输出。

要求：以"教师表"为记录源，创建标签报表，显示教师姓名、职称、所属院系字段。

## 三、实验步骤

略。

## 四、实验要求

1. 明确实验目的。

2. 按内容完成以上步骤的操作。

3. 按规定格式书写实验报告。

# 第7章 | 宏

宏可以在用户不需要记住各种语法，也不需要编写任何代码的情况下，自动帮助用户完成一些任务，实现特定的功能。

**本章主要内容：**

- 宏的基本概念；
- 宏的创建与运行的方法。
- 宏与宏组的使用方法。
- 测试、运行与编辑宏或宏组。

## 7.1 宏 概 述

### 7.1.1 宏的基本概念

#### 1．宏的定义

宏是一个或多个操作命令的集合，其中每个操作实现特定的功能。

#### 2．宏组

若设计时有多个宏，则将其分类组织到不同组中，即宏组。

#### 3．宏与 Visual Basic

在 Access 中，任何宏都对应程序代码，通过程序的控制执行相应的操作，而且可以直接将宏转换成 Visual Basic 程序，以供用户学习和修改。

#### 4．宏的作用

宏是 Access 的一个对象，其主要功能是使操作自动进行。

#### 5．宏的分类

Access 宏可以是包含操作序列的宏，也可以是一个宏组，宏组由若干个宏组成。另外，还可以使用条件表达式来决定在什么情况下运行宏。根据以上 3 种情况，可以把宏分为 3 类：操作序列宏、宏组和条件宏。

### 7.1.2 宏操作

Access 的宏操作总共有几十个，常用的宏操作及其功能如表 7-1 所示。

**表 7-1 常用的宏操作**

| 宏 操 作 | 功 能 |
|---|---|
| **打开或关闭数据库对象** | |
| OpenForm | 打开一个窗体，同时指定打开窗体的视图模式，筛选窗体内基本表的记录，指定窗体数据编辑模式与窗体窗口模式 |
| OpenReport | 可以在设计视图或打印预览中打开报表，或者可以立即打印报表，也可以限制需要在报表中打印的记录数 |
| OpenQuery | 打开一个查询，同时指定打开查询的视图模式，指定查询的编辑模式 |
| OpenTable | 打开一个数据表，同时指定打开数据表的视图模式，指定数据编辑模式 |
| Close | 关闭数据库对象，如数据表、窗体、报表、查询、宏、数据页等。如果没有指定对象，则关闭活动窗口 |
| **显 示 消 息** | |
| Beep | 通过计算机的扬声器发出嘟嘟声，用于提示错误或重大变化 |
| MsgBox | 显示消息框。可以设置消息框的类型 |
| SetWarnings | 用于打开或关闭系统警告消息 |
| **显 示 模 式 控 制** | |
| Maximize | 放大活动窗口，使其充满 Microsoft Access 窗口 |
| Minimize | 将活动窗口最小化为 Microsoft Access 窗口底部的小标题栏 |
| Restore | 将处于最大化或最小化的窗口恢复为原窗口模式 |
| PrintOut | 打印已打开数据库中的活动对象，也可以打印数据表、报表、窗体和模块 |
| **移动、查找、刷新记录** | |
| GotoRecord | 移动已打开的表、窗体或查询的当前记录 |
| FindRecord | 查找活动的数据表、查询或窗体数据表内满足由 FindRecord 参数所指定的条件的记录 |
| FindNext | 查找下一个符合前面 FindRecord 操作或"查找和替换"对话框（单击功能区"开始"选项卡下"查找"组中的"查找"按钮，弹出"查找和替换"对话框）中指定条件的记录。使用 FindNext 操作可以反复搜索记录 |
| Requery | 更新活动对象指定控件中的数据。如果不指定控件，该操作将对对象本身的数据源进行重新查询。使用该操作可以确保活动对象或其所包含的控件显示的是最新数据 |
| **运 行 与 退 出** | |
| RunMacro | 运行宏 |
| RunSQL | 运行 Microsoft Access 的操作查询或数据定义查询 |
| RunApp | 运行基于 Microsoft Windows 或 MS-DOS 的应用程序，比如 Microsoft Excel、Microsoft Word 或 Microsoft PowerPoint |
| StopMacro | 终止当前正在运行的宏 |
| Quit | 退出 Microsoft Access。可以指定在退出 Access 之前是否保存数据库对象 |
| **其 他** | |
| SetValue | 对 Microsoft Access 窗体、窗体数据表或报表上的字段、控件或属性的值进行设置 |
| GotoControl | 把焦点移到打开的数据表、窗体、查询中当前记录的特定字段或控件上 |
| CancelEvent | 取消导致该宏运行的 Microsoft Access 事件 |

### 7.1.3　事件

#### 1．事件的概念

事件过程是为响应由用户或程序代码引发的事件或由系统触发的事件而运行的过程。事件是指对象所能辨识和检测的动作，当此动作发生在某个对象上时，其相应的事件便会被触发，例如单击鼠标、打开窗体或者打印报表等。如果预先为此事件编写了宏或事件程序，此宏或事件程序就会被执行。

事件是预先定义好的动作，一个对象拥有哪些事件是由系统本身决定的。至于事件被触发后要执行哪些操作，是由为该事件所编写的宏或事件程序来决定的。如果用户没有为某事件编写宏或事件程序，即使此事件被触发，也不会执行任何操作。

通过为窗体、报表或控件的事件编写宏或事件程序，用户可以按自己的要求来运行操作，进而完成更自动化且复杂的操作。

#### 2．通过事件触发宏的命令

宏运行的前提是有触发宏的事件发生。

MsgBox(prompt [,buttons] [,title] [,helpfile] [,context])：显示包含警告、提示信息或其他信息的消息框。prompt 是必需项，buttons 等是可选项。

OpenQuery：在数据表视图、设计视图或打印预览中打开选择查询或交叉表查询。

CancelEvent：中止一个事件。

Enter：进入，发生在控件实际接收焦点之前。在 GotFocus 事件之前发生。

GotFocus：获得焦点，当一个控件、一个没有激活的控件或有效控件的窗体接收焦点时发生。

LostFocus：失去焦点，当窗体或控件失去焦点时发生。

Exit：退出，正好在焦点从一个控件移动到同一窗体上的另一个控件之前发生。发生在 LostFocus 之前

# 7.2　宏的创建与运行

#### 1．创建并运行只有一个操作的宏

要求：在"学生管理系统.accdb"数据库中创建宏，功能是打印预览"成绩表"报表。

具体操作步骤如下：

① 在"学生管理系统.accdb"数据库中，单击功能区"创建"选项卡下"宏与代码"组中的"宏"按钮，进入宏设计窗口。

② 在"添加新操作"列第 1 行中输入"OpenReport"或选择"OpenReport"后按【Enter】键，在操作参数区中的"报表名称"下拉列表框中选择"学生成绩报表"选项，在"视图"下拉列表框中选择"打印预览"选项，如图 7–1 所示。

图 7–1　宏设计器组合框及操作参数设置

③ 单击"保存"按钮，弹出"另存为"对话框，在"宏名称"文本框中输入"预览成绩报表宏"。

④ 单击"运行"按钮，运行宏。

**2. 创建并运行操作序列宏**

要求：创建宏，功能是打开"学生表"，打开表前要发出"嘟嘟"声；再关闭"学生表"，关闭前要用消息框提示操作。

具体操作步骤如下：

① 在"学生管理系统.accdb"数据库中，单击功能区"创建"选项卡下"代码与宏"组中的"宏"按钮，进入宏设计窗口。

② 在"添加新操作"列的第 1 行，输入"Beep"或选择"Beep"后按【Enter】键。

③ 在"添加新操作"列的第 2 行，输入"OpenTable"或选择"OpenTable"后按【Enter】键，在操作参数区中的"表名称"下拉列表框中选择"学生表"。

④ 在"添加新操作"列的第 3 行，输入"MsgBox"或选择"MsgBox"后按【Enter】键。在操作参数区中的"消息"文本框中输入"关闭表吗？"，在"类型"下拉列表框中选择"警告!"选项。

⑤ 在"添加新操作"列的第 4 行，输入"RunMenuCommand"或选择"RunMenuCommand"后按【Enter】键，再在"命令"框中输入"Close"或选择"Close"后按【Enter】键，如图 7-2 所示。

⑥ 单击"保存"按钮，弹出"另存为"对话框，在"宏名称"文本框中输入"关闭学生表"。

⑦ 单击"运行"按钮，运行宏。

图 7-2　宏设计视图

**3. 创建宏组，并运行其中每个宏**

要求：在"学生管理系统.accdb"数据库中创建宏组，宏 1 的功能与"关闭学生表"功能一样，宏 2 的功能是打开和关闭"每名学生平均成绩"查询，打开前发出"嘟嘟"声，关闭前要用消息框提示操作。

具体操作步骤如下：

① 在"学生管理系统.accdb"数据库中，单击功能区"创建"选项卡下"代码与宏"组中的"宏"按钮，进入宏设计窗口。

② 在"操作目录"窗格中，把程序流程中的"Submacro"拖到"添加新操作"组合框中（也可以双击"Submacro"），在"子宏"名称文本框中，默认名称为 Subl，把该名称修改为"宏 1"，如图 7-3 所示。

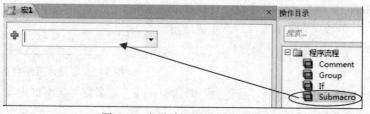

图 7-3　宏设计视图及操作目录

③ 在"添加新操作"组合框中，输入"Beep"或选择"Beep"后按【Enter】键。

④ 在"添加新操作"组合框中，输入"OpenTable"或选择"OpenTable"后按【Enter】键，在操作参数区中的"表名称"下拉列表框中选择"学生表"，"数据模式"选择"只读"后按【Enter】键。

⑤ 在"添加新操作"组合框中，输入"MsgBox"或选择"MsgBox"后按【Enter】键，在操作参数区中的"消息"文本框中输入"关闭表吗？"，在"类型"下拉列表框中选择"警告!"选项。

⑥ 在"添加新操作"组合框中，输入"RunMenuCommand"或选择"RunMenuCommand"后按【Enter】键，在"命令"行中输入或选择"Close"后按【Enter】键。

⑦ 重复步骤②～③。

⑧ 在"添加新操作"组合框中，选中"OpenQuery"，设置查询名称为"每名学生平均成绩"。数据模式为"只读"。

⑨ 在"添加新操作"组合框中，输入"MsgBox"或选择"MsgBox"后按【Enter】键，在操作参数区中的"消息"文本框中输入"关闭查询吗？"，在"类型"下拉列表框中选择"警告!"选项。

⑩ 重复步骤⑥。在⑥下面的"添加新操作"组合框中输入或选择"RunMacro"后按【Enter】键，在"宏名称"下拉列表框中选择"宏组.宏 2"。单击"保存"按钮，在"宏名称"文本框中输入"宏组"。运行宏。

设计视图效果如图 7-4 所示。

图 7-4 宏组设计结果

### 4．创建并运行条件操作宏

在"学生管理系统"数据库中，创建一个登录验证宏，使用命令按钮运行该宏时，对用户所输入的密码进行验证，只有输入的密码为"123456"才能打开启动窗体，否则，弹出消息框，提示用户输入的系统密码错误。

具体操作步骤如下：

① 首先使用窗体设计视图，创建一个登录窗体。登录窗体包括一个文本框，用来输入密码；一个命令按钮用来验证密码（此命令按钮留待后面再进行创建）以及窗体标题，将窗体保存为"登录窗体"，如图 7-5 所示。

② 单击功能区"创建"选项卡下"宏与代码"组中的"宏"按钮，打开"宏设计器"。

③ 在"添加新操作"组合框中，输入"IF"，单击条件表达式文本框右侧的按钮，如图 7-6 所示。

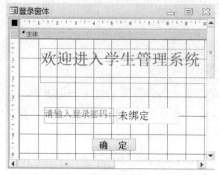

图 7-5　登录窗体设计视图

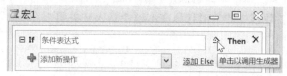

图 7-6　添加新操作组合框

④ 打开"表达式生成器"对话框，在"表达式元素"列表框中，展开"学生管理系统/Forms/所有窗体"，选中"登录窗体"选项；在"表达式类别"列表框中，双击"请输入登录密码"选项；在"表达式值"列表框中输入"<>123456"，如图 7-7 所示。单击"确定"按钮，返回到"宏设计器"中。

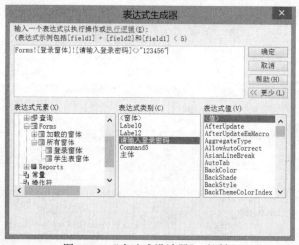

图 7-7　"表达式设计器"对话框

⑤ 在"添加新操作"组合框中输入或选择"MessageBox"后按【Enter】键，在操作参数区中的"消息"文本框中输入"密码错误！请重新输入系统密码！"，在"类型"下拉列表框中选择"警告！"选项，其他参数默认。

⑥ 设置第 2 个 IF。在 IF 的条件表达式中输入条件：[Forms]![登录窗体]! [请输入登录密码]="123456"，单击"确定"按钮。在"添加新操作"组合框中，选择"CloseWindow"，其他参数分别为"窗体""登录窗体""否"。

⑦ 在"添加新操作"组合框中，选择"OpenForm"，各参数分别为"学生表窗体""窗体""普通"，设置的结果如图 7-8 所示。保存宏名称为"登录验证"。

图 7-8 登录验证宏的设计视图

⑧ 打开"登录窗体"窗体，切换到设计视图中，右击"确定"按钮，在弹出的快捷菜单中选择"属性"命令，在"属性表"窗格中选择"事件"选项卡，设置"单击"项为"登录验证"，如图 7-9 所示。单击"保存"按钮。

⑨ 在导航窗格中选择"窗体"对象，打开"登录窗体"窗体，分别输入正确的密码、错误的密码，单击"确定"按钮，查看进行结果，如图 7-10 所示。

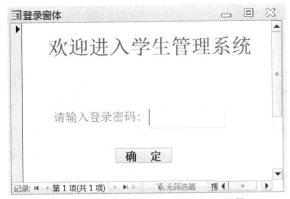

图 7-9 "确定"按钮单击事件选择　　　　图 7-10 "学生管理系统"登录窗体

### 5. 创建自动运行宏

要求：当用户打开数据库后，系统弹出欢迎界面。

具体操作步骤如下：

① 在"学生管理系统.accdb"数据库中，单击功能区"创建"选项卡下"宏与代码"组中的"宏"按钮，打开"宏设计器"。

② 在"添加新操作"组合框中，输入或选择"MessageBox"后按【Enter】键，在操作参数区中的"消息"文本框中输入"欢迎使用教学管理信息系统！"，在"类型"下拉列表框中选择"信息"选项，其他参数默认，如图 7-11 所示。

③ 保存宏，宏名为"AutoExec"。

④ 关闭数据库。

⑤ 重新打开"学生管理系统.accdb"数据库，宏自动执行，弹出"欢迎使用教学管理信息系统！"消息框。

图 7-11 自动运行宏设计视图

## 7.3　测试与运行宏

### 1. 测试宏

为了保证宏命令的正确设计，一般在设计完成之后都需要对宏进行测试，再把它附加到某个宏中或事件触发属性中。

### 2. 运行宏

要运行一个宏，有以下几种常用方法：

① 在宏的设计视图窗口中运行宏，直接单击功能区"设计"选项卡下"工具"组中的"运行"按钮即可。

② 在数据库窗口中运行宏，首先在导航窗格中选择需要运行的宏对象并右击，在弹出的快捷菜单中选择"运行"命令，或者直接双击宏对象运行。

③ 单击功能区"数据库工具"选项卡下"宏"组中的"运行宏"按钮，弹出"执行宏"对话框，如图 7-12 所示。在"宏名称"下拉列表框中选择需要运行的宏的名称，单击"确定"按钮即可运行该宏。

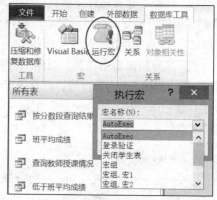

### 3. 运行宏组中的宏

单击功能区"数据库工具"选项卡下"宏"组中的"运行宏"按钮，弹出"执行宏"对话框，在"宏名称"下拉列表框中选择形式为"宏组.宏名"的宏名称，单击"确定"按钮即可运行该宏。

图 7-12　"宏名称"对话框

### 4. 从另一个宏或 Microsoft Visual Basic 过程中运行宏

若在宏或 Microsoft Visual Basic 过程中添加了 RunMacro 操作，则运行宏或过程时，系统运行到 RunMacro 操作后，将打开一个指定的宏。

## 7.4　编　辑　宏

如果需要对已经建立好的宏进行修改，有以下两种方法：

① 在数据库窗口中，右击需要编辑的宏，在弹出的快捷菜单中选择"设计视图"命令，打开宏的设计视图窗口对该宏进行编辑修改。

② 在窗体设计视图或报表设计视图中，选择应用宏的控件，然后单击功能区"设计"选项卡下"工具"组中的"属性表"按钮，弹出该控件的"属性表"窗格，选择"事件"选项卡，选择引用宏的事件选项，该选项后面会出现一个省略号按钮，如图 7-13 所示。单击该按钮，即可打开相应的宏设计视图窗口，对宏进行必要的修改后，单击"保存"按钮即可。

图 7-13　"属性表"窗格

通过本章的学习，会发现，通过宏可以轻松地完成许多在其他软件中必须编写大量程序代码才能做到的事情。事实上，Access 之所以让众多非程序设计人员如此青睐，除了它具有易学易用的特性外，另外一个重要的原因就是它提供了功能非常强大而又容易使用的宏，所以掌握并熟练使用宏，可以方便快捷地完成许多复杂的操作。

## 知识网络图

```
        ┌ 宏的概念：定义、作用、分类
        │
        │ 宏操作：打开、关闭、显示、移动、查找、运行、退出
        │
        │                    ┌ 创建并运行只有一个操作的宏
        │                    │
        │                    │ 创建并运行操作序列宏
        │                    │
宏 ─────┤ 宏的创建与运行 ─────┤ 创建宏组并运行其中的每个宏
        │                    │
        │                    │ 创建并运行条件操作宏
        │                    │
        │                    └ 创建并运行自动宏
        │
        │ 宏的测试与运行：测试、运行
        │
        └ 编辑宏
```

# 习 题 七

### 一、填空题

1. 宏是一个或多个操作_____的集合。
2. 宏组是指在同一个宏窗口中包含的一个或多个_____的集合。
3. OpenForm 操作可以打开_____。

### 二、简答题

1. 什么是宏？宏的作用有哪些？
2. 宏有哪几种类型？
3. 宏与宏组有什么区别？
4. 宏的基本操作有哪些？
① 创建宏：创建一个宏，创建宏组。
② 运行宏。
③ 在宏中使用条件。
④ 设置宏操作参数。
⑤ 常用的宏操作。
5. 运行宏有哪几种方法？各有什么不同？

## 上机实训　Access 宏的创建和操作方法

### 一、实验目的

1. 掌握宏的创建与编辑的方法。

2. 掌握宏与宏组的使用方法。

3. 掌握触发事件运行宏或宏组。

4. 掌握用宏命令间接运行宏或宏组的方法。

**二、实验内容**

1. 创建一个宏，命名为"Macro 操作 1"，要求运行"Macro 操作 1"后显示"程序结束！"的消息框。

2. 创建一个宏组，命名为"Macro 操作 2"，要求运行"Macro 操作 2"后打开数据库中的"学生"报表和"教师"表。

**三、实验步骤**

略。

提示：

MsgBox 的操作参数：

消息——程序结束！　　发出嘟嘟声——是　　类型——信息　　标题——提示

OpenReport 的操作参数：

报表名称——班级　　视图——打印预览　　窗口模式——普通

OpenTable 的操作参数：

表名称——教师　　视图——数据表　　数据模式——编辑

**四、实验要求**

1. 明确实验目的。

2. 按内容完成以上步骤的操作得到结果验证。

3. 按规定格式书写实验报告。

# 第8章 ┃ 模块和 VBA 编程基础

在数据库的实际应用中，普通用户一般不会去直接操纵数据库管理系统本身。这就需开发一套完整的应用软件供用户进行输入、输出、查询、报表打印等操作。在 Access 中，要完成复杂条件下的对象操作仅靠控件向导和宏是不够的，VBA 是 Access 的编程语言。借助于 VBA 可以创建出功能强大的专业数据库管理系统，解决实际开发中的复杂应用。

**本章主要内容：**

- 过程、模块的概念及创建。
- VBA 编程环境及程序设计基础。
- 数据类型、常量和变量。
- VBA 流程控制及创建 VBA 程序的各种方法。
- 常用对象的属性和事件以及 VBA 程序调试的方法。

## 8.1　过程与模块

### 8.1.1　过程的基本概念

把能够实现特定功能的程序段用特定的方式封装起来，这种程序段的最小单元称为过程。过程分为两类，即事件过程和通用过程。

#### 1. 创建事件过程

事件过程是指当发生某一个事件时，对该事件作出反映的程序段。如单击一个按钮，可以设定"单击"事件后的动作，是退出程序还是执行程序。下面就在数据库窗体中，建立一个按钮控件，并对该按钮添加事件过程。

具体操作步骤如下：

① 启动 Access 2010，打开"学生管理系统.accdb"数据库。

② 单击功能区"创建"选项卡下"窗体"组中的"窗体设计"按钮，进入窗体的"设计视图"。

③ 单击功能区"设计"选项卡下"工具"组中的"属性表"按钮，弹出"属性表"窗格。

④ 单击功能区"设计"选项卡下"控件"组中的"按钮"图标，并在窗体中单击，在弹出的"命令按钮向导"对话框中单击"取消"按钮，向窗体中添加一个孤立的命令按钮，如图 8-1 所示。

⑤ 单击该按钮，将"属性表"切换到"事件"选项卡，单击"单击"行右侧的省略号

按钮，如图 8-1 所示。弹出如图 8-2 所示的"选择生成器"。

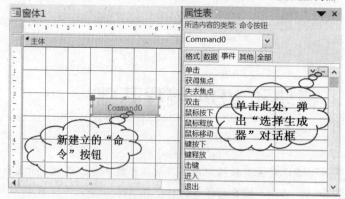

图 8-1　新建"按钮"添加事件过程　　　　　　　　图 8-2　选择生成器

⑥ 选择"代码生成器"选项，单击"确定"按钮，直接进入 VBA 编辑器，并新建了一个"Form_窗体 1"模块，如图 8-3 所示。

图 8-3　打开 VBA 编辑器

⑦ 在"代码"窗口中加入要为此按钮添加的程序段，输入如下代码：

```
Private Sub Command0_Click()
    MsgBox "这是一个按钮的单击事件过程！"
End Sub
```

保存该过程，此时"代码"窗口如图 8-4 所示。

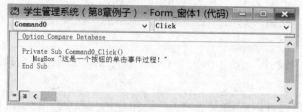

图 8-4　代码窗口

⑧ 进入该窗体的"窗体视图"，单击上述添加过的孤立按钮，弹出图 8-5 所示的对话框。

这样就给窗体中的按钮控件添加了一个事件过程，在"属性表"的"事件"选项卡下，可以看到 VBA 能够识别多种事件，比如鼠标单击、双击等。可见，给控件添加事件过程的步骤是：先选定一个控件，然后在"属性表"的"事件"选项卡下添加。

事件过程的命名规则是"控件名称+下画线+事件名称"，如上例的"Command0_Click()"

**2．创建通用过程**

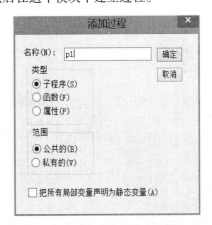

图 8-5　"按钮"事件过程

事件过程设定的操作只从属于一个控件。当有多个不同的控件都想设定相同的操作，执行相同的代码时，就可以把这一段代码单独封装起来建立一个公共的过程，然后设定各个控件对这个过程进行引用，而不用给每个控件都创建一次这个操作。这个公共过程就是通用过程。通用过程独立于窗体和报表，能被多个窗体或报表调用。

通用过程根据是否有返回值又可以分为 Sub 过程和 Function 过程。

（1）Sub 过程

Sub 过程又称子过程。执行一系列操作，无返回值。格式如下：

```
Sub 过程名
     [程序代码]
End Sub
```

引用：直接引用过程名或使用关键字 Call。

（2）Function 过程

Function 过程又称函数过程。执行一系列操作，有返回值。格式如下：

```
Function 过程名
     [程序代码]
End Function
```

函数过程不能使用 Call 来调用，需要直接引用函数过程名。

要创建通用过程，应该做的第一步是新建一个模块，然后在这个模块中建立过程。

具体操作步骤如下：

① 启动 Access 2010，打开"学生管理系统.accdb"数据库。

② 单击功能区"创建"选项卡下"宏与代码"组中的"模块"按钮，新建一个模块，并进入 VBA 编辑器。

③ 选择 VBA 编辑器菜单栏中的"插入"→"过程"命令，弹出"添加过程"对话框，如图 8-6 所示。

④ 在"名称"文本框中输入过程名称，如 p1，选择类型为"子程序"，单击"确定"按钮。

⑤ 在生成的过程框架里输入代码即可完成。

图 8-6　"添加过程"对话框

通用过程和事件过程的识别可查看代码窗口最上面的状态条，即可知道该过程为何种过程，如图 8-7 和图 8-8 所示。

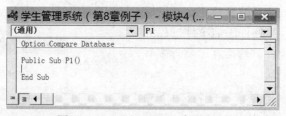

图 8-7 "通用过程"代码窗口

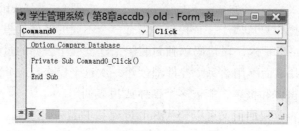

图 8-8 "事件过程"代码窗口

### 8.1.2 模块的基本概念

模块就是一种容器，用于存放用户编写的 VBA 代码。它以 VBA（Visual Basic Application）语言为基础编写，以函数过程（Function）和子过程（Sub）为单元的集合方式存储。简单地说，模块是由能够完成一定功能的过程组成的，过程是由一定功能的代码组成的，打开一个"代码"窗口，这个窗口就是一个模块，窗口中横线与横线间的代码就是一个过程，如图 8-9 所示。

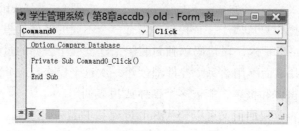

图 8-9 模块和过程

在 Access 中，模块分为类模块和标准模块。

标准模块（独立程序模块）：一般用于存放供其他 Access 数据库对象使用的公共过程。在系统中可以通过创建新的模块对象而进入其代码设计环境。标准模块通常安排一些公共变量或过程供类模块里的过程调用。在各个标准模块内部也可以定义私有变量和私有过程仅供本模块内部使用。

标准模块中的公共变量和公共过程具有全局特性，其作用范围在整个应用程序里，生命周期是伴随着应用程序的运行而开始、关闭而结束。

类模块（绑定型程序模块）：窗体模块和报表模块都属于类模块，它们从属于各自的窗体或报表。但这两个模块都具有局限性，其作用范围局限在所属窗体或报表内部，而生命周期则是伴随着窗体或报表的打开而开始、关闭而结束。

类模块和标准模块如图 8-10 所示。

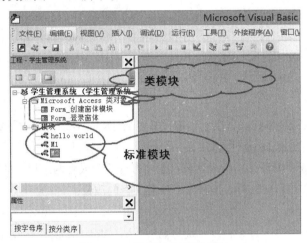

图 8-10　类模块和标准模块

### 1．创建标准模块

标准模块就是存放通用过程的模块。建立的标准模块，可以在导航窗格的"模块"对象下看到。

创建标准模块有如下 3 种方法：

① 单击功能区"创建"选项卡下"宏与代码"组中的"模块"按钮。

② 在 VBA 编辑器中，单击工具栏中"插入模块"下拉按钮，在弹出的菜单中选择"模块"命令。

③ 在"工程管理器"空白处右击，在弹出的快捷菜单中选择"插入"→"模块"命令。

### 2．创建类模块

上面创建标准模块的方法都可以用来创建类模块，只要在创建时选择"类模块"命令即可。类模块还可以有第四种方法进行创建，即在"属性表"窗格的"事件"选项卡下，通过"选择生成器"来创建。

## 8.1.3　在模块中执行宏

在模块的过程定义中，使用 Docmd 对象的 RunMacro 方法，可以执行设计好的宏。其调用格式如下：

```
Docmd.RunMacro MacroName[,RepeatCount ][,RepeatExpression]
```

其中，MacroName 表示当前数据库中宏的有效名称；RepeatCount 为可选项，用于计算宏运行次数的整数值；RepeatExpression 为可选项，数值表达式，在每一次运行宏时进行计算，结果为 False 时，停止运行宏。

# 8.2　VBA　概　述

在 Access 中内置 VBA 编程技术，用户可以通过面向对象的编程，加强对数据库管理应用功能的扩展。规范用户操作，控制用户的操作行为，可以让用户操作界面更人性化，使开发出来的应用系统操作更方便，具有自动化和灵活性。

### 1. VBA 的定义

VB（Visual Basic）是一种面向对象程序设计语言，Microsoft 公司将其引入到了其他常用的应用程序中。例如，在 Office 的成员 Word、Excel、PowerPoint、Access、OutLook 中，这种内置在应用程序中的 Visual Basic 版本称为 VBA（Visual Basic for Application）。VBA 是 VB 的子集。

### 2. VBA 的特点

定义用户自己的函数。Access 提供了许多计算函数，但是有些特殊函数 Access 是没有提供的，需要用户自己进行定义。比如用户可以定义一个函数来计算圆的面积、定义函数执行条件判断等。编写包含有条件结构或者循环结构的表达式。想要打开两个或者两个以上的数据库。将宏操作转换成 VBA 代码，就可以打印出 VBA 源程序，改善文档的质量。

### 3. 宏和 VBA 的区别

宏本身就是命令的集合，只不过是一种控制方式简单的程序而已，宏只能使用 Access 提供的命令，而 VBA 需要用户自行编程。

宏和 VBA 都可以实现操作的自动化。但是，究竟是使用宏还是使用 VBA 编程，要取决于需要完成的任务。对于简单的操作，如打开和关闭窗口、运行报表等，使用宏是一种很方便的方法。而对于复杂的操作，如数据库的维护，使用内置函数或自行创建函数、处理错误信息、创建和处理对象、执行系统级的操作、一次处理多条记录等，宏难以做到，应该使用 VBA 编程。

### 4. 由宏至 VBA

宏的每个操作都有对应的 VBA 语句，因此可以将宏转化为模块，加快运行速度。具体操作步骤如下：

① 选择需要转换的宏对象。

② 在 VBA 编辑器中选择"文件"→"对象另存为"命令，弹出"另存为"对话框，为 VBA 模块命名，并指定保存类型为"模块"即可。

# 8.3　VBA 编程的步骤

由于 VBA 是 Access 的内置编程语言，因此，VBA 编程必须在 Access 环境中进行，VBA 编程有以下几个主要步骤。

① 创建用户界面。

② 设置对象属性。

③ 对象事件过程的编写。

④ 运行和调试程序。

⑤ 保存窗体。

为了对 VBA 编程有一个初步的认识，现在来创建一个简单的 VBA 程序，以便对 VBA 编程有一个直观的感觉。

【例 8-1】设计一个启动后显示一个带有按钮的窗体，单击按钮后，显示一个带有"Hello world!"字样的对话框，如图 8-11 所示。

具体操作步骤如下：

① 设计一个标题为"Say Hello"的窗体，设置窗体的标题属性为"Say Hello"，再设置窗体的记录选择器、导航按钮和分隔线属性均为"否"。

② 在窗体上添加一个标签控件，设置该标签的标题属性为"欢迎到来!"。

③ 添加两个命令按钮，设置这两个命令按钮的标题属性分别为"Say Hello"和"exit"。

④ 建立"Say Hello"按钮和"exit"按钮的 Click 事件过程。

图 8-11　VBA 编程"Hello world!"窗体

```
Private Sub Command1_Click()
   MsgBox "Hello world!"
End Sub
Private Sub Command2_Click()
   DoCmd.Close
End Sub
```

# 8.4　VBA 编程环境

VBE（Visual Basic Editor，可视化的 Basic 编程环境）编辑器是 Access 内嵌的 VB 编辑器，是一种编程简单、功能强大的面向对象开发环境，结合应用 Access 数据库编写 VBA 程序，用 VBA 编写的代码，保存在 Access 的模块内，通过触发窗体中控件的事件启动程序模块，执行程序代码实现相应的功能。

### 1. 打开 VBE

进入 VBE 有以下几种方式：

① 将某个对象的某个事件设置为"事件过程"，单击右侧的"…"按钮。

② 在窗体或报表的"设计视图"中，单击功能区"数据库工具"选项卡下"宏"组中的"Visual Basic"按钮。

③ 在数据库窗口中，单击功能区"创建"选项卡下"宏与代码"组中的"Visual Basic"按钮。

④ 选择数据库中一个已经存在的模块对象，双击即可打开。

### 2. VBA 的开发环境窗口

通过以上各种方法，均可以进入 VBE，VBE 编辑器窗口如图 8-12 所示。

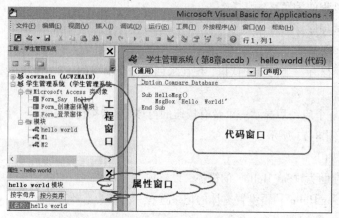

图 8-12　VBE 编辑器窗口

可以看到，VBA 的开发环境窗口，除去熟悉的菜单栏和工具栏以外，其余的屏幕可以分为 3 部分，分别为"代码"窗口、"工程"窗口和"属性"窗口。

（1）标准工具栏

标准工具栏由文件、编辑、视图、插入、调试、运行、工具、外接程序、窗口和帮助等按钮组成。标准工具栏如图 8-13 所示。

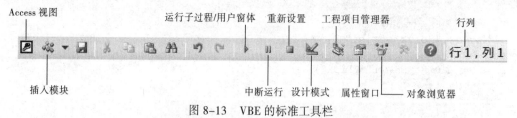

图 8-13　VBE 的标准工具栏

在 VBE 窗口中，选择"视图"菜单中的命令即可选择打开各个窗口，如图 8-14 所示。

图 8-14　打开 VBE 窗口

（2）"代码"窗口

该窗口是模块代码的编写、显示窗口，在该窗口中实现 Visual Basic 代码的输入和显示。打开"代码"窗口以后，可以对不同模块中的代码进行查看，并且可以通过右键快捷菜单进行代码的复制、剪切和粘贴操作。

（3）"工程"窗口

在该窗口中用一个分层结构列表来显示数据库中的所有工程模块，并对它们进行管理。双击"工程"窗口中的某个模块，就立即在"代码"窗口中显示这个模块的 VBA 程序代码。

（4）"属性"窗口

在该窗口中可以显示和设置选定的 VBA 模块的各种属性。

（5）"立即"窗口

该窗口是用来进行快速计算的表达式计算、简单方法的操作及进行程序测试的工作窗口。在代码窗口中编写代码时要在立即窗口打印变量或表达式的值可以使用 Debug.Print 语句。在立即窗口中使用"?"或"Debug.Print"语句显示表达式的值。立即窗口中的代码是不能存储的。

（6）"监视"窗口

该窗口是用于调试 Visual Basic 过程，通过在监视窗口增添监视表达式的方法，程序可以动态了解一些变量或表达式的值的变化情况，进而对代码的正确与否有清楚的判断。

（7）"本地"窗口

该窗口自动显示出所有在当前过程中的变量声明及变量值。

"立即"窗口、"监视"窗口和"本地"窗口如图 8-15 所示。

图 8-15　立即窗口、监视窗口和本地窗口

（8）对象浏览器

对象浏览器用于显示对象库以及工程中的可用类、属性、方法、事件及常数变量。用于搜索及使用已有的对象，或是来源于其他应用程序的对象。

（9）自动显示提示信息

在代码窗口中输入命令代码时，系统会适时地自动显示命令关键字列表、关键字列表属性列表及过程参数列表等提示信息，选择或查看其中的信息。

> **提示**
>
> VBE 中的窗口都是可以移动的，用户可以随意拖动窗口，设置出最适合自己编程习惯的窗口布局。

## 8.5　VBA 程序设计基础

### 8.5.1　VBA 的数据类型

VBA 的数据类型如图 8-16 所示。

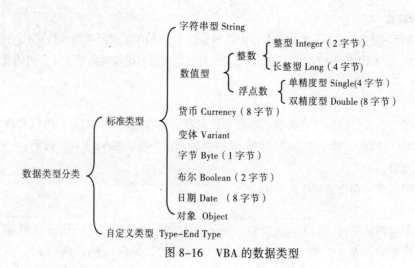

图 8-16　VBA 的数据类型

### 1．标准数据类型

VBA 是在传统的 BASIC 语言、面向对象的 VB 语言基础上发展起来的，在数据类型和定义方式上均继承了 BASIC 语言和 VB 的特点。Access 数据表中字段的数据类型除了 OLE 对象和备注字段数据类型以外，在 VBA 中都定义了与之对应的标准数据类型。

表 8-1 所示的 VBA 数据类型表定义了 VBA 的数据类型、符号定义、字段类型、取值范围和默认值。

表 8-1　VBA 数据类型表

| 类型名 | 数据类型 | 符号 | 占内存大小 | 字 段 类 型 | 取 值 范 围 | 默认 |
|---|---|---|---|---|---|---|
| 字节 | Byte | | 1 字节 | 字节 | 0～255 | 0 |
| 整型 | Integer | % | 2 字节 | 字节/整数/是/否 | 32 768～32 767 | 0 |
| 长整型 | Long | & | 4 字节 | 长整数/自动编号 | 2 147 483 648～2 147 483 647 | False |
| 布尔 | Boolean | | 2 字节 | 逻辑值 | True 或者 False | 0 |
| 单精度 | Single | ! | 4 字节 | 单精度数 | 3.4E38～3.4E38 | 0 |
| 双精度 | Double | # | 8 字节 | 双精度数 | 1.8E308～4.9E324 | 0 |
| 货币 | Currency | @ | 8 字节 | 货币 | 922 337 203 685 477.5808～<br>922 337 203 685 477.5807 | 0 |
| 字符串 | String | $ | 11+字符串长 | 文本 | 根据实际字符而定 | 空串 |
| 日期 | Date | | 8 字节 | 日期/时间 | 100 年 1 月 1 日～9999 年 12 月 31 日 | 0 |
| 对象 | Object | | 4 字节 | 对象 | 任何可用对象 | 空 |
| 变体 | Variant | | 数值为 16 字节<br>字符为 22+字符串长 | 任意 | 数值为双精度字符 | 空 |

### 2．数值型数据

数值型数据类型包括 Byte、Integer、Long、Single、Double 和 Currency。

（1）字节型 Byte

字节型 Byte 指以一个字节的无符号二进制存储的数，取值范围为 0～255。由于取值范围较小，用得不多。

（2）整数

整数是不带小数点和指数符号的数，以二进制补码形式存储。整数的类型包括整型（Integer）和长整型（Long）两种类型。

① 整型变量定义为：

Dim 变量 As integer

② 长整型变量定义为：

Dim 变量 As Long

整型数存储占用 2 字节，用符号"%"标识，用得较多。长整型数存储占用 4 字节，用符号 &标识。对值要求特别大，可用 Long。例如，1234、–234、56%均表示整型数，12&、–123&均表示长整型数。

Byte、Integer、Long 均可存放一个整数，它们的取值不同，占有的空间大小也不同。实际编程时可根据需要选用。

（3）浮点数

浮点数又称实数，指带有小数部分的数值。由 3 部分组成：符号、指数和尾数。例如，123!、–123.45、0.345E+3 均表示单精度浮点数，1234#、–123.45#、0.123E+4#、0.234D+3 均表示双精度浮点数。

浮点数的类型包括单精度型（Single）和双精度型（Double）两种型。浮点型变量定义如下：

① 单精度型变量定义为：

Dim 变量 As Single

② 双精度型变量定义为：

Dim 变量 As Double

单精度型存储占用 4 字节，其中，符号 1 位、指数 8 位、尾数 23 位、1 位隐含位。用 E 来表示指数。

双精度型存储占用 8 字节，其中，符号 1 位、指数 11 位、尾数 52 位、1 位隐含位。用 D 来表示指数。

表示小的实数值时一般用 Single，对值要求特别大时可用 Double。

（4）货币型

货币型数据（Currency）是为表示钱款而设置的。该类型数据存储占用 8 个字节，精确到小数点后 4 位，小数点前有 15 位，小数点后 4 位以后的数字将被舍去。如 345@、345.12@均表示货币型数据。货币型变量定义为：

Dim 变量 As Currency

### 3. 字符串型数据

字符串型数据（String）是一个字符序列，由 ASCII 字符组成，包括标准的 ASCII 字符和扩展 ASCII 字符及汉字字符，是放在双引号内的若干个字符，长度为 0 的字符串称为空字符串。例如，"1234"、"Access 程序设计"等均表示字符串型数据。""表示空字符串。" "表示有一个空格的字符串。字符串型变量定义为：

Dim 变量 As String

#### 4．日期型数据

日期型数据用来表示日期信息，存储占用 8 字节，按浮点数存储，表示范围分日期范围和时间范围，日期范围为 100 年 1 月 1 日到 9999 年 12 月 31 日，时间范围为 0:00:00～23:59:59。

日期型数据用数字定界符 "#" 将日期和时间括起来，例如，#April 10,2008#，日期的年月日分隔符用短横线 "–" 或下斜线 "/" 表示，格式为 mm-dd-yyyy 或 mm/dd/yyyy。时间用冒号 ":" 分隔，格式为 hh:mm:ss，例如，#10-11-2013#、#2013-10-11#、#10:30:00 PM#等。

#### 5．变体数据类型

变体类型数据（Variant）是一种可变的数据类型，可以表示任何值，包括数值、字符串、日期等类型，可以包括 Empty、Error、Nothing 和 Null 特殊值，在使用时，可以使用 VarType 与 TypeName 函数来决定如何处理 Variant 中的数据。

VBA 规定，如果没有事先使用 "Dim 变量 As [数据类型]" 显式声明或使用符号（如%、!等）来定义变量的数据类型，系统默认为变体类型 Variant。

#### 6．逻辑数据类型

逻辑数据类型（Boolean）用于逻辑判断，又称布尔型。其值为逻辑值，包括真（True）或假（False）两个值，用两字节存储。当逻辑数据转换成整型数据类型时，True 转换为-1，False 转换为 0。当将其他类型数据转换成逻辑数据时，非 0 数据转换为 True，0 转换为 False。

#### 7．对象数据类型

对象型数据 Object 用来表示图形、OLE 对象或其他对象，用 4 字节存储，对象变量可引用应用程序中的对象。

#### 8．用户自定义的数据类型

自定义数据类型是由若干个标准数据类型构造而成的，其定义的方法是，先定义数据类型：（使用 Type 语句声明自定义类型的框架）；再定义变量（在 Dim 语句中用声明过的新类型声明变量）。

用户自定义数据类型的格式如下：

```
Type 自定义数据类型名
    元素名1  As 类型
    元素名2  As 类型
    …
    [元素名N  As 类型]
End Type
```

其中，Type 是语句定义符，其自定义类型名是要定义的该数据类型的名称，由用户确定；End Type 表示类型定义结束；自定义类型名是组成该数据类型的变量的名称。

当需要使用一个变量来保存包含不同数据类型字段的数据表的一条或多条记录时，用户自定义数据类型就特别有用。例如，用自定义类型同时记录一个学生的学号、姓名、性别和总分。

```
Type Student
    Num As Long             '学号
    Name As String*10       '姓名，用长度为 10 的定长字符串来存储
    Sex As String*5         '性别，用长度为 5 的定长字符串来存储
    Score As Single         '得分，用单精度数来存储
End Type
```

定义了 Student 类型之后，就可以定义 Student 类型的变量，比如在声明变量 Stu 时，使用该自定义数据类型。

```
Dim Stu As Student
```

可以像引用对象的属性那样引用类型的各个成员。例如：

```
Stu.Num = 2013010005          '为学号赋值
Stu.Nam = 王文                '为姓名赋值
```

### 8.5.2　变量

变量是指在程序运行过程中其值会发生变化的量。一个变量是内存中用一个标识符命名的一段存储单元，它的值在程序运行过程中可以改变。变量的数据类型不同，在编译过程中，系统为其分配存储空间的大小也是不一样的。如数值变体型变量为数值型分配 16 字节，字符串型为字符串长度加 22 个字节。变量的作用包括保存计算结果、设置属性、指定方法的参数和在过程间传递数据。

变量的三要素为变量名、变量类型、变量的值。

#### 1．变量名

变量名是内存中存放数据的缓冲区的名字。

变量命名规则如下：

① 变量名必须以字母开头，其最大长度为 255。

② 变量名不能包含下列字符：　+　/　*　!　<　>　.　@　$　& 等。

③ 变量名不能包含空格，可以包含下画线。

④ 不能包括 VBA 中的关键字（在程序中有特定含义的词）、运算符 Or 内置函数名 Len、Abs 等，如 Sub、Function 等。

⑤ 变量名对字母大、小写不敏感，即不区分英文大小写字母。例如，若以 Abc 命名一个变量，则 abc、ABC、aBc 等都认为是同一个变量。

⑥ 为了增加程序的可读性，通常在变量名前加一个缩写的前缀来表明该变量的类型。例如用 strAbc 来命名一个字符串变量。

#### 2．变量类型

变量的数据类型决定了数据的存储方式和数据结构。在使用变量前必须先声明，通知 VBA 变量的名字和数据类型。

使用变量前，应首先定义所用到的变量（包括变量名和类型），使系统分配相应的内存空间，并确定该空间可存储的数据类型。这就是对变量进行声明。

变量声明分为显式声明和隐式声明两种。

（1）显式声明

显式声明在定义变量的同时声明变量的类型。可以在变量被使用之前，在代码的任意位置进行声明。最好在程序的开始位置声明所有变量。

① 用类型说明符号声明变量。类型说明符可用来声明常量和变量的数据类型，如 varXy% 是一个整型变量，123% 则是一个整型常数，类型说明符号在使用时始终放在变量或常数的末尾。例如：

```
X1%=123                    '声明 intX1 为整型变量
X2#=123.456                '声明 douX2 为双精度变量
X3$= "Access2003"          '声明 strX3 为字符串变量
X4!= 123.456               '声明 strX3 为单精度变量
```

② 使用 Dim 语句声明变量。格式为：

```
Dim  变量名  [As  数据类型]
```

说明：如果有 as 数据类型选项，该变量只能存储该类型的值，否则可以是任何类型。例如：

```
Dim userid as string
Dim x as integer, y as integer
Dim i
```

说明：第二条语句同时声明了两个变量，i 为变体类型，可以存储任何类型数据。

（2）隐式声明

VBA 允许用户在编写应用程序时，不声明变量而直接使用，系统会临时为新变量分配存储空间并使用，这就是隐式声明。所有隐式声明的变量都是变体数据类型。例如：

```
s1=123
```

该语句定义了一个隐含型变量，名字为 NewVar，类型为 Variant 数据类型，值为 123。若在命令名称后加附加类型说明则指定了该变量的数据类型。例如：

```
s1%=123                    's1 则为整形变量
```

在 VBA 编程中应尽量减少隐含型变量的使用，大量使用隐含型变量对调试程序和识别变量等都会带来困难。

（3）强制声明

良好的编程习惯都应该是"先声明变量，后使用变量"，这样做可以提高程序的效率，同时也使程序易于调试。Visual Basic 中可以强制显式声明，可以在窗体模块、标准模块和类模块的通用声明段中加入语句：

```
Option Explicit            '表示强制变量必须先定义才能使用
```

（4）字符串变量定义

例如：

```
Dim s1 As String, s2 As String,s3 As String
    s1 = "世界你好"
    s2 = "Hello"
    s3 = s1 & s2
```

定长字符串与变长字符串：用 As String 可以定义变长字符串，也可以定义定长字符串。例如：

```
Dim s1 As String          '把 s1 定义为变长字符串
Dim s2 As String*10       '定长字符串，长度为 10 个字节
```

### 3. 变量的值

变量的值即内存中存储的变量值，它是可以改变的量，在程序中可以通过赋值语句来改变变量的值。

### 4. 变量的作用域

变量的范围确定了能够使用该变量的那部分代码。一旦超出了作用范围，就不能引用它的内容。变量的作用范围是在模块中声明确定的。声明变量时可以使用三种不同的作用范围：Public、Private、Static 和 Dim。

变量的作用域决定了这个变量是被一个过程使用还是一个模块中的所有过程使用，还是被数据库中的所有过程使用。

（1）局部范围（过程内部使用的变量）

过程级变量只有在声明它们的过程中才能被识别，又称局部变量。用 Dim 或 Static 关键字来声明它们。例如：

```
Dim V1  As Integer
Static V1  As Integer
```

在整个应用程序运行时，用 Static 声明的局部变量中的值一直存在，而用 Dim 声明的变量只在过程执行期间才存在。

（2）模块范围（模块内部使用的变量）

模块级变量对该模块的所有过程都可用，但对其他模块的代码不可用。可在模块顶部的声明段用 Private 关键字声明变量，从而建立模块级变量。例如：

```
Private V1  As Integer
```

在模块级，Private 和 Dim 之间没有什么区别，但 Private 更好些，因为很容易把它和 Public 区别开来，使代码更容易理解。

（3）全局范围（所有模块使用的变量）

为了使模块级的变量在其他模块中也有效，可用 Public 关键字声明变量。公用变量中的值可用于应用程序的所有过程。和所有模块级变量一样，也在模块顶部的声明中声明公用变量。例如：

```
Public V1 As Integer
```

用户不能在过程中声明公用变量，而在模块中声明的变量可用于所有模块。

### 8.5.3　常量

常量是指在程序运行过程中，其值不能被改变的量。例如，可以使用常量为变量赋值，用符号常量来增加代码的可读性和简捷性，使程序代码更加清晰易懂，易于维护。

在 Access 中，常量的类型分为直接常量、符号常量、固有常量、系统常量 4 种。

（1）直接常量

直接常量即常数，数据类型的不同决定了直接常量种类的不同，包括数值型常量、字符型常量和日期型常量。

① 数值型常量日期，如 678、-345.23、2.21e2、6.78e-2 等。

② 字符常量，如 Hello、Access 等。

③ 日期常量，如#2008-4-12#、#05/24/2008#、#May 4, 2008#等。

（2）符号常量

在 VBA 编程过程中，对于一些使用频度较多的常量，可以用符号常量形式来表示。符号常量使用关键字 Const 来定义，格式如下：

```
Const 常量名 [As 类型] = 表达式
```

例如：

```
Const  PI=3.14159265    '定义了一个符号常量PI
```

（3）固有常量

除了用 Const 语句声明常量之外，系统还预先定义了许多固有常量，编程者只要直接使用固有常量即可。固有常量用两个前缀字母指定常量的对象库。用 ac 开头表示来自 Access 库的常量，用 ad 开头表示来自 ADO 库的常量，用 vb 开头表示来自 Visual Basic 库的常量。

例如：vbOK、vbYes、vbNo、vbRed、vbBlue 分别代表"确认""是""否""红色""蓝色"。

（4）系统常量

系统常量是指 Access 系统启动时建立的常量，有 True、False、Yes、No、On、Off 和 Null 等，编写代码时可以直接使用。

### 8.5.4　数组

有时候需要将数据类型相同的变量放在一起，作为一个整体来处理，这就是数组。数组是连续可索引（从 0 到 $n$ 的不重复的整数序号）的具有相同内在数据类型的元素的集合，数组中的每一元素具有唯一索引号。更改其中一个元素并不会影响其他元素。例如，要存储一年中每天的支出，可以声明一个具有 365 个元素的数组变量，而不是 365 个变量。数组中的每一个元素都包含一个值。下列的语句声明数组变量 curExpense 具有 365 个元素。按照缺省规定，数组的索引是从零开始的，所以此数组的下标上限是 364 而不是 365。

```
Dim curExpense(364) As Currency
```

若要设置个别元素的值，必须指定元素的索引。下面的示例对于数组中的每个元素都赋予一个初始值 20。

```
Sub FillArray()
    Dim curExpense(364) As Currency
    Dim intI As Integer
    For intI = 0 to 364
        curExpense(intI) = 20
    Next
End Sub
```

数组在使用之前也要进行定义，定义数组的格式如下：

一维数组的定义格式：

```
Dim 数组名([下标下限 to] 下标上限) [As 数据类型]
```

二维数组的定义格式：

```
Dim 数组名([下标下限 to] 下标上限, [下标下限 to] 下标上限) [As 数据类型]
```

除此之外，还可以定义多维数组，对于多维数组应该将多个下标用逗号分隔开，最多可以定义 60 维。

缺省情况下，下标下限为 0，数组元素从"数组名(0)"至"数组名(下标上限)"。如果使用 to 选项，则可以使用非 0 下限。

例如：

```
Dim A(3)  As Integer
```

说明：定义了一个一维数组，该数组的名字为 A，类型为 Integer，数组 A 的下标下限默认值为 0，数组元素为 A(0)，A(1)，A(2)，A(3)，占据 4 个（0～3）整型变量的空间。

```
Dim B(1 to 3)   As  single
```

说明：定义了一个一维数组，该数组的名字为 B，类型为 single，数组 B 的下标下限为 1，数组元素为 B(1)，B(2)，B(3)，占据 3 个（1～3）整型变量的空间。

例如：

```
Dim C(2,3) As Integer              '定义 3*4 个数组元素
```

说明：定义了一个二维数组，名字为 C，类型为 Integer，该数组有 3 行（0～2）4 列（0～3），占据 12（3×4）个整型变量的空间，如图 8-17 所示。

|  | 第0列 | 第1列 | 第2列 | 第3列 |
|---|---|---|---|---|
| 第0行 | C(0,0) | C(0,1) | C(0,2) | C(0,3) |
| 第1行 | C(1,0) | C(1,1) | C(1,2) | C(1,3) |
| 第2行 | C(2,0) | C(2,1) | C(2,2) | C(2,3) |

图 8-17　二维数组

VBA 中，可在模块的声明部分使用 OptionBase 语句，更改数组的默认下标下限。

```
OptionBase 1              '数组的默认下标下限设置为 1
OptionBase 0              '数组的默认下标下限设置为 0
```

数组有两种类型：固定大小的数组和动态数组。前者总保持同样的大小，而后者在程序中可根据需要动态地改变数组的大小。

（1）固定大小的数组

例如：

```
Dim IntArray(10) As Integer
```

这条语句声明了一个有 11 个整型数组元素的数组，数组元素从 IntArray(0) 至 IntArray(10)，每个数组元素为一个整型变量，这里只指定数组元素下标上限来定义数组。

（2）动态数组

VBA 还可以使用动态数组，动态数组的定义方法：先使用 Dim 声明数组，但不指定数组元素的个数，而在以后使用时再用 ReDim 指定数组元素个数，称为数组重定义。例如：

```
Dim NewArray() As Long        '定义动态数组
…
ReDim NewArray(5,5,5)         '分配数组空间大小
```

在开发过程中，如果预先不知道数组需要定义多少元素时，动态数组是很有用的。当不需要动态数组包含的元素时，可以使用 ReDim 将其设为 0 个元素，释放该数组占用的内存。

可以在模块的说明区域加入 Global 或 Dim 语句，然后在程序中使用 ReDim 语句，以说明动态数组为全局的和模块级的范围。如果以 Static 取代 Dim 来说明数组，数组可在程序的示例间保留它的值。

（3）数组的使用

数组必须先定义后使用，数组声明后，数组中的每个元素都可以当作单个的变量来使用，其使用方法同相同类型的普通变量。

数组元素的引用格式为：

数组名 (下标值)

例如：

```
IntArray(4) = 10
```
数组的作用域和生命周期的规则和关键字的使用方法与传统变量的用法相同。

### 8.5.5　数据库对象变量

#### 1．对象变量

在 Access 数据库中建立的对象及其属性，可以看成是 VBA 程序代码中的变量，其属性值可以看成常量值加以引用，Access 中窗体对象的引用格式为：

```
Forms!窗体名称! 控件名称[.属性名称] = 属性值
```
例如，将属性值"确定"赋给学生窗体的 Command1 控件的 Caption 属性的引用方法为：

```
Forms!学生窗体! Command1.Caption = "确定"
```
报表中控件的引用格式为：

```
Reports! 报表名称! 控件名称[.属性名称] = 属性值
```
例如：

```
Reports!学生报表! Lable1.Caption = "打印报表"
```
说明：关键字 Forms 或 Reports 分别表示窗体或报表对象集合。感叹号"！"分隔开对象名称和控件名称。如果省略了"属性名称"部分，则表示控件的基本属性。如果对象名称中含有空格或标点符号，就要用方括号把名称括起来。

当需要多次引用某对象时，可以先声明一个 Control 控件数据类型的对象变量，然后用关键字 Set 建立对象变量指向的控件对象，这样处理很方便。

如要多次引用"学生信息"窗体中"姓名"控件的值时，可以使用以下方式：

```
Dim StuName As Control          '定义对象变量,数据类型为 Control 数据类型
Set StuName = Forms!学生信息!姓名   '为对象变量指定窗体控件对象
```
要引用控件对象，可转为引用对象变量。例如：

```
StuName = "刘磊"
```
等同于：

```
Forms!学生信息!StuName = "刘磊"
```

#### 2．对象运算符

对象运算符有"！"和"．"两种。

（1）"！"运算符

"！"运算符可以引用一个开启的窗体、报表或开启窗体或报表上的控件。! 运算符的举例如表 8-2 所示。

表 8-2　! 运算符举例

| 对象运算符 | 含　义 |
| --- | --- |
| Forms![学生设置] | 引用 Forms 集合中的"学生设置"窗体 |
| Forms![学生设置]![Label1] | 引用 Forms 集合中的"学生设置"窗体中的"Label1"控件 |
| Reports![学生名单] | 引用 Reports 集合中的"学生名单"报表 |

（2）"．"运算符

"．"运算符通常用于引用窗体、报表或控件等对象的属性。引用格式为：

[控件对象名].[属性名]

在实际应用中,"."运算符与"!"运算符配合使用,用于标识引用的一个对象或对象的属性。例如,设置一个打开窗体的某个控件的属性。

Forms![学生设置]![Command2].Enabled = False

该语句用于引用 Forms 集合中"学生设置"窗体上的"Command2"控件的"Enabled"属性并设置其值为"False"。若"学生设置"窗体为当前操作对象,Forms![学生设置]可以用"Me"来代替。例如:

Me.Command2.Enabled = False

或 Me!Command2.Enabled = False

或 Form.Command2.Enabled = False

或 Form!Command2.Enabled = False

## 8.5.6 运算符与表达式

在 VBA 编程语言中,可以将运算符分为算术运算符、关系运算符、逻辑运算符和连接运算符 4 种类型。不同的运算符用来构成不同的表达式,来完成不同的运算和处理。表达式是由运算符、函数和数据等内容组合而成的,根据运算符的类型可以将表达式分为算术表达式、关系表达式、逻辑表达式和字符串表达式 4 种类型。

### 1. 表达式的书写规则

① 每个符号占一格,所有符号必须并排写在同一横线上,不能在右上角或右下角写方次或下标。例如:$X^3$ 写成 X^3,$X_1+X_2$ 写成 X1+X2。

② 所有运算符都不能省略。例如:2X 写成 2*X

③ 所有括号都用小括号,成对出现。例如:5[X+2(Y+Z)]必须写成 5*(X+(Y+Z))。

④ 数学表达式中的有些符号需要修改。例如:$2\pi R$ 可改写为 2*PI*R。

例如:数学表达式 $\dfrac{-b+\sqrt{b^2-4ac}}{2a}$ 写成 VBA 表达式为(-b+sqr(b^2-4*a*c))/(2*a)。

### 2. 算术运算符与算术表达式

(1)算术运算符

算术运算符是常用的运算符,是用来执行简单算术运算的运算符,VBA 提供了 8 个算术运算符,如表 8-3 所示。

表 8-3 算术运算符(X=8,Y=6)

| 运 算 符 | 含 义 | 优 先 级 | 示 例 | 运 算 结 果 |
| --- | --- | --- | --- | --- |
| ^ | 指数运算(幂运算) | 1 | X^Y | 262114 |
| – | 取负运算 | 2 | –X | –8 |
| * | 乘法运算 | 3 | X*Y | 48 |
| / | 除法运算 | 3 | X/Y | 1.333333333333 |
| \ | 整除运算 | 4 | X\Y | 1 |
| Mod | 取模运算 | 5 | X Mod Y | 2 |

续表

| 运 算 符 | 含 义 | 优 先 级 | 示 例 | 运 算 结 果 |
|---|---|---|---|---|
| + | 加法运算 | 6 | X+Y | 14 |
| − | 减法运算 | 6 | X−Y | 2 |

（2）算术表达式

算术表达式是由常量、变量、算术运算符、函数和圆括号等按一定的规则组成的式子，运算优先级指的是当表达式中含有多个运算符时，各运算符执行的优先顺序。算术表达式的运算优先级别为：圆括号最高，从高到低依次为指数运算、取负运算、乘除运算、整除运算、取模运算、加减运算等。例如，$2 \wedge 2 * 5 / 2 - 8 \ \text{Mod}(15 \backslash 4 + 2)$的运算次序为如图 8-18 所示。

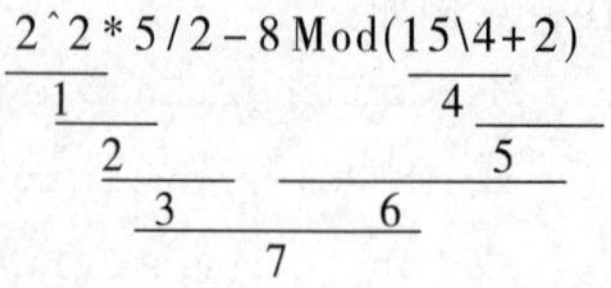

$$2 \wedge 2 * 5 / 2 - 8 \, \text{Mod}(15 \backslash 4 + 2)$$

图 8-18　算术表达式运算次序

**3. 连接运算符和字符串表达式**

（1）连接运算符

连接运算符又称字符串运算符，就是将两个字符串连接起来生成一个新的字符串。连接运算符包括强制连接"&"运算符和连接"+"运算符。

① & 运算符。用来强制两个字符串连接成一个字符串。运算符"&"两边的操作数可以是字符型，也可以是数值型。不管是字符型还是数值型，在进行连接操作前，系统先进行操作数类型的转换，即将两边的操作数强制转换为字符型，然后再做连接运算。需要注意的是：使用运算符"&"时，变量与运算符"&"之间还应加一个空格。

【例 8-2】"&"运算符应用。

```
"abc" & 123              '结果为"abc123"
123 & 456                '结果为"123456"
"2+3 " & "= " & (2+3)    '结果为"2+3=5"
```

② + 运算符。用来连接两个字符串表达式，形成一个新的字符串。注意："+"运算符要求两边的操作数都是字符串。如果两边都是数值表达式时，就做普通的算术加法运算；若一个是数字型字符串，另一个为数值型，则系统自动将数字型字符串转化为数值，然后进行算术加法运算；若一个为非数字型字符串，另一个为数值型，则出错。

【例 8-3】"+"运算符应用。

```
"1111" + 2222            '结果为3333
"1111" + "2222"          '结果为"11112222"
"abcd" + 1212            '出错
4321 + "1234" & 100      '结果为"5555100"
```

在 VBA 中，连接字符串时，用"&"比用"+"更安全。

（2）字符串表达式

字符串表达式是由字符常量、变量、运算符、函数、标识符和圆括号等按一定的规则组成的式子。例如，已知 X\$="Access"，字符表达式 Y\$=X\$ & 2010 运算结果是 Access 2010。

在"立即窗口"中实验例 8-2 和例 8-3 两个例子。在"立即窗口"中输入？表达式后按【Enter】键，即可得到如图 8-19 所示的结果。

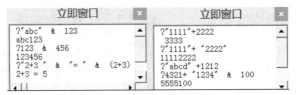

图 8-19　连接运算符应用

### 4．关系运算符与关系表达式

（1）关系运算符

关系运算符又称比较运算符，用来比较两个表达式的值，比较的结果是一个逻辑值，即真（True）或假（False）。VBA 提供了 9 个关系运算符，如表 8-4 所示。

表 8-4　关系运算符（X=8，Y=6）

| 运　算　符 | 含　　义 | 示　　例 | 运　算　结　果 |
| --- | --- | --- | --- |
| = | 相等 | X=Y | False |
| <>或>< | 不等于 | X<>Y | True |
| < | 小于 | X<Y | False |
| > | 大于 | X>Y | True |
| <= | 小于等于 | X<=Y | False |
| >= | 大于等于 | X>=Y | True |

（2）关系表达式

用关系运算符连接两个算术表达式所组成的表达式称为关系表达式，在关系表达式中关系运算符的优先级别都相同，表达式从左到右顺序处理。关系运算的结果为逻辑值，True 为–1、False 为 0 参加表达式运算。

### 5．逻辑运算符与逻辑表达式

（1）逻辑运算符

逻辑运算又称布尔运算，除 Not 是单目运算符外，其余均是双目运算符，如表 8-5 所示。由逻辑运算符连接两个或多个关系式，对操作数进行逻辑运算，结果是逻辑值 True 或 False。

表 8-5　逻辑运算符

| 运　算　符 | 逻辑运算 | 优　先　级 | 含　　义 |
| --- | --- | --- | --- |
| Not | 非 | 1 | 真则为假；假则为真 |
| And | 与 | 2 | 表达式 1 和表达式 2 的值同时为真则值为真，否则为假 |
| Or | 或 | 3 | 表达式 1 或者表达式 2 中有一个值为真则为真，否则为假 |
| Xor | 异或 | 4 | 表达式 1 和表达式 2 相同则为假，不同为真 |

（2）逻辑表达式

用逻辑运算符连接两个表达式所组成的表达式称为逻辑表达式。逻辑表达式中逻辑运算符的优先级别非最高，与其次，或、异或最低。

【例 8-4】逻辑运算符应用

```
Dim V                        '定义变量 V
V = (5 > 2 And 3 >= 4)       '结果为 False
```

```
V = (5 > 2 Or 3 >= 4)                '结果为 True
V = ("abcd" > "abc" And 3 >= 4 )     '结果为 False
V = Not( 3 >= 4 )                    '结果为 True
```

为了练习介绍过的常量、变量和算术运算符，下面编写一个小程序来演示上面的运算表达式。具体操作步骤如下：

① 先建立一个模块，单功能区"创建"选项卡下"宏与代码"组中的"模块"按钮建立一个模块。Access 会自动打开 VBE，并且新建一个只包含一个声明语句的空模块，如图 8-20 所示。

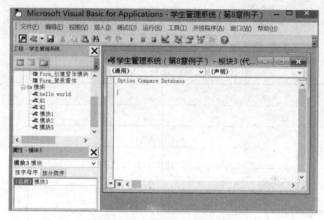

图 8-20　新建一个模块

② 在"代码窗口"中添加代码，如图 8-21 所示。

③ 按【F5】键或者单击 VBE 工具栏中的"运行"按钮，就会运行项目中的模块，执行过程语句，弹出对话框，显示最终的计算结果，如图 8-22 所示。

图 8-21　添加代码

图 8-22　显示最终的计算结果

如果把上面的整除运算符改写为浮点运算符，即 floatdivide()过程，其代码和运算结果如图 8-23 和图 8-24 所示。

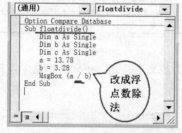

图 8-23　浮点运算过程

图 8-24　浮点运算结果

请读者自行在立即窗口中练习以 X=8，Y=6 为参数的上述各种表达式的计算结果，以加深理解。

运算符的优先级顺序为：算术运算符>连接运算符>关系运算符>逻辑运算符。

### 8.5.7 函数

Access 提供了大量的标准函数（内置函数），可以完成许多的操作，比如字符串函数 Mid()、统计函数 Max()等。在编程时直接引用即可，非常方便。

函数包含三个要素：函数名、参数、返回值。

标准函数的语法格式为：

函数名（参数 1，参数 2，…）

说明：

① 函数名必不可少，标准函数的函数名由系统定义，用以标识函数的功能。

② 函数的参数放在函数名后的圆括号中，参数可以是常量、变量或表达式，不同函数的参数个数不同，可以有一个或多个，多个参数之间用逗号隔开，有些函数没有参数，称为无参函数。

③ 一般函数都有一个返回值，即函数的运算结果，通常函数的返回值的类型是固定的，且在调用时赋值给一个变量。

标准函数按其功能可分为数学函数、字符串函数、文本处理函数、日期/时间函数、数据类型转换函数、聚合函数（统计函数）和其他函数。

下面按分类介绍一些常用标准函数的使用。

#### 1．数学函数

数学函数指完成数学计算功能的函数，常用数学函数如表 8-6 所示。

表 8-6 数 学 函 数

| 函 数 | 功 能 | 示 例 | 函 数 值 |
| --- | --- | --- | --- |
| Abs (数值) | 返回绝对值 | MsgBox Abs (−12.34) | 12.34 |
| Sin(数值) | 返回正弦值 | MsgBox Sin(3.14159/6) | 0.499999 |
| Cos(数值) | 返回余弦值 | MsgBox Cos(3.14159/4) | 0.7071 |
| Atn(数值) | 返回正切值 | MsgBox Atn(3.14159/4) | 0.999999 |
| Exp(数值) | 返回 e 的给定次幂 | MsgBox Exp(2) | 7.390242 |
| Log(数值) | 返回以 E 为底的对数值 | MsgBox Log(2.718) | 0.998973 |
| Int(数值) | 返回参数的整数部分 | MsgBox Int(543.21) | 543 |
| Sqr(数值) | 返回平方根值 | MsgBox Sqr(9) | 3 |
| Rnd(数值) | 返回 0～1 之间的随机数 | MsgBox Rnd | 0～1 之间数 |
| Sgn(数值) | 返回数字的正负符号 | MsgBox Sgn(−100) | −1 |

#### 2．字符串函数

用来处理字符型变量或字符串表达式。要注意的是：在 VBA 中，字符串长度以字为单位，即每个西文字符或每个汉字都作为一个字，占两个字节。常用字符串函数如表 8-7 所示。

表 8-7　字符串函数

| 函　　数 | 功　　能 | 示　　例 | 函　数　值 |
|---|---|---|---|
| Instr([N],str1,str2) | 在 str1 中从 N 位置开始查找 str2，返回首次出现的位置，N 可以省略，省略表示从第一个字符开始查找。若找到返回所在位置整数，若找不到，返回值为 0 | MsgBox Instr("abcd","b") | 2 |
| UCase(字符串) | 将字符串全部转换为大写字母 | MsgBox UCase ("hello") | "HELLO" |
| Lcase(字符串) | 将字符串全部转换为小写字母 | MsgBox Lcase("HELLO") | "hello" |
| Left(字符串,整数 N) | 从字符串左边截取 N 个字符 | MsgBox Left("Hello",2 ) | "He" |
| Right(字符串,整数 N) | 从字符串右边截取 N 个字符 | MsgBox Right ("12345",2) | "45" |
| Len(字符串) | 返回括号中字符串的长度，即字符串中字符的个数 | MsgBox Len("Hello") | 5 |
| Ltrim(字符串) | 删除字符串左边空格 | MsgBox Ltrim("　　abc　　") | "abc　　" |
| Mid(字符串,开始位置 N1,截取长度 N2) | 从字符串左边第 N1 个位置开始截取 N2 个字符串 | MsgBox Mid("北京欢迎你",3,2) | "欢迎" |
| Rtrim(字符串) | 删除字符串右边的空格 | MsgBox Rtrim("　　abc　　") | "　　abc" |

表中格式化输出函数 Format()用来对数值、日期或字符串指定输出格式。其格式为：

Format(表达式[,格式符])

例如，日期格式：

Format(#2003/10/1#, "dddd")

输出结果为 Wednesday，如图 8-25 所示。

数值格式：

Format(12345, "$#,##0")

输出结果为$12,345，如图 8-25 所示。

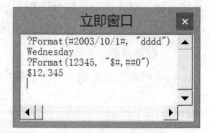

图 8-25　输出结果

### 3．转换函数

转换函数主要实现数据类型的转换，如表 8-8 所示。

表 8-8　转　换　函　数

| 函　　数 | 功　　能 | 示　　例 | 函　数　值 |
|---|---|---|---|
| Asc (字符) | 返回字符串首字符的 ASCII 值 | MsgBox Asc("ABC") | 65 |
| Chr (字符代码) | 返回 ASCII 码所对应的字符 | MsgBox chr(65) | "A" |
| Str (数字) | 将数值转换为字符 | MsgBox Str( 3124) | "3124" |
| Val (字符串) | 将数字字符串转换为数值 | MsgBox Val("2648") | 2648 |

### 4．日期/时间函数

日期/时间函数用于处理日期和时间型的变量或表达式，如表 8-9 所示。

表 8-9 日期/时间函数

| 函 数 | 功 能 | 示 例 | 函 数 值 |
|---|---|---|---|
| Date()或 Date | 返回当前日期 | MsgBox Date() | 2013-11-25 |
| DateAdd | 指定日期加上天数 | MsgBox dateAdd("d",30,Date()) | 2013-12-25 |
| DateDiff | 判断两个日期之间的间隔 | DateDiff("d","2013-5-1","2013-6-1") | 31 |
| Day(日期) | 返回日期的 dd 部分 | MsgBox Day(Date) | 25 |
| Hour(Time) | 返回日期时间的小时 | MsgBox Hour(Time) | 20 |
| IsDate(日期) | 判断是否是日期时间，是日期时间返回 True，不是日期返回 False | MsgBox IsDate( date ) | True |
| Minute(Time) | 返回时间的分钟 | MsgBox Minute(Time) | 40 |
| Month(日期) | 返回日期的月份 | MsgBox Month( date ) | 4 |
| Now() | 返回当前日期和时间 | MsgBox Now() | 2013-11-25 8:10:14 |
| Second(Time) | 返回时间的秒 | MsgBox Second( Time( ) ) | 14 |
| Time()或 Time | 返回当前的时间 | MsgBox Time( ) | 8:10:14 |
| Weekday(日期) | 返回某个日期的当前星期 | MsgBox Weekday( now( )) | 5 |
| Year (日期) | 返回某个日期的年份 | MsgBox Year (date( ) ) | 2013 |

### 5. 聚合函数

聚合函数用于求和 Sum、求均值 Avg、计数 Count 等统计计算的函数，如表 8-10 所示。

表 8-10 聚 合 函 数

| 函 数 | 函 数 名 | 返 回 值 | 函数处理的数据类型 |
|---|---|---|---|
| Sum | 求和 | 字段值的总和 | 数字、日期时间、货币和自动编号 |
| Avg | 求均值 | 字段值的平均值 | 数字、日期时间、货币和自动编号 |
| Min | 最小值 | 字段值的最小值 | 文本、数字、日期时间、货币和自动编号 |
| Max | 最大值 | 字段值的最大值 | 文本、数字、日期时间、货币和自动编号 |
| Count | 计数 | 字段中值的个数，空值除外 | 文本、备注、数字、日期时间、货币和自动编号、是否和 OLE 对象 |

### 6. 其他常用函数

（1）InputBox()函数

InputBox()函数用于人机交互方式输入数据，使用 InputBox()函数打开一个对话框，显示提示信息和默认值，等待用户输入数据。函数的调用格式为：

```
InputBox(Prompt[,Title][,Default][,Xpos][,Ypos][,Helpfile][,Context])
```

返回值。返回输入的数据。

语义：InputBox()函数的参数由提示字符 Prompt、标题 Title、默认值 Default、屏幕位置坐标的 x 点 Xpos、y 点 Ypos、帮助文件 Helpfile、帮助主题编号 Context 等组成，返回输入的数据。

语句：InputBox()函数括号中的参数提示字符 Prompt 不能省略，为对话框显示的字符串，其最大长度为 1 024 字符，用 VBA 的常数 vbCrLf 代表回车换行符；其他参数可省略，省略 Title，则把应用程序名放入标题栏中；省略 Default，则文本框为空；Xpos 和 Ypos 成对出现，指定信息框左边位于屏幕左边的水平距离；如果省略这对参数，则对话框在水平方向居中；省略 Helpfile，不显示帮助文件；省略 Context，则不显示帮助主题编号。

InputBox()函数示例源代码及运行结果如图 8-26 所示。

```
Sub P5()
    strName = InputBox("请输入您的姓名", "输入", "小明")
End Sub
```

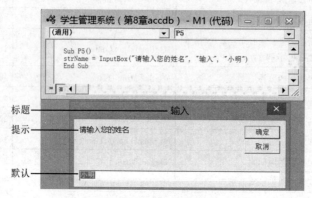

图 8-26　InputBox()函数示例

（2）MsgBox()函数与 MsgBox 过程

MsgBox 用信息框输出提示信息，等待用户单击按钮并返回一整数值，告诉系统用户单击了哪一个按钮，若不需要返回值，可将 MsgBox 过程直接作为命令语句使用，显示提示信息。函数的调用格式为：

```
Value=MsgBox(Prompt[,Buttons] [,Title] [,Helpfile,Context])
```

返回值：返回用户选择的按钮值，"确定"返回 1；"取消"返回 2；"终止"返回 3；"重试"返回 4；"忽略"返回 5；"是"返回 6；"否"返回 7。过程调用格式为：

```
MsgBox Prompt[,Buttons] [,Title] [,Helpfile][,Context]
```

语义：MsgBox()函数后用括号括起参数，函数的返回值是用户选择的按钮；Msgbox 过程后不用括号，直接写参数。参数由提示字符 Prompt、按钮 Buttons、标题 Title、帮助文件 Helpfile、帮助主题编号 Context 等组成。

语句：使用 MsgBox()函数，必须在函数名后加括号，使用 MsgBox 过程不加括号。参数 Prompt 不能省略，在信息框中显示提示文本；其他参数可以省略。Buttons 参数的值为按钮常量或按钮值，二者等价，将按钮值分为四组，其组成原则是：从每一类中选择一个值，把这几个值累加在一起就是 Buttons 参数的值（主要使用前三组数值的组合），不同的组合可得到不同的结果。Buttons 按钮值可缺省，默认值取 0。Title 参数设置信息框的标题，缺省时，显示 Mirosoft Access。帮助文件 Helpfile 与帮助主题编号 Context 可缺省，省略 Helpfile，不显示帮助文件，省略 Context 不显示帮助主题编号。

例如：MsgBox()函数示例源代码及结果如图 8-27 所示。

```
Sub P6()
    I = MsgBox("真的要退出吗? ", vbYesNoCancel, "提示")
End Sub
```

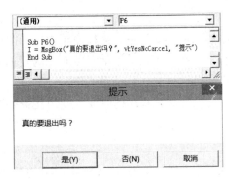

图 8-27 MsgBox()函数示例

（3）Iif()函数

条件函数 Iif()用于选择操作，根据条件表达式的值决定函数的返回值。函数调用格式为：

Iif (条件表达式,表达式 1,表达式 2)

例如：

score=Iif([cj] >= 60,"及格","不及格" )

语义：如果"条件表达式"的值为"真"True，函数返回"表达式 1"的值；"条件表达式"的值为"假"Flase，函数返回"表达式 2"的值。

（4）Choose()函数

Choose()函数根据"数值表达式"的值决定返回值。调用格式为：

Choose(数值表达式, 表达式 1[,表达式 2]…[,表达式 n])

功能：若不考虑变量的小数的定义位数，当"数值表达式"值大于 1、小于 2 时，函数将返回"表达式 1"的值；值大于 2、小于 3，返回"表达式 2"的值，依此类推。"数值表达式"的值应在 1～$n$ 之间，否则，函数返回 Null 值。例如：

y = Choose(x,x + 1,m,m + n,10)

读者可自行在立即窗口中练习上述各种函数"示例"的计算结果，以加深理解。

# 8.6 VBA 程序设计及流程控制

## 8.6.1 VBA 程序的基本规则

### 1. 标识符的命名规则

标识符是一种标识变量、常量、过程、函数、类等语言构成单位的符号，利用它可以完成对变量、常量、过程、函数、类等的引用。

在 VBA 中，标识符的命名规则如下：

① 必须由字母或汉字开头，可由字母、汉字、数字、下画线组成。

② 长度小于 256 个字符。

③ 不能使用 VBA 的关键字。

④ 标识符不区分大小写，建议采用类似匈牙利命名法。

⑤ 为了增加程序的可读性，可在变量名前加一个缩写的前缀来表明该变量的数据类型。

**2．程序的注释**

程序注释是对编写的程序加以说明和注解，这样便于程序的阅读、修改和使用。注释语句是以单引号（'）开头的语句行，或在命令之后用单引号（'）为后面的语句注释。这一行之中在其之后的所有的输入都会变成绿色，只起注释说明的作用，不再具有语法功能。去掉单引号，则后面的语句就再度生效了。可以在测试程序的时候，使用注释来屏蔽不想让其生效的代码，非常方便。

**3．语句的构成**

在 VBA 程序中，语句由保留字及语句体构成，语句体由命令短语和表达式构成。

保留字和命令短语中的关键字，是系统规定的"专用"符号，用来标识计算机的动作，必须严格地按系统要求编写；语句体中的表达式，由用户定义，要严格按"语法"规则书写。

**4．程序书写规则**

在 VBA 程序中，每条语句占一行，一行最多允许有 255 个字符；如果一行书写多个语句，语句之间用冒号"："隔开。通常会将语句或一个表达式写在同一行中，但也可以利用一个接续符号（即下画线字符_）将其分行。特别是用于在某个语句一行写不完的情况下。

例如，可以将 ReDim MyVariantArray(199, 199)改为：

```
ReDim MyVariantArray(199, _
199)
```

## 8.6.2　VBA 语句

VBA 语句是由单词和表达式组成的语法单位，一般分为声明语句、赋值语句、执行语句三种类型。

**1．声明语句**

声明语句为常量、变量、数组、程序或过程命名，指定数据类型。当声明一个过程、变量或数组时，同时定义它们的作用范围和存储属性，作用范围取决于声明的位置，位于子过程、模块或全局位置；存储类型取决于声明的关键字如 Dim、Public、Static 或 Global 等。

在 VBA 程序模块的声明中，为了避免混乱，使用 Option Explicit 声明之后，必须对变量进行声明才可以使用。

```
Option Explicit                    ' 强制对模块内所有变量进行声明
Dim txtString As  String           ' 声明字符串变量 txtString
Dim  A1  As  integer               ' 声明整型变量 A1
txtString = "This is  a  string"' 声明后引用字符串变量
```

**2．赋值语句**

赋值语句用于给变量或数组指定一个值或表达式。语法格式如下：

变量名 | 数组名 = 表达式

例如：

```
A1 = 2 ^ 2 * 10 / 2 - 8 Mod ( 16 \ 4 + 2 )
```

语义：计算表达式的值，转换成变量名相同的类型，赋值给变量或数组元素。

语用：赋值语句用于计算表达式的值，为变量或数组赋值；定义变量或数组的类型为变体型。

关于使用赋值语句的说明：

① 当表达式与变量精度不同时，系统强制转换成变量的精度。

② 当表达式是数字字符串，变量为数值型，系统自动转换成数值类型再赋值，若表达式含有非数字字符或空串时，赋值出错。

③ 不能在一个赋值语句中，同时给多个变量赋值。

④ 未声明的变量，用赋值语句说明变量为变体型。

**3．执行语句**

执行语句是用来调用过程、执行方法程序或函数，实现流程控制的语句。执行语句是程序的主体，程序功能靠执行语句来实现。常用的执行语句包括输出语句、函数与过程调用语句、标号和 GoTo 语句、条件语句、循环语句等。

（1）输出语句

在 VBA 中，使用 Debug 对象的 Print 方法，在立即窗口中输出数据，其语法格式为：

```
Debug.Print [参数表列]
```

例如：

```
Debug. Print  Tab(6), Date( )     ' 输出当前日期
```

语义：引用 Debug 的 Print 方法，参数表列由常量、变量、表达式表组成；Print 先计算表达式的值，然后在立即窗口中显示计算的结果。

语用：省略参数表列，则打印一个空白行；用分号分隔前后两个数据项，表示两数据连在一起输出；用逗号分隔数据项，则以 14 个字符为一个输出区，每个数据输出到对应的输出区。

参数表列是可以用格式化输出的数据如 Tab($n$)。其中，格式化分隔符有以下几种：

Spc($n$)：在输出数据之间插入 $n$ 个空格。

Tab($n$)：光标移动一个制表位，$n$ 为制表位移动的列数。

【例 8-5】创建模块，在立即窗口中输出当前的时间和当前的日期。

具体操作步骤如下：

① 在 VBA 中创建模块非常简单，单击功能区"创建"选项卡下"宏与代码"组中的"模块"按钮以建立一个模块。Access 会自动打开 VBE，并且新建一个只包含一个声明语句的空模块。

② 在"代码窗口"中添加如下代码：

```
Private Sub ex1()
    Debug.Print "当前的日期"; Spc(8); Date()
    Debug.Print "当前的时间", Spc(8); Time()
End Sub
```

③ 按【F5】键或单击 VBE 工具栏中的"运行"按钮，执行过程语句，在"立即窗口"中显示最终的计算结果，如图 8-28 所示。

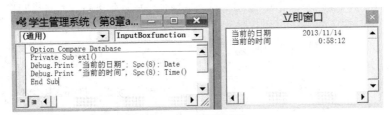

图 8-28　计算结果

（2）用函数调用语句实现输入/输出

在 VBA 中输入数据，使用 InputBox()函数调用语句和赋值语句，实现对变量的输入，使用 MsgBox()函数调用语句或 MsgBox 过程输出数据。

【例 8-6】用 InputBox()函数输入两个整数 x 和 y，用信息框输出 x+y，并输出按钮值为 64 的返回值。

在"代码窗口"中添加如下代码：

```
Private Sub Command0_Click()
    Dim x As Integer
    Dim y As Integer
    x=InputBox("输入一个整数","整数输入",10,400,400)
    y=InputBox("输入一个整数","整数输入",20,400,400)
    z=MsgBox(x+y,vbInformation,"输出 x 的值")
    MsgBox z,64,"输出按钮值 y"
End Sub
```

（3）标号和 Goto 语句

Goto 语句用于在程序执行过程中实现无条件转移。其语法格式：

```
Goto 标号
```

【例 8-7】改写上例，重写计算 x+y 的程序。

在"代码窗口"中输入如下代码：

```
Private Sub Command0_Click()
    Dim x As Integer
    Dim y As Integer
    re:x = InputBox("输入一个整数","整数输入",10,400,400)
    y=InputBox("输入一个整数","整数输入",5,400,400)
    z=MsgBox(x+y,4,"计算 x+y 的值")
    Goto re              '无条件转向语句至标识 re
End Sub
```

（4）条件语句与循环语句

条件语句与循环语句用于组织程序的控制结构。用条件语句组织选择结构程序，用循环语句组织循环结构程序。

### 8.6.3　VBA 顺序结构程序设计

在 VBA 结构化程序设计中，使用的基本控制结构有顺序结构、选择结构和循环结构三种。顺序结构是按照语句的书写顺序从上到下、逐条语句地执行。执行时，编写在前面的代码先执行，编写在后面的代码后执行。为了加深对 VBA 顺序结构程序设计的理解，下面我们再编写一个小程序来演示顺序控制与输入/输出。

要求：输入圆的半径，显示圆的面积。

具体操作步骤如下：

① 在数据库窗口中，选择"模块"对象，单击"新建"按钮，打开 VBE 窗口。

② 在代码窗口中输入"Area"子过程，过程 Area 的代码如图 8-29 所示。

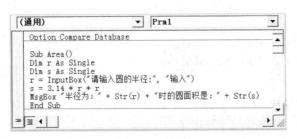

图 8-29　源代码

```
Sub Area()
    Dim r As Single
    Dim s As Single
    r = InputBox("请输入圆的半径:","输入")
    s = 3.14 * r * r
    MsgBox "半径为: " + Str(r) + "时的圆面积是: " + Str(s)
End Sub
```

③ 运行过程 Area，在输入框中，如果输入半径为 1，则输出的结果为图 8-30 所示。

④ 单击工具栏中的"保存"按钮，输入模块名称为"M2"，保存模块。

图 8-30　圆的面积

### 8.6.4　VBA 选择结构程序设计

选择结构程序设计使用条件语句组织程序结构，根据语句中的条件表达式结果是否为真，确定程序语句的执行，包括单分支结构 If-Then、双分支结构 If-Then-Else、嵌套的 If 结构 If-Then-ElseIf、多分支结构 Select Case – End Select 等选择结构。

#### 1. If-Then 语句

用 If-Then 语句组成单分支选择结构，适用于当表达式为真，执行语句块，表达式为假，什么也不做的操作类型，流程图如图 8-31 所示。单分支结构的语句分为块 If 和行 If。

（1）块 If 语句

块 If 语句的语法格式如下：

```
if <条件表达式> Then
     <语句块>
 End If
```

（2）行 If 语句

行 If 语句的语法格式如下：

```
If <条件表达式> Then <语句>
```

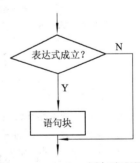

图 8-31　If-Then 语句流程图

语义：关键词 If 为条件语句的关键字，计算条件表达式的值，当条件表达式为真时，执行关键字 Then 后面的语句块，否则不做任何操作，End If 关键字表示条件语句结束。

语用：块 If 语句中，语句块可以是一条语句或多条语句，每条语句占一行。行 If 语句中，Then 后只能是一条语句，或者是冒号分隔的多条语句，必须书写在 If 语句同一行上，没有 End If 结尾。

【例 8-8】编写一个过程，从键盘上输入一个数 X，如 X≥0，输出它的算术平方根；如果 X<0，

输出它的平方值。

具体操作步骤如下：

① 在数据库窗口中，双击已建立好的模块"M2"，打开 VBE 窗口。

② 在代码窗口中添加"Prm1"子过程，过程 Prm1 代码如图 8-32 所示。

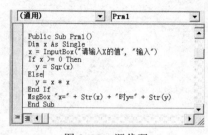

图 8-32　源代码

```
Sub Prm1()
    Dim x As Single
    x = InputBox("请输入 X 的值", "输入")
    If x >= 0 Then
        y = Sqr(x)
    Else
        y = x * x
    End If
    MsgBox "x=" + Str(x) + "时 y=" + Str(y)
End Sub
```

③ 运行 Prm1 过程，如果在"请输入 X 的值："中输入：4（回车），则结果为：X=4 时 Y=2。

④ 单击工具栏中的"保存"按钮，保存模块 M2。

### 2．If-Then-Else 语句

用 If-Then-Else 语句构成双分支选择结构，适用于当表达式为真，执行语句块 1，表达式为假，执行语句块 2 的操作类型，流程图如图 8-33 所示。双分支结构的语句分为块 If 和行 If。

（1）块 If 语句

块 If 语句的语法格式如下：

```
if <条件表达式> Then
    <语句块 1>
Else
    <语句块 2>
End If
```

（2）行 If 语句

行 If 语句的语法格式如下：

```
If <条件表达式> Then <语句 1> Else<语句 2>
```

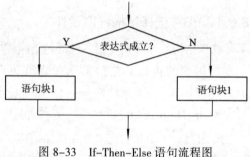

图 8-33　If-Then-Else 语句流程图

语义：关键字 If 为条件语句的关键字，计算条件表达式的值，当条件表达式为真时，执行关键字 Then 后面的语句块 1，否则执行关键字 Else 后面的语句块 2，End If 关键字表示条件语句结束。

语用：块 If 语句中，Then、Else 和 End If 相当于语句括号，Then 与 Else 之间的语句块，是在表达式的值为真时执行的语句块，Else 与 End If 之间的语句块是在表达的值为假时执行的语句块。行 If 语句中，Then 和 Else 后只能是一条语句，或者是冒号分隔的多条语句，必须书写在 If 语句同一行上。

【例 8-9】设定每周的周一至周五为工作日，周六和星期日为工休日，试编程显示当天是工作

日还是工休日。

用块 If 语句编写程序如下：

```
Private Sub proc2()
    If Weekday(Date) < 6 Then
        Debug.Print "工作日"
    Else
        Debug.Print "工休日"
    End If
End Sub
```

程序运行结果如图 8-34 所示。

图 8-34 块 If 语句运行结果

用行 If 编写程序如下：

```
Private Sub proc3()
If  Weekday(Date) < 6 Then  Debug.Print "工作日"  Else  Debug.Print  "工休日"
End Sub
```

程序运行结果如图 8-35 所示。

图 8-35 行 If 语句运行结果

### 3. If-Then-ElseIf 语句

If-Then-ElseIf 语句构成标准的嵌套 If 结构，适用于在否则语句块中嵌套 If 结构，使程序的条件表达式的覆盖区域依次定义，逻辑判断准确、清晰，易于理解。语法格式为：

```
If <条件表达式 1> Then
    <语句块 1>
Else If <条件表达式 2> Then
    <语句块 2>
        …
Else If <条件表达式 n> Then
    <语句块 n>
Else
    <语句块 n+1>
End If
```

语义：如果条件表达式 1 的值为真时，执行关键字 Then 后面的语句块 1，否则判断条件表达式 2 的值，条件表达式 2 的值为真，执行 Then 后面的语句块 2，依此类推，直到判断条件表达式 n 的值为真，执行语句 n，否则执行语句 n+1，到 End If 条件语句结束。

语用：使用标准的嵌套 If 结构时，条件表达式指定的覆盖区域一定要按升序或降序依次判断，不能跳跃性的设定条件。采用缩进格式书写时每级的 If 与 Else 要对齐。

【例 8-10】根据当前时间，确定上午、下午、晚上或深夜，分别输出"上午好!""下午好!""晚上好!"或"夜深了，该睡觉了!"。

解：采用 If-Then-ElseIf 语句，编写程序如下：

```
Private Sub proc4()
    If Hour(Time( )) > 6 And Hour(Time( )) <= 12 Then
        Debug.Print "上午好!"
    ElseIf Hour(Time( )) > 6 And Time( ) <= 18 Then
        Debug.Print "下午好!"
    ElseIf Hour(Time( )) > 6 And Time() < 23 Then
        Debug.Print "晚上好!"
    Else
        Debug.Print "夜深了,该睡觉了!"
    End If
End Sub
```

程序运行结果如图 8-36 所示。

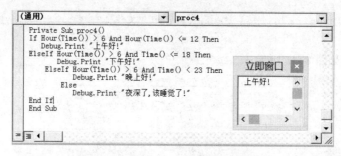

图 8-36　If-Then-ElseIf 语句运行结果

对于非标准嵌套 If 结构,编程时注意 If 与 Else 之间的配对,必要时可以增加空 Else 语句。阅读非标准嵌套 If 结构的程序时,一般采用寻找 If 与 Else 之间的配对,先从第一个 Else 入手,找到紧靠其上的 If,配成一对,再找第二个 Else 配对的 If,方法是找紧靠其上没有配对的 If,依次找完全部的 Else 和与之配对的 If,确定 If 的嵌套方法。

**4. Select Case 语句**

Select Case 语句构成多分支选择结构,适用于对多路分支语句的选择。先计算表达式的值,选择与之匹配的表达式值列表,执行该语句块。流程图如图 8-37 所示。

Select Case 语句的语法格式如下:

```
Select Case < 表达式 >
Case < 表达式值列表 1>
    < 语句块 1>
Case < 表达式值列表 2>
    < 语句块 2>
    …
Case < 表达式值列表 n>
    < 语句块 n >
[Case Else
    < 语句块 n+1 > ]
End Select
```

语义:关键字 Select Case 标识多分支语句,<表达式>为测试表达式,Case < 表达式值列表 n>标

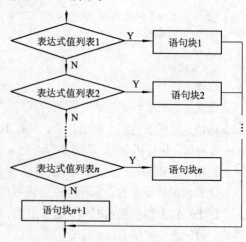

图 8-37　Select Case 语句流程图

识成员结构，<语句块>为待执行的语句集合。通过计算<表达式>的值，决定与之匹配的表达式值列表；依次检查 n 个 Case <表达式值列表 1-n>，与表达式相匹配的表达式值列表被选中，执行其后的语句块 n，没有与<表达式>计算的结果相匹配的表达式值列表时，则执行 Case Else 后的语句 n+1，执行完任一语句块后退出，执行 End Select 后的下一条语句。

语用：使用多路分支语句应注意以下几点。

① <表达式>可以是各类表达式，可以取值常数的常量、变量、函数及对象的属性。

② <表达式值列表> 可以包括一个表达式的值或多个表达式的值，列表的多项表达式用逗号分隔，可以用关键字 to 表示两个值的范围。

③ Case 成员结构中的语句块可以是任何语句，可以为简单语句、If 语句、Select Case 语句、循环语句或复合语句，可以是以上语句的嵌套结构。

④ 当<表达式>计算的结果与任何的表达式值列表不相匹配时，则执行 Case Else 后的语句块 n+1。

⑤ Select 与 End Select 必须配对使用。

【例 8-11】根据当前的月份，判断季节。

源程序如下：

```
Private Sub proc5()
    yue=Month(Date)
    Select Case  yue
        Case 3 To 5
            MsgBox "春"
        Case 6 To 8
            MsgBox "夏"
        Case 9 To 11
            MsgBox "秋"
        Case 12,1,2
            MsgBox "冬"
    End Select
End Sub
```

程序运行结果如图 8-38 所示。

图 8-38　例 8-11 程序运行结果

## 8.6.5　VBA 循环结构程序设计

循环结构是对同一程序段重复执行若干次，被重复执行的部分称为循环体，每循环一次需要判断循环条件，决定是继续循环还是中止循环。VBA 常用的循环语句包括 For-Next 语句、While-Wend 语句、Do-Loop 语句。

### 1. For-Next 语句

For-Next 语句称为"计数"型循环控制语句或步长循环语句，可以计算出循环的执行次数，其流程图如图 8-39 所示。语法格式如下：

```
For <循环变量>=<初值> to <终值> [Step<步长>]
    <语句块>
    [Exit For] <循环体>
    <语句块>
Next < 循环变量 >
```

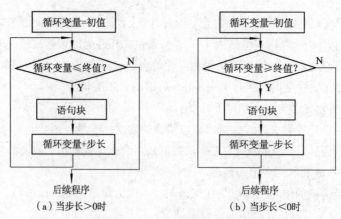

图 8-39　For-Next 语句流程图

语义：For 是循环关键字，循环变量从初值变到终值，每步按照步长改变，当步长为 1 时，可以省略 Step<步长>子句。每一次循环，执行一遍循环体，一直执行到循环变量为终值时，执行完所有循环体后退出循环。若执行到 Exit For 语句，可以跳出循环。

语用：使用 For-Next 语句注意以下几点。

① 循环变量从初值开始执行，执行完循环变量的终值结束，第一次循环按照步长修改循环变量，步长可为正，可为负，可为整数，可为小数；若省略 Step 子句，则步长为 1。

【例 8-12】试编程求初值为 360，终值为 0，步长为-3.6 的累加和。

源程序如下：

```
Private Sub proc6()
    For x= 360 To 0 Step -3.6
        y = y + x
    Next
    MsgBox y
End Sub
```

程序运行结果如图 8-40 所示。

② 循环体由<语句块>、[Exit For]、<语句块>组成，执行循环体，执行到 Exit For 语句退出循环。若没有执行到 Exit For 语句，则执行到循环变量大于终值时循环结束。

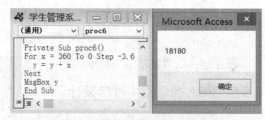

图 8-40　例 8-12 程序运行结果

【例 8-13】求 1 到 100 的累加和，若 y=2080 时，退出循环。

源程序如下：

```
Private Sub proc7()
    For i = 1 To 100
        y = y + i
    If y = 2080 Then
        Exit For
    End If
    Next i
    MsgBox y
End Sub
```

程序运行结果如图 8-41 所示。

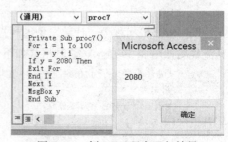

图 8-41　例 8-13 程序运行结果

### 2. While-Wend 语句

While 语句构成当型循环控制语句，其流程图如图 8-42 所示。While 语句的语法格式如下：

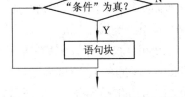

```
While < 循环条件 >
    < 循环体 >
Wend
```

语义：While 关键字标识当型循环，当"循环条件"为真，执行循环体，条件为假，退出循环。

图 8-42　While-Wend 语句流程图

语用：使用 While-Wend 语句时注意以下几点。

① 在 While-Wend 循环之前应该为循环变量赋初值。

② 循环条件是执行循环体一直要满足的条件，只要有一次不满足，就会退出循环。

③ 在循环体中应该有修改循环变量的语句，使循环变量向退出循环的循环条件转化。

【例 8-14】用 While-Wend 循环结构，求 1+2+3+…+100 之和。

源程序如下：

```
Private Sub proc8( )
    k=1
    While k<=100
        y=y+k
        k=k+1
    Wend
    MsgBox y
End Sub
```

程序运行结果如图 8-43 所示。

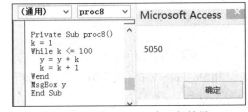

图 8-43　例 8-14 程序运行结果

### 3. Do-Loop 语句

Do-Loop 语句可以构成当型循环和直到型循环，Do-Loop 语句包括当型先测 Do While-Loop 语句、直到型先测 Do Until-Loop 语句、当型后测 Do-Loop While 语句、直到型后测 Do-Loop Until 语句等 4 种。Do-Loop 语法格式如表 8-11 所示。

表 8-11　Do-Loop 语法格式

| 语　句 | Do While-Loop 语法 | Do Until-Loop 语法 | Do-Loop While 语法 | Do-Loop Until 语法 |
|---|---|---|---|---|
| Do | Do While 条件表达式 | Do Until 条件表达式 | Do | Do |
| 循环体 | <语句块><br>[Exit Do]<br><语句块> | <语句块><br>[Exit Do]<br><语句块> | <语句块><br>[Exit Do]<br><语句块> | <语句块><br>[Exit Do]<br><语句块> |
| Loop | Loop | Loop | Loop While 条件表达式 | Loop Until 条件表达式 |
| 测试条件 | 当条件满足做循环体 | 直到条件为真退出循环 | 当条件满足做循环体 | 直到条件为真退出循环 |
| 测试次序 | 先测试条件，再执行循环体，可能循环体一次也不执行 | | 先做循环体，后测试条件，循环体至少要执行一次 | |

语义：Do-Loop 循环条件判断有当型和直到型两种，当型用 While <条件表达式>，表示当条件表达式为真，执行循环体；条件表达式为假，结束循环。直到型用 Until<条件表达式>表示直到

条件表达式为真，结束循环体，条件表达式为假执行循环体。测试条件放置的位置有先测或后测两种，先测的循环判断放在关键字 Do 之后，执行时先测试条件，再执行循环体，可能循环体一次也不执行。后测的循环判断放在关键字 Loop 之后，执行循环语句，先做循环体，后测试条件，循环体至少要执行一次。

语用：根据循环条件判断方法的不同和测试条件放置的位置不同，可以组合成当型先测 Do While –Loop 语句、直到型先测 Do Until–Loop 语句、当型后测 Do–Loop While 语句、直到型后测 Do–Loop Until 语句等 4 种循环语句。下面分别举例说明。

【例 8-15】分别用 Do While –Loop 语句和 Do –Loop While 语句求 8 的阶乘。

用 Do While –Loop 语句编写源程序如下：

```
Private Sub proc9()
    k=1
    y=1
    Do While k<=8
        y=y*k
    k=k+1
    Loop
    MsgBox y
End Sub
```

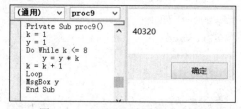

图 8-44　Do While 语句运行结果

程序运行结果如图 8-44 所示。

用 Do–Loop While 语句编写源程序如下：

```
Private Sub proc10()
    k=1
    y=1
    Do
      y=y*k
      k=k+1
    Loop  While k<=8
    MsgBox y
End Sub
```

【例 8-16】分别用 Do Until –Loop 语句和 Do –Loop Until 语句求 0.8 的 10 次方。

用 Do Until –Loop 语句编写源程序如下：

```
Private Sub proc11()
    i=1
    x=0.8
    y=1
    Do Until i>10
      y=y*x
      i=i+1
    Loop
    MsgBox y
End Sub
```

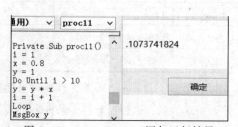

图 8-45　Do Until–Loop 语句运行结果

程序运行结果如图 8-45 所示。

而用 Do –Loop While 语句编写源程序如下：

```
Private Sub proc12()
    i=1
    x=0.8
    y=1
    Do
      y=y*x
      i=i+1
    Loop Until i>10
    MsgBox  y
End Sub
```

### 8.6.6　GoTo 控制语句

#### 1. 语句格式

GoTo 控制语句的格式如下：

```
GoTo 标号
```

标号是一个字符序系列，首字符必须是字母，大小写均可。

#### 2. 语句作用

无条件转移到指定的语句行。GoTo 语句的过多使用，会导致程序运行跳转频繁，程序结构不清晰，调试和可读性差。建议不用或少用 GoTo 语句。

在 VBA 中，GoTo 语句主要用于错误处理语句：

```
On Error GoTo 标号
```

【例 8-17】阅读下面程序，观察程序的运行结果。

```
Private Sub proc13()
    s=0
    For  i = 1 To 100
        s = s + i
    If  i = 5000  Then  GoTo line
    Next
    Line:Debug.Print s
End Sub
```

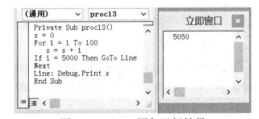

程序运行结果如图 8-46 所示。

图 8-46　GoTo 语句运行结果

程序在 For 和 Next 之间的语句块，完成 1+2+3+…+100，每次累加时，都要判断累加的结果 s 是否大于 5000，如果大于 5000，则跳出循环，转至 Line 行；否则继续循环。

## 8.7　面向对象程序设计基础

VBA 不仅支持结构化的编程技术，更能很好地使用面向对象的编程技术（Object Oriented Programming，OOP）。面向对象的程序设计以对象为核心，以事件作为驱动，可以大大提高程序的设计效率。

面向对象的程序设计语言编写程序时首先要有对象、属性、方法、事件等概念。

### 8.7.1 对象、属性、方法和事件

#### 1. 对象和对象名称

对象是 VBA 应用程序的基础构件。VBA 应用程序就是由许多对象组成。在开发一个应用程序时，必须先建立各种对象，然后围绕对象进行程序设计。如表、查询、窗体、报表、宏、页、模块都是对象，字段、窗体和报表中的控件也是对象。

为了便于识别，每个对象必须有一个唯一的名称。例如，第一个窗体的名称是"窗体 1"，第二个窗体的名称是"窗体 2"，依此类推。又如，窗口中的控件对象文本框，第一个文本框的名称是 Text0，第二个文本框的名称是 Text1；控件对象按钮，第一个按钮的名称是 Command0，第二个按钮的名称是 Command 1。这些名称都是系统自动命名的。

#### 2. 对象的属性

属性是对象的一种特征。例如，窗体的标题属性决定了窗体标题栏中显示的内容。若要更改一个对象的特征，可以修改其属性值。如修改窗体的高和宽的属性值，可改变窗体的大小；修改窗体的背景颜色的属性值，可改变窗体的背景颜色。但每个对象的属性都有一个默认值。如果不改变该值，应用程序就使用该默认值。如果默认值不能满足要求，就要对其属性值重新设置。

属性值描述了对象的自身性质。其格式为：

```
对象名.属性
```

例如：

```
Label1.Caption = "学生成绩表"
```

#### 3. 对象的方法

方法是一些系统封装起来的通用过程和函数，以方便用户的调用。其调用格式为：

```
对象名.方法名
```

例如：

```
Debug.Print 2+3
```

#### 4. 对象的事件

事件是指可以发生在一个对象上且能够被该对象所识别的动作。VBA 是效力于事件驱动的编程模型。程序是为响应事件而执行的。事件是一个对象可以辨认的动作，如单击鼠标或按某键等，事件可以由系统触发，也可以由用户动作导致事件的发生。如单击某个命令按钮就产生该按钮的"单击"事件。当某个对象发生某一事件后，就会驱动系统去执行预先编写好的、与这一事件相对应的一段程序。

#### 5. 事件过程

事件过程是事件的处理程序，与事件一一对应。事件过程由事件自动调用或者由同一模块中的其他过程显式调用。例如，程序执行后，用鼠标单击窗体上的某个命令按钮，系统即自动调用该命令按钮的单击事件过程，执行事件处理程序。事件过程的格式如下：

```
[Public|Private] [Static] Sub 子过程名 ([<形参>]) [As 数据类型]
    [<子过程语句>]
```

```
    [Exit Sub]
    [<子过程语句>]
End Sub
```

## 8.7.2　DoCmd 对象

DoCmd 对象的主要功能是通过调用包含在其内部的方法，来实现在 VBA 编程中对 Access 数据库的操作。例如，打开/关闭窗体、打开/关闭报表等。

### 1．打开窗体操作

一个程序中往往包含多个窗体，可以用代码的形式关联这些窗体，从而形成完整的程序结构。命令格式为：

```
DoCmd.OpenForm  formname[,view][,filtername][,wherecondition][,datamode]
[,windowmode]
```

其中，filtername 与 wherecondition 两个参数用于对窗体的数据源数据进行过滤和筛选；windowmode 参数则规定窗体的打开形式。

例如，以对话框形式打开名为"学生信息登录"窗体。

```
Docmd.OpenForm"学生信息登录",,,,acDialog
```

注意，参数可以省略，取默认值，但分隔符"，"不能省略。

### 2．打开报表操作

命令格式为：

```
Docmd.OpenReport reportname[,view][,filtername][,wherecondition]
```

例如，预览名为"学生信息表"报表的语句为：

```
Docmd.OpenReport"学生信息表",acViewPreView
```

注意，参数可以省略，取默认值，但分隔符"，"不能省略。

### 3．关闭操作

命令格式为：

```
Docmd.Close[,objecttype][,objectname][,save]
```

实际上，由 DoCmd.Close 命令参数看到，该命令可以广泛用于关闭 Access 各种对象。省略所有参数的命令（DoCmd.Close）可以关闭当前窗体。

例如，关闭名为"学生信息登录"窗体。

```
DoCmd.Close acForm,"学生信息登录"
```

如果"学生信息登录"窗体就是当前窗体，则可以使用以下语句：

```
DoCmd.Close
```

## 8.7.3　VBA 常见操作

### 1．计时事件（Timer）

VB 中提供 Timer 时间控件可以实现"定时"功能。但 VBA 并没有直接提供 Timer 时间控件，而是通过设置窗体的"计时器间隔（TimerInterval）"属性与添加"计时器触发（Timer）"事件来完成类似"定时"功能。

其处理过程是：Timer 事件每隔 TimerInterval 时间间隔就会被激发一次，并运行 Timer 事件过程来响应。这样重复不断，即实现"定时"处理功能。

### 2. 鼠标和键盘的操作

在程序的交互式操作过程中，鼠标与键盘是最常用的输入设备。

（1）鼠标操作

涉及鼠标操作的事件主要有 MouseDown（鼠标按下）、MouseMove（鼠标移动）和 MouseUp（鼠标抬起）3 个，其事件过程形式为（XXX 为控件对象名）：

```
XXX_MouseDown(Button As Integer,Shift As Integer,X As Single,Y As Single)
XXX_MouseMove(Button As Integer,Shift As Integer,X As Single,Y As Single)
XXX_MouseUp(Button As Integer,Shift As Integer,X As Single,Y As Single)
```

其中 Button 参数用于判断鼠标操作的是左中右哪个键，可以分别用符号常量 acLeftButton（左键 1）、acRightButton（右键 2）和 acMiddleButton（中键 4）来比较。Shift 参数用于判断鼠标操作的同时，键盘控制键的操作，可以分别用符号常量 acAltMask（Shift 键 1）、acAltMask（Ctrl 键 2）和 acAltMask（Alt 键 4）来比较。X 和 Y 参数用于返回鼠标操作的坐标位置。

（2）键盘操作

涉及键盘操作的事件主要有 KeyDown（键按下）、KeyPress（键按下）和 KeyUp（键抬起）3 个，其事件过程形式为（XXX 为控件对象名）：

```
XXX_KeyDown(KeyCode As Integer,Shift As Integer)
XXX_KeyPress(KeyAscii As Integer)
XXX_KeyUp(KeyCode As Integer,Shift As Integer)
```

其中 KeyCode 参数和 KeyAscii 参数均用于返回键盘操作键的 ASCII 值。这里，KeyDown 和 KeyUp 的 KeyCode 参数常用于识别或区别扩展字符键（【F1】～【F12】）、定位键（Home、End、PageUp、PageDown、向上键、向下键、向左键、向左键及 Tab）、键的组合和标准的键盘更改键（Shift、Ctrl 或 Alt）及数字键盘或键盘数字键等字符。KeyPress 的 KeyAscii 参数常用于识别或区别英文大小写、数字及换行（13）和取消（27）等字符。Shit 参数用于判断键盘操作的同时，控制键的操作。

### 3. 用代码设置 Access 选项

Access 系统环境有许多选项设定（选择"文件"→"选项"命令），值不同会产生不同的效果。比如当程序中执行某个操作查询（更新、删除、追加、生成表）时，有些环境会弹出一些恼人的提示信息要求确认等。所有选项设定均可在 Access 环境下静态设置，也可以在 VBA 代码里动态设置。

其语法为：

```
Application.SetOption(OptionName,Setting)
```

这里，程序中的 optionName 参数为选项名称，一般为英文；Setting 为设置的选项值。

## 8.7.4 面向对象程序设计方法

Access 中的程序设计是一种面向对象的程序设计，面向对象的程序设计中很重要的一点就是为对象事件编写事件过程代码，由程序来完成指定操作。事件过程用来识别对象的击发，存在于对象模块中，当事件被击发时事件过程就自动执行。

下面用一个实例来介绍如何编写对象事件过程代码。

【例 8-18】在"密码窗体"中添加一个命令按钮，并为该按钮编写事件过程，检测输入的密码是否正确，如果不正确弹出输入密码错误消息框。

具体操作步骤如下：

① 建立如图 8-47 所示的窗体，命名为"密码窗体"。

② 右击"密码校验"按钮控件，在弹出的快捷菜单中选择"表单属性"命令。

③ 在弹出的"属性表"窗格中选择"事件"选项卡，然后在"单击"处选择"事件过程"，再单击右边的代码生成器，即打开代码窗口。

④ 在 VBA 代码窗口中输入代码如下：

图 8-47　密码窗体

```
Private Sub Command5_Click()
    s= Text2.Value
    If s <> "12345" Then
        MsgBox "密码输入有误! ", vbCritical, "错误提示"
        DoCmd.Quit
    End If
    MsgBox ("欢迎进入学生管理系统! ")
End Sub
```

⑤ 运行程序，在"请输入密码"文本框中分别输入正确和错误的密码，图 8-48 所示为正确密码运行结果，图 8-49 所示为错误密码运行结果。

图 8-48　正确密码运行结果　　　　　　图 8-49　错误密码运行结果

## 8.8　VBA 程序的调试

在程序设计过程中，不可避免地会发生这样那样的错误。程序调试就是对程序进行测试，查找程序中隐藏的错误并将这些错误修正或排除。VBA 提供了很强的程序调试的手段。

语法错误是指由于违反了语言有关语句形式或使用规则而产生的错误。例如，语句定义符拼错、内置常量名拼错、变量名定义错、没有正确地使用标点符号、分支结构或循环结构语句的结构不完整或不匹配等。

### 8.8.1 VBA 程序的调试环境和工具

在 VBA 开发环境中，提供了"调试"工具栏，"立即窗口"、"本地窗口"和"监视窗口"，以实现对编写的程序进行监控和跟踪。

#### 1."调试"工具栏

选择"视图"→"工具栏"→"调试"命令，即可弹出"调试"工具栏，如图 8-50 所示。

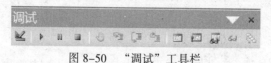

图 8-50 "调试"工具栏

"调试"工具栏中各按钮的功能说明见表 8-12 所示。

表 8-12 "调试"工具栏中各按钮的功能说明

| 按 钮 名 称 | 功 能 说 明 |
| --- | --- |
| 设计模式按钮 | 用于打开或关闭设计模式 |
| 运行子过程/用户窗体按钮 | 如果光标在过程中则运行当前过程；如果用户窗体处于激活状态，则运行用户窗体，否则将运行宏 |
| 中断按钮 | 终止程序的执行，并切换到中断模式 |
| 重新设置按钮 | 消除执行堆栈和模块级变量，并重新设置工程 |
| 切换断点按钮 | 在当前行设置或清除断点 |
| 逐语句按钮 | 一次执行一句代码 |
| 逐过程按钮 | 在代码窗口中一次执行一个过程或一句代码 |
| 跳出按钮 | 执行当前执行点处的过程的其余行 |
| 本地窗口按钮 | 显示"本地窗口" |
| 立即窗口按钮 | 显示"立即窗口" |
| 监视窗口按钮 | 显示"监视窗口" |
| 快速监视按钮 | 显示所选表达式的当前值的"快速监视"对话框 |
| 调用堆栈按钮 | 显示"调用堆栈"对话框，列出当前活动的过程调用 |

上面介绍的"调试"工具栏上各按钮的功能，用户大部分都可以在"调试"菜单下找到。

#### 2.主要调试工具的作用

① 本地窗口：显示当前过程中所有局部变量的当前值。当程序的执行从一个过程切换到另一个过程时，窗口中的内容会发生改变。"本地"窗口中有三个参数。"表达式"表示表达式或变量的名称；"值"表示程序在当前运行状态下表达式或变量的当前值；"类型"表示表达式或变量的类型。

② 立即窗口：显示代码中正在调试的语句所产生的信息，可以在程序代码中利用 Debug.Print 方法，把输出项送到立即窗口中。在立即窗口中可在中断模式下执行代码或查询变量值。

③ 监视窗口：用于显示当前的监视表达式，可帮助用户随时观察某些表达式或变量的值的变化情况，以确定这样的结果是否正确。在监视窗口中可显示选定的表达式的值。

④ 逐语句（调试）执行代码：执行程序的下一行代码，单步执行后续的每个代码行，如果调用了其他过程，则单步执行该过程的每一行。

⑤ 逐过程（调试）执行代码：执行程序的下一行代码，单步执行后续的每个代码行，如果调用了其他过程，则完整执行该过程，然后继续单步执行。

⑥ 跳出执行代码：执行完当前过程的所有余下代码后，再调用本过程的代码的下一行中断执行。

### 8.8.2　程序的错误分类

当程序执行代码时，会产生 3 种类型的错误：编译错误、逻辑错误和运行时错误。

#### 1．编译错误

该错误的产生一般是由各种语法引起的。语法错误可能是由于缺少配对、输入错误、标点丢失或是不适当的使用某些关键字造成的。

当进行编译时，系统对于此种错误会自动显示提示对话框，如图 8-51 所示。

单击"确定"按钮以后，系统会自动将光标定位在程序错误的过程或语句中，并以黄色显示，提示用户进行更正。

图 8-51　编译错误

#### 2．逻辑错误

逻辑错误是指应用程序运行时没有出现语法错误，但是没有按照既定的设计执行，生成了无效的结果。这种错误不提示任何信息，一般是由于程序中错误的逻辑设计引起的。

#### 3．运行时错误

运行时错误是程序在运行过程中发生的错误，程序在一般状态下运行正常，但是遇到非法数据时会发生错误。

### 8.8.3　程序代码颜色说明

从代码窗口中可以看到，程序代码中每一行的每一个单词都具有自己的颜色，这样用户可以从复杂的代码中轻松地辨别出程序的各个部分。代码行中各种颜色所代表的含义如下：

① 绿色：表示注释行，它不会被执行，只用于对代码进行说明。

② 蓝色：表示 VBA 预定义的关键字名。

③ 黑色：表示存储数值的内容，如赋值语句，变量名。

④ 红色：表示有语法错误的语句。

### 8.8.4　VBA 程序的调试

调试 VBA 程序，最主要的两个步骤就是"切换断点"和"单步执行"。"断点"主要用于监视将要执行的某个特定的代码行，并将程序在该语句处停止。"单步执行"就是每次运行一步，以检查每一个语句的正确与否。

#### 1．在"代码"窗口中设置断点

① 启动 Access 2010，进入 VBA 编辑窗口。

② 打开要设置断点的"代码"窗口，将光标定位到窗口中一个执行语句或者赋值语句位置。

③ 单击"调试"工具栏中的"切换断点"按钮，或者选择"调试"→"切换断点"命令，设置断点。

④ 设置断点以后，可以看到在"代码"窗口中出现了"断点"效果，如图 8-52 所示。此时按【F5】键执行该过程，就会发现程序会照常运行，但是只能执行断点代码行之前的程序。

在一个过程中，可以设置多个断点。如果要清除断点，只需要像设置断点一样，执行相同的操作即可。

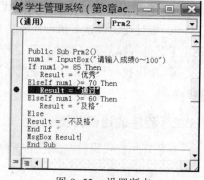

图 8-52　设置断点

### 2. 用"单步执行"调试程序

① 启动 Access 2010，进入 VBA 编辑器。打开要进行调试的"代码"窗口。

② 将光标定位到要调试的过程中的任意位置，单击"单步执行"按钮，程序就执行一条语句，再次单击"单步执行"按钮，程序就会执行下一条语句，以便检查程序的每步状态，调试每一条语句。

【例 8-19】使用调试工具调试例 8-11 根据当前的月份，判断季节的 VBA 程序。

具体操作步骤如下：

① 进入 VBE 界面，打开例 8-11 判断季节程序代码窗口。

② 设置断点：单击命令行"MsgBox "夏""前断点设置区域（即图 8-53 中圆点所在灰色区域），设置此处为断点。

③ 单语句调试：按【F8】键或选择"调试"→"逐语句"命令进行逐语句调试，过程名首先黄色高亮显示，即程序从第一行开始运行，逐步往下执行。

④ 添加监视窗口：选定要监视的变量并右击，在弹出的快捷菜单中选择"添加监视"命令，或选择"调试"→"添加监视"命令，会显示监视窗口，同时监视窗口中该变量或表达式的状态。

⑤ 打开本地窗口可以监视当前过程中所有变量的状态。调试界面如图 8-53 所示。

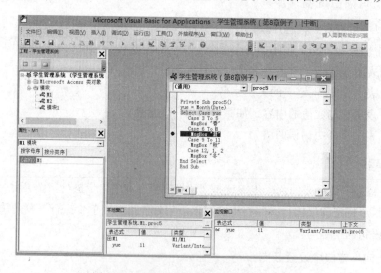

图 8-53　使用调试工具调试 VBA 程序

### 8.8.5 错误处理

当程序运行错误时，VBA 提供以下语句进行相应的处理，防止进一步终止程序的运行。

格式如下：

`On Error Goto 标号`

当发生运行错误时，控制程序将跳转到 On Error 语句所指定的标号处。当发生运行错误时，控制程序将跳转到 On Error 语句所指定的标号处。错误解决后，会返回到引起错误的行或紧跟在错误代码后面的行处执；需要在错误处理前，使用一个语句以退出过程 Exit Sub。

## 知识网络图

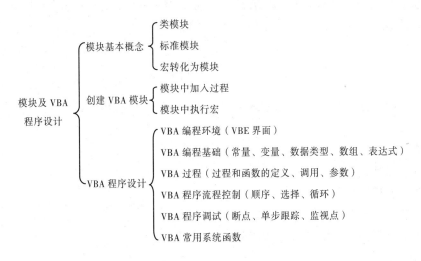

## 习 题 八

### 一、填空题

1. VBA 的全称是_____。

2. VBA 的 3 个程序的流程控制结构是_____。

3. VBA 的错误类型有_____错误、_____错误和_____错误。

### 二、简答题

1. VBA 编程中模块与过程两者有什么区别？

2. 函数过程和子过程有什么不同？

3. VBA 中常用的循环控制语句有哪些？

4. 多分支语句有哪几种？

5. 建立"过程程序"的目的是什么？

6. VBA 有哪几种模块？

### 三、编程题

1. 用顺序结构编程完成乘法器功能。

2. 创建模块，使用分支结构编程：比较两个数的大小。

3. 多路分支结构程序：输出任意 10 个数字中负数的个数，偶数的个数和奇数的个数，请编程。

4. 多路分支结构程序：求分段函数 y 的值。

$$y=\begin{cases} x+1 & x>0 \\ x-1 & x<0 \\ 0 & x=0 \end{cases}$$

5. 把学生成绩划分为 90～100、80～89、60～79、60 分以下，分别给出"优秀"、"良好"、"合格"、"不合格"的等级判断。

6. 登录程序：设计一个用户登录窗口，输入用户名和密码，如用户名或密码为空，则给出提示，重新输入；如用户名和密码不正确，则给出错误提示，结束程序；如用户名和密码正确，则提示"欢迎使用本系统！"并自动打开"学生信息管理系统"。

7. 输出数字 1～10。

8. 编程计算 1～10 之间奇数的平方和。

# 上机实训　Access 程序设计（VBA 编程）

## 一、实验目的

1. 掌握 VBA 的表达式。

2. 掌握 VBA 的常用函数。

3. 掌握 VBA 程序设计方法。

4. 掌握程序基本结构（顺序、分支、多路分支、循环）。

## 二、实验内容

1. 通过立即窗口完成以下各题。

① 填写命令的结果。

```
?7\2
?7 mod 2
?5/2<=10
?#2012-03-05#
?"VBA"&"程序设计基础"
?"Access"+"数据库"
?"x+y="&3+4
a1 = #2009-08-01#
a2=a1+35
?a2
?a1-4
```

图 8-54　命令运行结果

命令的运行结果如图 8-54 所示。

② 在命令窗口中输入表 8-13 所示的命令，填写其运算结果与功能。

表 8-13 填写函数的运算结果和功能

| 在立即窗口中输入命令 | 结　　果 | 功　　能 |
|---|---|---|
| 数值处理函数 | | |
| ?int(-3.25) | | |
| ?sqr(9) | | |
| ?sgn(-5) | | |
| ?fix(15.235) | | |
| ?round(15.3451,2) | | |
| ?abs(-5) | | |
| ?InStr("ABCD","CD") | | |
| c="Beijing University" | | |
| ?Mid(c,4,3) | | |
| ?Left(c,7) | | |
| ?Right(c,10) | | |
| ?Len(c) | | |
| d="　BA　" | | |
| ?"V"+Trim(d)+"程序" | | |
| ?"V"+Ltrim(d)+"程序" | | |
| ?"V"+Rtrim(d)+"程序" | | |
| ?"1"+Space(4)+"2" | | |
| 日期与时间函数 | | |
| ?Date() | | |
| ?Time() | | |
| ?Year(Date()) | | |
| 类型转换函数 | | |
| ?Asc("BC") | | |
| ?Chr(67) | | |
| ?Str(100101) | | |
| ?Val("2010.6") | | |

表 8-13 中相应命令的运行结果如图 8-55 所示。

图 8-55 函数和运行结果

2. 编写顺序结构程序：编程完成加、减、乘除法器功能。

3. 编写分支结构程序：比较两个数的大小。

4. 编写多路分支结构程序：输出任意 10 个数字中负数的个数，偶数的个数和奇数的个数，请编程。

5. 编写循环结构程序：编程求 $S=1+(1+2)+(1+2+3)+(1+2+3+4)+\cdots+(1+2+3+\cdots N)$（$N=30$）。

### 三、实验操作步骤

略。

### 四、实验要求

1. 明确实验目的。

2. 按内容完成以上步骤的操作得到结果验证。

3. 按规定格式书写实验报告。

# 第9章 │ 数据库的安全措施

为了更好地利用数据库应用系统的资源，Access 还提供了一系列安全措施。Access 2010 提供了经过改进的安全模型，该模型有助于简化将安全性应用于数据库以及打开已启用安全性的数据库的过程。

**本章主要内容：**

- 使用密码加密 Access 数据库。
- 压缩和修复数据库。
- 数据库打包、签名和分发。
- 使用信任中心。

## 9.1 使用密码加密 Access 数据库

数据库访问密码是指为打开数据库而设置的密码，它是一种保护 Access 数据库的简便方法。设置密码后，打开数据库时将显示要求输入密码的对话框，只有正确输入密码的用户才能打开数据库。

### 9.1.1 创建数据库访问密码

具体操作步骤如下：

① 以独占方式打开数据库。启动 Access 2010，在 Backstage 视图中选择"文件"→"打开"命令。

② 弹出"打开"对话框，通过浏览找到要打开的文件，然后选择该文件。

③ 单击"打开"按钮旁边的下拉按钮▼，在弹出的菜单中选择"以独占方式打开"命令，如图 9-1 所示。

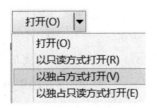

图 9-1 以独占方式打开数据库

④ 在打开的数据库窗口中，选择"文件"→"信息"命令，接着在右侧窗口中单击"用密码进行加密"按钮，如图 9-2 所示。

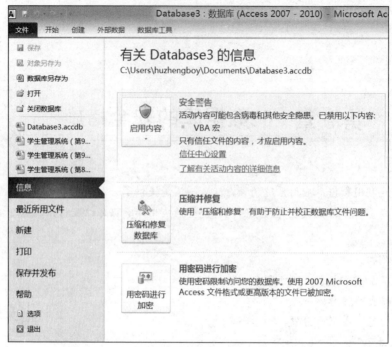

图 9-2 用密码进行加密

⑤ 弹出"设置数据库密码"对话框。在"密码"文本框中输入密码，然后在"验证"文本框中再输入一遍。单击"确定"按钮即可完成密码的创建，如图 9-3 所示。

⑥ 关闭此数据库文件，以后再打开此数据库时，将弹出"要求输入密码"对话框，必须输入正确的密码，才能访问该数据库。如图 9-4 所示。

图 9-3 设置数据库密码

图 9-4 输入密码

### 9.1.2 去掉密码

具体操作步骤如下：

① 启动 Access 2010，在 Backstage 视图中选择"文件"→"打开"命令，并选择独占方式打开数据库，弹出"要求输入密码"对话框。

② 用户只有正确输入数据库密码后，才能打开已加密的"数据库"文件。

③ 选择"文件"→"信息"命令，在右侧窗口中单击"解密数据库"按钮，如图 9-5 所示。

④ 弹出"撤销数据库密码"对话框，如图 9-6 所示。

⑤ 在"密码"文本框中输入密码，然后单击"确定"按钮。

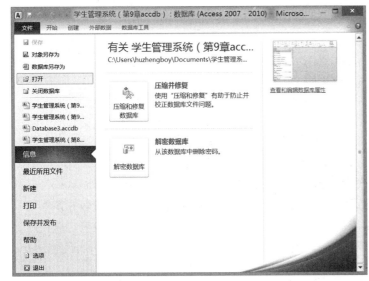

图 9-5　解密数据库　　　　　　　　　　　图 9-6　"撤销数据库密码"对话框

# 9.2　压缩和修复数据库

数据库文件在使用过程中可能会迅速增大，它们有时会影响性能，有时也可能被损坏。在 Microsoft Office Access 中，可以使用"压缩和修复数据库"命令来防止或修复这些问题。

需要说明的是，压缩数据库并不是压缩数据，而是通过清除未使用的空间来缩小数据库文件。

具体操作步骤如下：

① 启动 Access 2010，打开想要压缩或修复的数据库。

② 选择"文件"→"信息"命令，单击右边的"压缩和修复数据库"按钮即可，如图 9-7 所示。

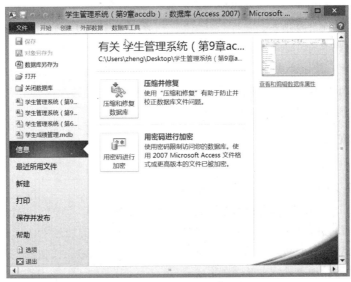

图 9-7　压缩和修复数据库

③ 对比压缩前后的数据库，其占用空间明显减少，如图 9-8 所示。

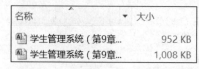

图 9-8　压缩前后数据库大小对比

# 9.3　数据库打包、签名和分发

使用 Access 可以轻松而快速地对数据库进行签名和分发。创建.accdb 文件或.accde 文件后，可以将该文件打包，对该包应用数字签名，然后将签名包分发给其他用户。"打包并签署"工具会将该数据库放置在 Access 部署（.accdc）文件中，对其进行签名，然后将签名包放在确定的位置。随后，其他用户可以从该包中提取数据库，并直接在该数据库中工作，而不是在包文件中工作。

将数据库打包并对包进行签名是一种传达信任的方式。在对数据库打包并签名后，数字签名会确认在创建该包之后数据库未进行过更改。

要创建一个签名包，首先必须要有一个安全证书。如果没有安全证书，则可以使用 SelfCert 工具创建一个。

## 9.3.1　创建自签名证书

具体操作步骤如下：

① 选择"开始"→"所有程序"→"Microsoft Office"→"Microsoft Office 工具"→"VBA 项目的数字证书"命令。或通过浏览找到 Office 2010 程序文件所在的文件夹。默认文件夹驱动器是:\Program Files\Microsoft Office\Office14。在该文件夹中，找到并双击"SelfCert.exe"，弹出"创建数字证书"对话框，如图 9-9 所示。

② 在"您的证书名称"文本框输入新证书名称。

③ 单击"确定"按钮两次即可创建完成。

如果未显示"VBA 项目的数字证书"命令或无法找到 SelfCert.exe，则可能需要安装 SelfCert 文件。

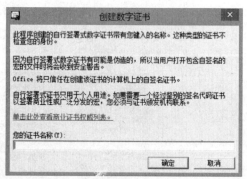

图 9-9　"创建数字证书"对话框

## 9.3.2　安装 SelfCert.exe

具体操作步骤如下：

① 启动 Office 2010 安装 CD 或其他安装媒体。

② 在安装程序中，单击"添加或删除功能"按钮，然后单击"继续"按钮。

③ 单击"Microsoft Office"→"Office 共享功能"结点旁边的加号（+），以展开它们。

④ 单击"VBA 项目的数字证书"→"从本机运行"→"继续"按钮安装该组件。安装完成后，单击"关闭"按钮即可。

### 9.3.3　创建签名包

具体操作步骤如下：

① 启动 Office 2010，打开要打包并签名的数据库文件"学生管理系统"。

② 选择"文件"→"保存并发布"命令，在右侧的"高级"选项组下单击"打包并签署"按钮，如图 9-10 所示。

图 9-10　打包并签署

③ 弹出"Windows 安全"对话框，选择数字证书，单击"确定"按钮，如图 9-11 所示。

④ 弹出"创建 Microsoft Access 签名包"对话框，如图 9-12 所示。

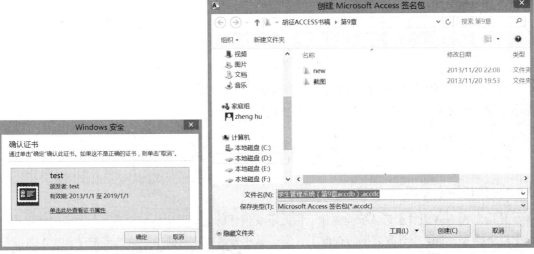

图 9-11　选择数字证书　　　　　图 9-12　"创建 Microsoft Access 签名包"对话框

⑤ 为签名的数据库包选择一个位置。在"文件名"文本框中为签名包输入一个名称，然后单击"创建"按钮。Access 将创建 .accdc 文件并将其放置在所选择的位置。

### 9.3.4　提取并使用签名包

具体操作步骤如下：

① 启动 Access 2010，在 BackStage 视图中选择"文件"→"打开"命令。

② 弹出"打开"对话框，在"文件类型"下拉列表框中选择"Microsoft Office Access 签名包(*.accdc)"选项，如图 9-13 所示。

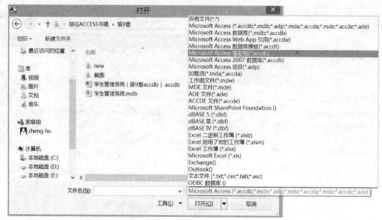

图 9-13　"打开"对话框

③ 找到.accdc 文件所在的文件夹，选择该文件后单击"打开"按钮。

④ 弹出"Microsoft Access 安全声明"对话框，如图 9-14 所示。

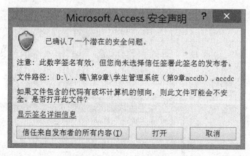

图 9-14　"Microsoft Access 安全声明"对话框

⑤ 单击"信任来自发布者的所有内容"按钮，弹出"将数据库提取到"对话框，选择一个保存位置，然后单击"确定"按钮即可提取数据库。

# 9.4　信　任　中　心

### 9.4.1　信任中心概述

有几个 Access 组件会造成安全风险，因此不受信任的数据库中将禁用这些组件：包括动作查询（用于插入、删除或更改数据的查询）、宏、一些表达式（返回单个值的函数）和 VBA 代码。

为了确保用户数据更加安全，每当打开数据库时，Access 和信任中心都将执行一组安全检查。此过程如下：

在打开.accdb 或.accde 文件时，Access 会将数据库的位置提交到信任中心。如果信任中心确定该位置受信任，则数据库将以完整功能运行。如果打开具有早期版本的文件格式的数据库（如.mdb），则 Access 会将文件位置和有关文件的数字签名（如果有）的详细信息提交到信任中心。

信任中心将审核"证据"，评估该数据库是否值得信任，然后通知 Access 如何打开数据库。Access 或者禁用数据库，或者打开具有完整功能的数据库。

如果信任中心禁用数据库内容，则在打开数据库时将出现消息栏。

如果不信任数据库且没有将数据库放在受信任的位置，在打开数据库时，Access 将禁用所有可能不安全的代码或其他组件，并显示消息栏，如图 9-15 所示。

⚠ **安全警告**　部分活动内容已被禁用。单击此处了解详细信息。　启用内容

图 9-15　禁用活动内容消息栏

显示消息栏时，可以选择是否要信任数据库中禁用的内容。如果要选择信任已禁用的内容，则单击"启用内容"按钮。这时，Access 将启用已禁用的内容（包括潜在的不安全的恶意代码）。如果恶意代码损坏了数据或计算机，Access 将无法弥补该损失。

信任中心是一个对话框，它为设置和更改 Access 的安全设置提供了一个集中的位置。使用信任中心可以为 Access 创建或更改受信任位置并设置安全选项。在 Access 实例中打开新的和现有的数据库时，这些设置将影响它们的行为。信任中心包含的逻辑还可以评估数据库中的组件，确定打开数据库是否安全，或者信任中心是否应禁用数据库，并让用户判断是否启用它。

## 9.4.2　使用信任中心

Access 2010 提供的"信任中心"，可以设置数据库的安全和隐私功能，对于用户能确定安全的文件，可以新建一个文件夹集中存放在那里。然后设为信任位置，这样打开该文件夹的数据库就不会出现烦人的提示框了。

具体操作步骤如下：

① 启动 Access 2010，在 BackStage 视图中选择"文件"→"选项"命令。

② 弹出"Access 选项"对话框，单击窗口左侧的"信任中心"选项，然后单击右侧的"信任中心设置"按钮，如图 9-16 所示。

图 9-16　"Access 选项"对话框

③ 将出现"信任中心"对话框。在左窗格中，选择"受信任位置"选项，然后单击"添加新位置"按钮，如图 9-17 所示。

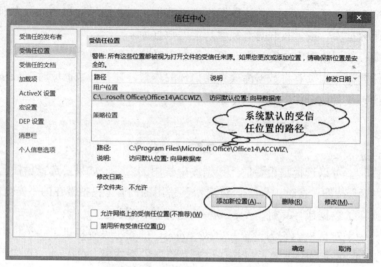

图 9-17　"信任中心"对话框

④ 弹出"Microsoft Office 受信任位置"对话框，在"路径"文本框中输入要设置为受信任源的位置的文件路径和文件夹名称，也可以单击"浏览"按钮定位文件夹。默认情况下，该文件夹必须位于本地驱动器上。如果要允许受信任的网络位置，可在"信任中心"对话框中选中"允许网络上的受信任位置(不推荐)"复选框，如图 9-18 所示。

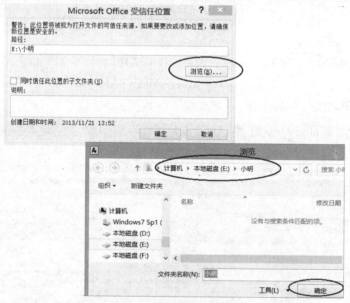

图 9-18　"Microsoft Office 受信任位置"对话框

⑤ 选定好文件夹位置后，单击"确定"按钮即可完成新的受信任位置的添加，将数据库文件移动到或复制到受信任位置，以后打开存放此受信任位置的数据库文件时，Access 将不作出信任决定。

### 9.4.3　Access 2010 和用户级安全机制

对于使用新文件格式创建的数据库（.accdb 和.accde 文件），Access 2010 不提供用户级安全机制。但是，如果在 Access 2010 中打开来自 Access 早期版本的数据库，并且该数据库应用了用户级安全机制，则这些设置仍将有效。

如果将具有用户级安全机制的数据库从 Access 的早期版本转换为新的文件格式，Access 将自动去掉它的所有安全设置，并应用.accdb 或.accde 文件的安全保护规则。

## 知识网络图

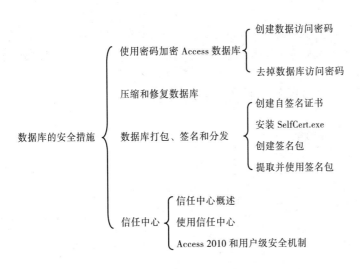

## 习　题　九

**一、选择题**

1. 下面（　　）是签名包的格式扩展名。

　　A．.accdb　　　　　　　　B．.accde　　　　　　　　C．.accdc　　　　　　　　D．.accdt

2. 下面（　　）Access 组件会造成安全风险。

　　A．动作查询　　　　　　　B．宏　　　　　　　　C．VBA 代码　　　　　　　　D．图片

**二、操作题**

1. 如何为数据库创建访问密码？

2. 如何为数据库创建签名包，并提取和使用签名包？

3. 如何创建一个新的受信任位置，将数据库存在在该位置？

# 第10章 | Access 数据库应用系统开发实例 ——教学管理系统

本章将介绍运用 Access 开发应用程序的方法和步骤。前面的章节分别学习了数据表、查询、窗体和报表等设计方法，本章将介绍如何将这些对象组织起来，最终形成一个具有完整功能的应用程序。

## 10.1　系统方案设计

一般来说，Access 数据库应用系统设计的过程是按照图 10-1 进行的。

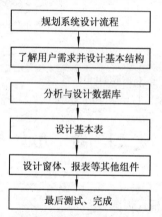

图 10-1　Access 数据库应用系统设计的过程

最初进行方案设计，看似对 Access 数据库应用系统的开发没有什么直接的作用，但实际上，这个设计方案是以后设计工作的指导性文件。设计好明确的系统部分、模块，可以大大提高系统开发的效率。

## 10.2　系统需求分析

在开发应用程序之前，应该首先进行系统分析，要明确用户需求，以及为满足用户需求应用程序应达到的标准。用户需求包括：功能、性能、环境、可靠性、安全保密、用户界面、软件成本与开发进度等方面，以及在此基础上调查、分析开发应用程序的可行性，包括经济可行性、技术可行性和用户使用可行性等。只有通过缜密的系统分析，才能决定一个应用程序能否开发。

当决定要开发一个应用程序，要做到与用户深入交流，考察工作现场，跟踪业务流程，逐步明确和细化程序的具体功能。没有细致的调查，开发出来的应用程序可能会与用户的需求存在较大差距，这样的系统是没有实用价值的。

例如，要开发一个教学管理系统，初始界面如图 10-2 所示。首先通过调查明确以下的问题：该学校是否需要这样的一个管理系统，是否已经存在类似的教学管理系统（运行环境可行性分析），若使用计算机进行教学管理是否节约了人力、物力及其他方面的效益（经济性分析），负责选课管理的教务工作人员是否具有操作常用计算机软件的能力，是否有足够的技术开发这样一个管理系统（技术可行性分析）等。

图 10-2　教学管理系统初始界面

# 10.3　系 统 设 计

## 10.3.1　系统功能设计

如果决定开发教学管理系统，就应当深入了解教学管理工作的各个细节，根据管理工作的要求，设计出应用程序的功能模块。根据实际的调研，应用程序应具有以下功能：

教师信息管理，可以管理教师编号、姓名、性别、工资、职称、教研室等教师信息；

学生信息管理，可以管理学号、姓名、性别、出生日期、籍贯和班级编号等学生信息；

课程信息管理，可以管理课程编号、课程名称、学分和学时等课程信息。

安全管理：在数据库系统中设置系统登录模块，是维持系统安全性的最简单方法，在任何数据库系统中，该模块都是必需的。

教学管理系统的功能主界面如图 10-3 所示。

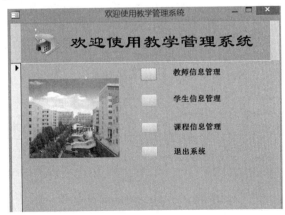

图 10-3　系统功能主界面

### 10.3.2　数据库设计

在前面的步骤中，已经初步完成了信息收集，在设计数据库之前，还需要将这些信息细化，确切知道数据库中将要存储什么信息。

找到将要存储在数据库中的全部信息后，需要创建一个清单，包含所有信息数据化后的数据类型和属性。将所有的数据以合理的方式排列在数据库的不同表中，即数据库结构设计。

数据库设计是开发数据库应用系统非常重要的一步，数据库结构的好坏将直接影响到系统的性能、程序设计的复杂程度和系统的可维护性等，怎样区分数据库设计的好与不好呢？好的数据库应便于检索需要的数据，表现出完整性，使得数据在更新之后仍保持完整性，而且性能尽可能良好；不好的数据库设计包括字段及表名含义模糊，需要用户对同样的数据输入多次，再一次更新操作时要在多个位置更改同一条数据的值，数据库中的数据不一致，数据之间的关系不明确，检索速度缓慢等。

数据库设计主要包括两部分：概念设计和结构设计。这里以教学管理系统为例来介绍数据库设计。

#### 1．概念设计

概念设计的建立方法主要采用实体–关系图（简称 E–R 图）来描述关系模型。实体–关系用来形象地描述实体与属性的关系以及实体集之间的关系，在实体–关系图中，用矩形表示实体，用椭圆表示属性，实体与属性之间用连线连接起来；实体集之间的关系用菱形表示。下面是所有涉及教学管理系统的 E–R 图。

（1）描述实体与属性的关系

教学管理系统中涉及教师、学生、课程、成绩 4 个实体集，如图 10-4～图 10-7 所示，描述了实体与属性之间的关系。

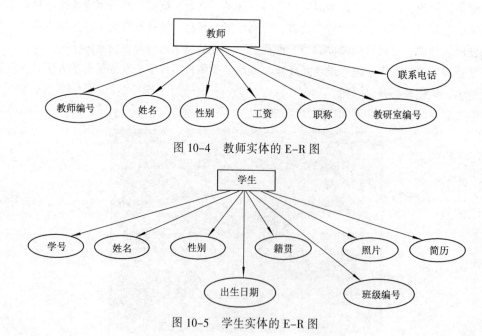

图 10-4　教师实体的 E–R 图

图 10-5　学生实体的 E–R 图

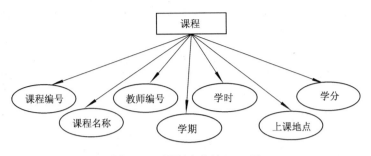

图 10-6　课程实体的 E-R 图

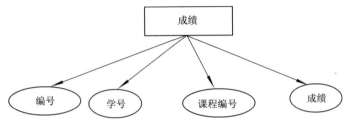

图 10-7　成绩实体的 E-R 图

（2）描述实体集之间的联系

教学管理系统中，学生选课涉及学生和课程两个实体，教师通过上课与课程实体集建立关系，图 10-8 所示为实体集间的联系。

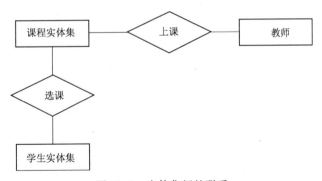

图 10-8　实体集间的联系

## 2．结构设计

（1）确定数据库中的表

一个数据表包含一个主题信息，在一个数据表中不可能将所有的信息全部包括，如果在一个数据表中记录多组信息，那就会出现大量的重复字段，造成存储空间的浪费。在教学管理系统中，需要建立 4 个表，即教师表、学生表、课程表和成绩表。

（2）确定每个表的结构

根据分析，每个表所需的字段用关系模式表示为：

教师 (教师编号,姓名,性别,工资,职称,教研室编号，联系电话)
学生 (学号,姓名,性别,出生日期,籍贯,班级编号,照片,简历)
课程 (课程编号,课程名称,教师编号,上课地点,学时,学分，学期)
成绩 (编号,学号,课程编号,成绩)

"教师"表结构如表 10-1 所示，"学生"表结构如表 10-2 所示，"课程"表结构如表 10-3 所示，"成绩"表结构如表 10-4 所示。

表 10-1 "教师"表结构

| 字 段 名 称 | 数 据 类 型 | 字 段 宽 度 | 是 否 主 键 |
| --- | --- | --- | --- |
| 教师编号 | 文本 | 7 | 是 |
| 姓名 | 文本 | 6 | 否 |
| 性别 | 文本 | 2 | 否 |
| 工资 | 数字 | 长整型 | 否 |
| 职称 | 文本 | 8 | 否 |
| 教研室编号 | 文本 | 6 | 否 |
| 联系电话 | 文本 | 10 | 否 |

表 10-2 "学生"表结构

| 字 段 名 称 | 数 据 类 型 | 字 段 宽 度 | 是 否 主 键 |
| --- | --- | --- | --- |
| 学号 | 文本 | 6 | 是 |
| 姓名 | 文本 | 6 | 否 |
| 性别 | 文本 | 2 | 否 |
| 出生日期 | 日期/时间 | | 否 |
| 籍贯 | 文本 | 10 | 否 |
| 班级编号 | 文本 | 8 | 否 |
| 照片 | OLE 对象 | | 否 |
| 简历 | 备注 | | 否 |

表 10-3 "课程"表结构

| 字 段 名 称 | 数 据 类 型 | 字 段 宽 度 | 是 否 主 键 |
| --- | --- | --- | --- |
| 课程编号 | 文本 | 5 | 是 |
| 课程名称 | 文本 | 12 | 否 |
| 学时 | 数字 | 整型 | 否 |
| 学分 | 数字 | 整型 | 否 |
| 学期 | 数字 | 整型 | 否 |
| 教师编号 | 文本 | 7 | 否 |
| 上课地点 | 文本 | 5 | 否 |

表 10-4 "成绩"表结构

| 字 段 名 称 | 数 据 类 型 | 字 段 宽 度 | 是 否 主 键 |
| --- | --- | --- | --- |
| 编号 | 自动编号 | 长整型 | 是 |
| 学号 | 文本 | 6 | 否 |
| 课程编号 | 文本 | 5 | 否 |
| 成绩 | 数字 | 单精度型 | 否 |

（3）确定表间关系

要确定两个表之间的关系，可以使其中一个表的主关键字成为另一个表的一个字段，两个表都有该字段，就可以通过共同的字段建立联系。

"学生表"和"成绩表"之间通过"学号"字段建立一对多的关系，"课程表"和"成绩表"之间通过"课程代号"字段建立一对多的关系，"教师表"和"课程表"之间通过"教师编号"字段建立一对多的关系，具体关系如图 10-9 所示。

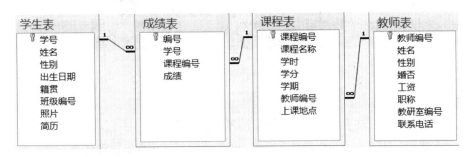

图 10-9　教学管理系统的表间关系

（4）录入数据

按照要求，为数据表录入基础数据，其他记录信息可以通过窗体设计添加。

（5）优化设计

重新检查设计方案，查看各个表及表之间的关系，对不足之处进行修改。一般的做法是创建数据表，向表中输入一些实际数据记录，并创建所需的查询、报表及窗体等其他数据库对象以进行实际的检验，看能否从表中得到想要的结果，如果达不到预期的效果，则还需进一步修改，经过反复测试修改，最终设计出一个完善的数据库，进而开发出比较好的数据库应用系统。

### 10.3.3　界面设计

界面设计是软件设计的重要环节之一，主要包括 3 方面：设计软件构件之间的接口；设计模块和其他非用户的信息生产者和消费者的界面；设计用户和计算机间的界面。

在有关界面设计的原则中，Theo Mandel 创造了 3 条黄金原则：置用户于控制之下；减少用户的记忆负担；保持界面一致。

关于用户操作控制的具体原则是以不强迫用户进入不必要的或不希望的动作的方式来定义交互方式、提供灵活的交互、允许用户交互可以被中断和撤销、当技能级别增加时可以使交互流水化并允许定制交互、使用户隔离内部技术细节、设计应允许用户和出现在屏幕上的对象直接交互、减少对短期记忆的要求、建立有意义的默认、定义直觉性的捷径、界面的视觉布局应该基于真实世界的隐喻、以不断进展的方式揭示信息和所有可视信息的组织均按照贯穿所有屏幕显示所保持的设计标准等要求，根据具体情况进行设计。

#### 1．系统登录界面

系统登录界面的设计窗口如图 10-10 所示。

详细实现方法请读者参见本书第七章的相关内容，这里就不再赘述。

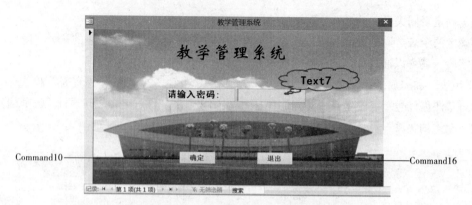

图 10-10 系统登录界面的设计窗口

### 2. 系统主功能界面

输入正确的密码后，进入如图 10-11 所示的界面。这是一个"手工"创建的切换面板。具体实现方法分为两个步骤，第一步创建界面窗体，第二步为窗体添加事件过程。

（1）创建界面窗体

具体操作步骤如下：

① 启动 Access 2010，打开"教学管理系统"数据库。

② 单击功能区"创建"选项卡下"窗体"组中的"窗体设计"按钮，Access 即新建一个窗体并进入设计视图，如图 10-12 所示。

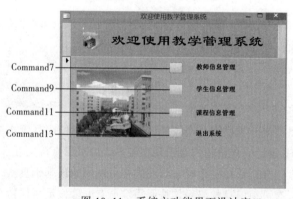

图 10-11 系统主功能界面设计窗口

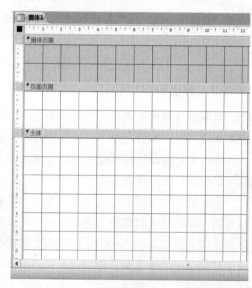

图 10-12 创建切换面板窗体

③ 添加窗体标题，单击功能区"设计"选项卡下"页面/页脚"组中的"标题"按钮，显示出窗体页眉节，调整窗体布局，并在窗体的页眉区域添加一个"矩形"控件，设置背景属性，添加标签控件，设置为"欢迎使用教学管理系统"，设置字体，再在标题左边添加一个徽标控件。

④ 利用命令按钮控件和标签控件，为窗体添加几个按钮和标签，添加按钮：单击功能区"设

计"选项卡下"控件"组中的"按钮"控件,并在窗体主体区域单击,弹出"命令按钮向导"对话框;单击"取消"按钮,取消该向导;调整按钮布局,删除其"标题"属性中的信息。添加标签:在按钮控件右方添加一个"标签"控件;将其"标题"属性改为"教师信息管理"。设置主体节背景颜色。

⑤ 单击标签控件,在标签控件左边出现控件关联图标 ◇;单击该图标,在弹出的菜单中选择"将标签与控件关联"命令;在弹出的"关联标签"对话框中,选择与之对应的按钮控件,并单击"确定"按钮。由此,按钮控件就与标签控件建立了关联,如图 10-13 所示。

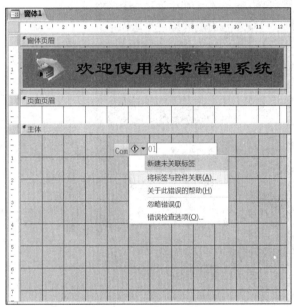

图 10-13　创建按钮和标签

⑥ 重复以上步骤,完成其余两组按钮控件和标签控件的创建和关联。每个控件的属性按照表 10-5 进行修改。

表 10-5　"切换面板"窗体

| 控 件 类 型 | 控 件 名 称 | 属　性 | 属 性 值 |
| --- | --- | --- | --- |
| 图像 | Image16 | 图片 | 教学楼.jpg |
| 标签 | Label1 | 标题 | 教师信息管理 |
| 标签 | Label2 | 标题 | 学生信息管理 |
| 标签 | Label3 | 标题 | 课程信息管理 |
| 标签 | Label4 | 标题 | 退出系统 |
| 按钮 | Command 7 | 标题 | |
| 按钮 | Command 9 | 标题 | |
| 按钮 | Command 11 | 标题 | |
| 按钮 | Command 13 | 标题 | |

⑦ 单击"保存"按钮,命名为"切换窗体",如图 10-14 所示。

⑧ 建立了切换面板的窗体，并设置了窗体中的各个控件，但是该窗体没有任何的事件过程，只是一个界面，还必须为该窗体加上代码才能完成设计的功能。下面介绍如何加入各种事件过程。

（2）为窗体添加事件过程

具体操作步骤如下：

① 打开"切换面板"窗体的设计视图，选中 Command 7 按钮控件，单击功能区"设计"选项卡下"工具"组中的"属性表"按钮，弹出该按钮控件的"属性表"窗格，如图 10-15 所示。

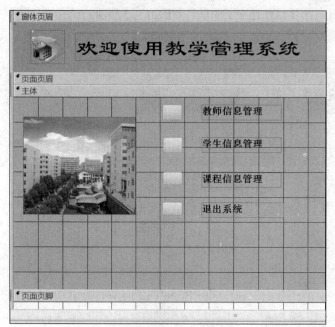

图 10-14  创建切换面板          图 10-15  按钮控件的"事件"选项卡

② 单击右边的省略号按钮，进入 VBA 编辑器，添加 Command 7 按钮控件的代码如下：

```
Private Sub Command7_Click()
  DoCmd.OpenForm "教师信息系统"
End Sub
```

③ 使用同样的方法，分别为剩余的按钮添加代码，各个按钮的代码如下：

```
Private Sub Command9_Click()
    DoCmd.OpenForm "学生信息系统"
End Sub
Private Sub Command11_Click()
    DoCmd.OpenForm "课程信息系统"
End Sub

Private Sub Command13_Click()
    DoCmd.Quit
End Sub

Private Sub Command7_Click()
```

```
        DoCmd.OpenForm "教师信息系统"
End Sub

Private Sub Command9_Click()
        DoCmd.OpenForm "学生信息系统"
End Sub

Private Sub Command11_Click()
        DoCmd.OpenForm "课程信息系统"
End Sub
```

本书在第 5 章介绍了在 Access 2010 中打开.mdb 数据库来"全自动"建立切换面板的方法，这里"手工"建立切换面板的方法虽然相对比较烦琐，但是建立的切换面板界面更美观，可根据用户的需求灵活定制。

### 3．教师信息管理界面

教师信息管理界面如图 10-16 所示。

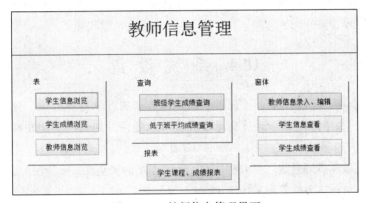

图 10-16　教师信息管理界面

### 4．学生信息管理界面

学生信息管理界面如图 10-17 所示。

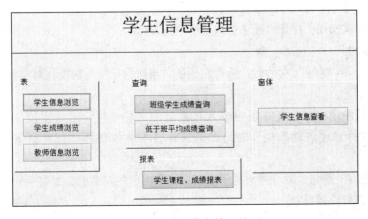

图 10-17　学生信息管理界面

**5. 课程信息管理界面**

课程信息管理界面如图10-18所示。

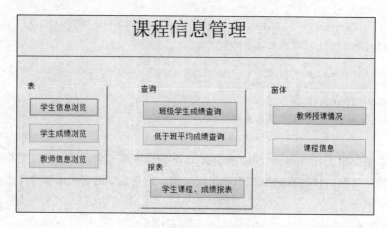

图10-18　课程信息管理界面

教学管理系统中的表、窗体、查询、报表和编码实现的具体方法这里就不再详叙，请读者参考本书前面的相关章节。

# 10.4　系统设置

经过上面的步骤，已经建立了适合于学校具体需求的教学管理系统。建立完成以后，还可以对系统进行一些小的设置。通过简单设置，可以使设计的系统更加友好、更加人性化、更加安全。

当用户双击"教学管理系统"打开程序时，为了系统的安全性，强制用户必须登录窗体，输入正确的密码后方可进入教学管理系统。

在Access 2010中设置自动启动窗体主要有两种方法，即通过Access设置和通过AutoExec宏，下面对这两种方法分别加以介绍。

**1. 通过Access设置自动启动窗体**

具体操作步骤如下：

① 启动Access 2010，打开"教学管理系统"数据库。

② 选择"文件"→"选项"命令。

③ 弹出"Access选项"对话框，选择左侧的"当前数据库"选项，对当前的数据库进行设置，如图10-19所示。

④ 在"应用程序标题"文本框中输入该系统的名称"教学管理系统"。在"显示窗体"下拉列表框中选择想要启动数据库时启动的窗体，本例中选择"登录窗体"作为自启动的窗体。

⑤ 单击"确定"按钮，系统弹出提示重新启动数据库的对话框，如图10-20所示，提示重新启动数据库后即可完成设置。

图 10-19　数据库设置

图 10-20　数据库设置提示

### 2. 通过 AutoExec 宏设置自动启动窗体

通过编写一个自动打开窗体的宏，也可以打开设定的窗体，并且可以利用宏中的各种选项，完成更加完善的设置。

关于创建 AutoExec 宏自动启动"登录窗体"的具体方法，本书已在第 7 章做了详细的说明，读者可查阅相关内容。在本例中，选择采用 AutoExec 宏的方法来启动"登录窗体"。

## 10.5　系 统 运 行

至此就完成了系统的所有设计和设置，现在让我们运行教学管理系统。

具体操作步骤如下：

① 双击"教学管理系统.accdb"数据库文件。

② 系统弹出"登录"对话框，如图 10-21 所示。

图 10-21　登录教学管理系统

③ 在"请输入密码"文本框中输入"123456",单击"确定"按钮。

④ 弹出"欢迎使用教学管理系统"切换面板,如图 10-22 所示。

图 10-22 "欢迎使用教学管理系统"切换面板

⑤ 单击切换面板中的选项,即可进入相应的信息管理界面,查看相应的信息。单击"退出"按钮,则退出该系统。

# 知识网络图

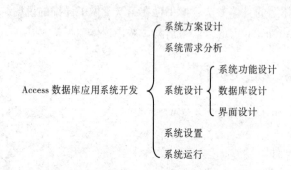

# 附录 A 实验报告示例

## 实验 建立一个数据库

实验类型：___验证性___ 实验课时：___学时 指导教师：_____
时　　间：___年_月_日 课　　次：第___节 教学周次：第___周
实验机房：_____ 实验台号：_____ 姓　　名：_____

### 一、实验目的

1. 熟悉 Access 2010 的界面。
2. 掌握 Access 2010 启动与退出的操作方法。
3. 掌握 Access 2010 创建、打开和关闭数据库的操作方法。

### 二、实验环境

1. 硬件：学生用计算机、局域网环境。
2. 软件：Windows 7 中文操作系统、Access 2010 中文版。

### 三、实验内容

建立"教学管理.accdb"数据库，并将创建好的数据库文件保存在"E:\实验一"文件夹中。

### 四、实验步骤

1. 启动 Access 2010，在中间窗格的上方，单击"空数据库"选项，在右侧窗格的"文件名"文本框中给出一个默认的文件名"Database1.accdb"，把它修改为"教学管理"，如图 A-1 所示。

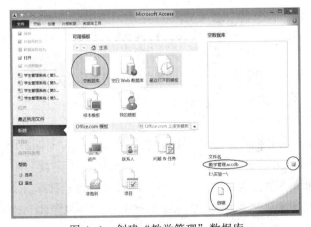

图 A-1 创建"教学管理"数据库

2. 单击"浏览"按钮 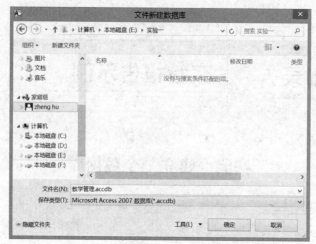，弹出"新建数据库"对话框，选择数据库的保存位置，在"E\实验一"文件夹中，单击"确定"按钮，如图 A-2 所示。

图 A-2  "文件新建数据库"对话框

3. 返回到 Access 启动界面，显示将要创建的数据库的名称和保存位置，如果用户未提供文件扩展名，Access 将自动添加上。

4. 在右侧窗格下面，单击"创建"按钮（见图 A-1）。

5. 开始创建空白数据库，自动创建一个名称为表 1 的数据表，并以数据表视图方式打开这个表 1，如图 A-3 所示。

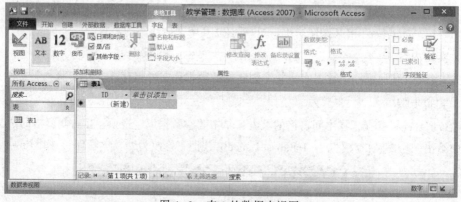

图 A-3  表 1 的数据表视图

6. 这时光标将位于"添加新字段"列中的第一个空单元格中，现在就可以输入添加数据，或者从另一数据源粘贴数据。

**五、实验总结与心得体会**

通过这次实验，本人基本熟悉了 Access 2010 的界面，掌握了 Access 2010 的启动与退出，Access 2010 创建、打开和关闭数据库的操作方法，自己动手创建了一个"教学管理"数据库，加深了对 Access 数据库概念知识的理解。从中体会到了实际运用的重要性。我将在接下来的课程中，尽自己最大的努力，多练习，多实践，努力学习 Access 数据库知识。（根据自己的情况填写）

# 第一部分　公共基础知识要点总结

## 一、数据结构与算法

### 1. 算法

算法：是指解题方案的准确而完整的描述。

算法不等于程序，也不等于计算方法，程序的编制不可能优于算法的设计。

算法的基本特征：是一组严谨地定义运算顺序的规则，每一个规则都是有效的，是明确的，此顺序将在有限的次数下终止。特征包括：

（1）可行性；算法必须可行。

（2）确定性，算法中每一个步骤都必须有明确的定义，不允许有模棱两可的解释，不允许有多义性。

（3）有穷性，算法必须能在有限的时间内做完，即能在执行有限个步骤后终止，包括合理的执行时间的含义。

（4）拥有足够的情报。

算法的基本要素：一是对数据对象的运算和操作；二是算法的控制结构。

指令系统：一个计算机系统能执行的所有指令的集合。

基本运算和操作：算术运算、逻辑运算、关系运算、数据传输。

算法的控制结构：顺序结构、选择结构、循环结构。

算法的基本设计方法：列举法、归纳法、递推、递归、减半递推技术、回溯法。

算法复杂度：算法时间复杂度和算法空间复杂度。

算法时间复杂度是指执行算法所需要的计算工作量。

算法空间复杂度是指执行算法所需要的内存空间。

### 2. 数据结构的基本概念

数据结构研究的三个方面：

（1）数据集合中各数据元素之间所固有的逻辑关系，即数据的逻辑结构。

（2）在对数据进行处理时，各数据元素在计算机中的存储关系，即数据的存储结构。

（3）对各种数据结构进行的运算。

数据结构是指相互有关联的数据元素的集合。

数据的逻辑结构包含：

（1）表示数据元素的信息。

（2）表示各数据元素之间的前后件关系。

数据的存储结构有顺序、链接、索引等。

线性结构条件：

（1）有且只有一个根结点。

（2）每一个结点最多有一个前件，也最多有一个后件。

非线性结构：不满足线性结构条件的数据结构。

### 3. 线性表及其顺序存储结构

线性表由一组数据元素构成，数据元素的位置只取决于自己的序号，元素之间的相对位置是线性的。

在复杂线性表中，由若干项数据元素组成的数据元素称为记录，而由多个记录构成的线性表又称文件。

非空线性表的结构特征：

（1）且只有一个根结点 a1，它无前件。

（2）有且只有一个终端结点 an，它无后件。

（3）除根结点与终端结点外，其他所有结点有且只有一个前件，也有且只有一个后件。结点个数 $n$ 称为线性表的长度，当 $n=0$ 时，称为空表。

线性表的顺序存储结构具有以下两个基本特点：

（1）线性表中所有元素所占的存储空间是连续的。

（2）线性表中各数据元素在存储空间中是按逻辑顺序依次存放的。

ai 的存储地址为：$ADR(ai)=ADR(a1)+(i-1)k$，$ADR(a1)$ 为第一个元素的地址，k 代表每个元素所占的字节数。

顺序表的运算：插入、删除。

### 4. 栈和队列

栈是限定在一端进行插入与删除的线性表，允许插入与删除的一端称为栈顶，不允许插入与删除的另一端称为栈底。

栈按照"先进后出"（FILO）或"后进先出"（LIFO）组织数据，栈具有记忆作用。用 top 表示栈顶位置，用 bottom 表示栈底。

栈的基本运算：

（1）插入元素称为入栈运算。

（2）删除元素称为退栈运算。

（3）读栈顶元素是将栈顶元素赋给一个指定的变量，此时指针无变化。

队列是指允许在一端（队尾）进入插入，而在另一端（队头）进行删除的线性表。Rear 指针指向队尾，front 指针指向队头。

队列是"先进先出"（FIFO）或"后进后出"（LILO）的线性表。

队列运算：

（1）入队运算：从队尾插入一个元素。

（2）退队运算：从队头删除一个元素。

循环队列：s=0 表示队列空，s=1 且 front=rear 表示队列满。

### 5. 线性链表

数据结构中的每一个结点对应于一个存储单元，这种存储单元称为存储结点，简称结点。结点由两部分组成：

（1）用于存储数据元素值，称为数据域。

（2）用于存放指针，称为指针域，用于指向前一个或后一个结点。

在链式存储结构中，存储数据结构的存储空间可以不连续，各数据结点的存储顺序与数据元素之间的逻辑关系可以不一致，而数据元素之间的逻辑关系是由指针域来确定的。

链式存储方式既可用于表示线性结构，也可用于表示非线性结构。

线性链表，HEAD 称为头指针，HEAD=NULL（或 0）称为空表，如果是两指针：左指针（Llink）指向前件结点，右指针（Rlink）指向后件结点。

线性链表的基本运算：查找、插入、删除。

### 6. 树与二叉树

树是一种简单的非线性结构，所有元素之间具有明显的层次特性。

在树结构中，每一个结点只有一个前件，称为父结点，没有前件的结点只有一个，称为树的根结点，简称树的根。每一个结点可以有多个后件，称为该结点的子结点。没有后件的结点称为叶子结点。

在树结构中，一个结点所拥有的后件的个数称为该结点的度，所有结点中最大的度称为树的度。树的最大层次称为树的深度。

二叉树的特点：

（1）非空二叉树只有一个根结点。

（2）每一个结点最多有两棵子树，且分别称为该结点的左子树与右子树。

二叉树的基本性质：

（1）在二叉树的第 $k$ 层上，最多有 $2^k-1$（$k \geq 1$）个结点。

（2）深度为 $m$ 的二叉树最多有 $2^m-1$ 个结点。

（3）度为 0 的结点（即叶子结点）总是比度为 2 的结点多一个。

（4）具有 $n$ 个结点的二叉树，其深度至少为[$\log_2 n$]+1，其中[$\log_2 n$]表示取 $\log_2 n$ 的整数部分。

（5）具有 $n$ 个结点的完全二*树的深度为[$\log_2 n$]+1。

（6）设完全二叉树共有 $n$ 个结点。如果从根结点开始，按层序（每一层从左到右）用自然数 1，2，…，$n$ 给结点进行编号（$k$=1，2，…，$n$），有以下结论：

① 若 $k$=1，则该结点为根结点，它没有父结点；若 $k$>1，则该结点的父结点编号为 INT($k$/2)。

② 若 $2k \leq n$，则编号为 $k$ 的结点的左子结点编号为 $2k$；否则该结点无左子结点（也无右子结点）。

③ 若 $2k+1 \leq n$，则编号为 $k$ 的结点的右子结点编号为 $2k+1$；否则该结点无右子结点。

满二叉树是指除最后一层外，每一层上的所有结点有两个子结点，则 $k$ 层上有 $2k-1$ 个结点深度为 $m$ 的满二叉树有 $2m-1$ 个结点。

完全二叉树是指除最后一层外，每一层上的结点数均达到最大值，在最后一层上只缺少右边的若干结点。

二叉树存储结构采用链式存储结构，对于满二叉树与完全二叉树可以按层序进行顺序存储。

二叉树的遍历：

（1）前序遍历（DLR），首先访问根结点，然后遍历左子树，最后遍历右子树。

（2）中序遍历（LDR），首先遍历左子树，然后访问根结点，最后遍历右子树。

（3）后序遍历（LRD）首先遍历左子树，然后遍历右子树，最后访问根结点。

### 7. 查找技术

顺序查找的使用情况：

（1）线性表为无序表。

（2）表采用链式存储结构。

二分法查找只适用于顺序存储的有序表，对于长度为 $n$ 的有序线性表，最坏情况只需比较 $\log_2 n$ 次。

### 8. 排序技术

排序是指将一个无序序列整理成按值非递减顺序排列的有序序列。

交换类排序法：

（1）冒泡排序法，需要比较的次数为 $n(n-1)/2$。

（2）快速排序法。

插入类排序法：

（1）简单插入排序法，最坏情况需要 $n(n-1)/2$ 次比较。

（2）希尔排序法，最坏情况需要 $O(n^{1.5})$ 次比较。

选择类排序法：

（1）简单选择排序法，最坏情况需要 $n(n-1)/2$ 次比较。

（2）堆排序法，最坏情况需要 $O(n\log_2 n)$ 次比较。

## 二、程序设计基础

### 1. 程序设计设计方法和风格

如何形成良好的程序设计风格：①源程序文档化；②数据说明的方法；③语句的结构；④输入和输出。

注释分序言性注释和功能性注释，语句结构清晰第一、效率第二。

### 2. 结构化程序设计

结构化程序设计方法的 4 条原则是：①自顶向下；②逐步求精；③模块化；④限制使用 goto 语句。

结构化程序的基本结构和特点：

（1）顺序结构：一种简单的程序设计，最基本、最常用的结构。

（2）选择结构：又称分支结构，包括简单选择和多分支选择结构，可根据条件，判断应该选择哪一条分支来执行相应的语句序列。

（3）重复结构：又称循环结构，可根据给定条件，判断是否需要重复执行某一相同程序段。

### 3．面向对象的程序设计

面向对象的程序设计：以 20 世纪 60 年代末挪威奥斯陆大学和挪威计算机中心研制的 SIMULA 语言为标志。

面向对象方法的优点：①与人类习惯的思维方法一致；②稳定性好；③可重用性好；④易于开发大型软件产品；⑤可维护性好。

对象是面向对象方法中最基本的概念，可以用来表示客观世界中的任何实体，对象是实体的抽象。

面向对象程序设计方法中的对象是系统中用来描述客观事物的一个实体，是构成系统的一个基本单位，由一组表示其静态特征的属性和它可执行的一组操作组成。

属性即对象所包含的信息，操作描述了对象执行的功能，操作也称为方法或服务。

对象的基本特点：①标识唯一性；②分类性；③多态性；④封装性；⑤模块独立性好。

类是指具有共同属性、共同方法的对象的集合。所以类是对象的抽象，对象是对应类的一个实例。

消息是一个实例与另一个实例之间传递的信息。

消息的组成包括①接收消息的对象的名称；②消息标识符，又称消息名；③零个或多个参数。

继承是指能够直接获得已有的性质和特征，而不必重复定义它们。

继承分单继承和多重继承。单继承指一个类只允许有一个父类，多重继承指一个类允许有多个父类。

多态性是指同样的消息被不同的对象接受时可导致完全不同的行动的现象。

## 三、软件工程基础

### 1．软件工程基本概念

计算机软件是包括程序、数据及相关文档的完整集合。

软件的特点包括：

（1）软件是一种逻辑实体。

（2）软件的生产与硬件不同，它没有明显的制作过程。

（3）软件在运行、使用期间不存在磨损、老化问题。

（4）软件的开发、运行对计算机系统具有依赖性，受计算机系统的限制，这导致了软件移植的问题。

（5）软件复杂性高，成本昂贵。

（6）软件开发涉及诸多的社会因素。

软件按功能分为应用软件、系统软件、支撑软件（或工具软件）。

软件危机主要表现在成本、质量、生产率等问题。

软件工程是应用于计算机软件的定义、开发和维护的一整套方法、工具、文档、实践标准和工序。

软件工程包括 3 个要素：方法、工具和过程。

软件工程过程是把软件转化为输出的一组彼此相关的资源和活动，包含 4 种基本活动：①P——软件规格说明；②D——软件开发；③C——软件确认；④A——软件演进。

软件周期：软件产品从提出、实现、使用维护到停止使用退役的过程。

软件生命周期的 3 个阶段为软件定义、软件开发、运行维护。主要活动阶段是：①可行性研究与计划制订；②需求分析；③软件设计；④软件实现；⑤软件测试；⑥运行和维护。

软件工程的目标与原则：

目标：在给定成本、进度的前提下，开发出具有有效性、可靠性、可理解性、可维护性、可重用性、可适应性、可移植性、可追踪性和可互操作性且满足用户需求的产品。

基本目标：付出较低的开发成本；达到要求的软件功能；取得较好的软件性能；开发软件易于移植；需要较低的费用；能按时完成开发，及时交付使用。

基本原则：抽象、信息隐蔽、模块化、局部化、确定性、一致性、完备性和可验证性。

软件工程的理论和技术性研究的内容主要包括：软件开发技术和软件工程管理。

软件开发技术包括：软件开发方法学、开发过程、开发工具和软件工程环境。

软件工程管理包括：软件管理学、软件工程经济学、软件心理学等内容。

软件管理学包括人员组织、进度安排、质量保证、配置管理、项目计划等。

软件工程原则包括抽象、信息隐蔽、模块化、局部化、确定性、一致性、完备性和可验证性。

## 2. 结构化分析方法

结构化方法的核心和基础是结构化程序设计理论。

需求分析方法有①结构化需求分析方法；②面向对象的分析方法。

从需求分析建立的模型的特性来分：静态分析和动态分析。

结构化分析方法的实质：着眼于数据流，自顶向下，逐层分解，建立系统的处理流程，以数据流图和数据字典为主要工具,建立系统的逻辑模型。

结构化分析的常用工具①数据流图；②数据字典；③判定树；④判定表。

数据流图：描述数据处理过程的工具，是需求理解的逻辑模型的图形表示，它直接支持系统功能建模。

数据字典：数据库的重要部分是数据字典。它存放有数据库所用的有关信息，对用户来说是一组只读的表。数据字典的内容包括：①数据库中所有模式对象的信息，如表、视图、簇、索引等；②分配多少空间，当前使用了多少空间等；③列的默认值；④约束信息的完整性；⑤用户的名字；⑥用户及角色被授予的权限；⑦用户访问或使用的审计信息；⑧其他产生的数据库信息。

判定树：从问题定义的文字描述中分清哪些是判定的条件，哪些是判定的结论，根据描述材料中的连接词找出判定条件之间的从属关系、并列关系、选择关系，根据它们构造判定树。

判定表：与判定树相似，数据流图中的加工要依赖于多个逻辑条件的取值，即完成该加工的一组动作是由某一组条件取值的组合而引发的，使用判定表描述比较适宜。

数据字典是结构化分析的核心。

软件需求规格说明书的特点：①正确性；②无歧义性；③完整性；④可验证性；⑤一致性；⑥可理解性；⑦可追踪性。

## 3. 结构化设计方法

软件设计的基本目标是用比较抽象概括的方式确定目标系统如何完成预定的任务，软件设计是确定系统的物理模型。

软件设计是开发阶段最重要的步骤，是将需求准确地转化为完整的软件产品或系统的唯一途径。

从技术观点来看，软件设计包括软件结构设计、数据设计、接口设计、过程设计。

结构设计：定义软件系统各主要部件之间的关系。

数据设计：将分析时创建的模型转化为数据结构的定义。

接口设计：描述软件内部、软件和协作系统之间以及软件与人之间如何通信。

过程设计：把系统结构部件转换成软件的过程描述。

从工程管理角度来看软件设计可分为：概要设计和详细设计。

软件设计的一般过程：软件设计是一个迭代的过程；先进行高层次的结构设计；后进行低层次的过程设计；穿插进行数据设计和接口设计。

衡量软件模块独立性使用耦合性和内聚性两个定性的度量标准。

在程序结构中各模块的内聚性越强，则耦合性越弱。优秀软件应高内聚，低耦合。

软件概要设计的基本任务是：①设计软件系统结构；②数据结构及数据库设计；③编写概要设计文档；④概要设计文档评审。

模块用一个矩形表示，箭头表示模块间的调用关系。

在结构图中还可以用带注释的箭头表示模块调用过程中来回传递的信息。还可用实心圆箭头表示传递的是控制信息，空心圆箭头表示传递的是数据。

结构图的基本形式：基本形式、顺序形式、重复形式、选择形式。

结构图有四种模块类型：传入模块、传出模块、变换模块和协调模块。

典型的数据流类型有两种：变换型和事务型。

变换型系统结构图由输入、中心变换、输出三部分组成。

事务型数据流的特点是：接受一项事务，根据事务处理的特点和性质，选择分派一个适当的处理单元，然后给出结果。

详细设计：为软件结构图中的每一个模块确定实现算法和局部数据结构，用某种选定的表达工具表示算法和数据结构的细节。

常见的过程设计工具有：图形工具（程序流程图）、表格工具（判定表）、语言工具（PDL）。

### 4. 软件测试

软件测试定义：使用人工或自动手段来运行或测定某个系统的过程，其目的在于检验它是否满足规定的需求或是弄清预期结果与实际结果之间的差别。

软件测试的目的：为发现错误而执行程序的过程。

软件测试方法：静态测试和动态测试。

静态测试包括代码检查、静态结构分析、代码质量度量。不实际运行软件，主要通过人工进行。

动态测试：基本计算机测试，主要包括白盒测试方法和黑盒测试方法。

白盒测试：在程序内部进行，主要用于完成软件内部操作的验证。主要方法有逻辑覆盖、基本路径测试。

黑盒测试：主要诊断功能是否正确或遗漏、界面错误、数据结构或外部数据库访问错误、性能错误、初始化和终止条件错误，用于软件确认。主要方法有等价类划分法、边界值分析法、错误推测法、因果图法等。

软件测试过程一般按 4 个步骤进行：单元测试、集成测试、验收测试（确认测试）和系统测试。

### 5. 程序的调试

程序调试的任务是诊断和改正程序中的错误，主要在开发阶段进行。

程序调试的基本步骤：

（1）错误定位；

（2）修改设计和代码，以排除错误；

（3）进行回归测试，防止引进新的错误。

软件调试可分为静态调试和动态调试。静态调试主要是指通过人的思维来分析源程序代码和排错，是主要的设计手段，而动态调试是静态调试的辅助。主要调试方法有：①强行排错法；②回溯法；③原因排除法。

## 四、数据库设计基础

### 1. 数据库系统的基本概念

数据：实际上就是描述事物的符号记录。

数据的特点：有一定的结构，有型与值之分，如整型、实型、字符型等。假如，需要数据定义一个整数为 15，那么这个数的类型为整型，值是 15。

数据库：是数据的集合，具有统一的结构形式并存放于统一的存储介质内，是多种应用数据的集成，并可被各个应用程序共享。

数据库存放数据是按数据所提供的数据模式存放的，具有集成与共享的特点。

数据库管理系统：一种系统软件，负责数据库中的数据组织、数据操纵、数据维护、控制及保护和数据服务等，是数据库的核心。

数据库管理系统的功能：

（1）数据模式定义：即为数据库构建其数据框架。

（2）数据存取的物理构建：为数据模式的物理存取与构建提供有效的存取方法与手段。

（3）数据操纵：为用户使用数据库的数据提供方便，如查询、插入、修改、删除等以及简单的算术运算及统计。

（4）数据的完整性、安全性定义与检查。

（5）数据库的并发控制与故障恢复。

（6）数据的服务：如复制、转存、重组、性能监测、分析等。

为完成以上 6 个功能，数据库管理系统提供以下数据语言：

（1）数据定义语言：负责数据的模式定义与数据的物理存取构建。

（2）数据操纵语言：负责数据的操纵，如查询与增加、删除、修改等。

（3）数据控制语言：负责数据完整性、安全性的定义与检查以及并发控制、故障恢复等。

数据语言按其使用方式具有两种结构形式：交互式命令（又称自含型或自主型语言）和宿主型语言（一般可嵌入某些宿主语言中）。

数据库管理员：对数据库进行规划、设计、维护、监视等的专业管理人员。

数据库系统：由数据库（数据）、数据库管理系统（软件）、数据库管理员（人员）、硬件平台

（硬件）、软件平台（软件）5 部分构成的运行实体。

数据库应用系统：由数据库系统、应用软件及应用界面三部分组成。

文件系统阶段：提供了简单的数据共享与数据管理能力，但是它无法提供完整的、统一的、管理和数据共享的能力。

层次数据库与网状数据库系统阶段：为统一与共享数据提供了有力支撑。

关系数据库系统阶段数据库系统的基本特点：数据的集成性、数据的高共享性与低冗余性、数据独立性（物理独立性与逻辑独立性）、数据统一管理与控制。

数据库系统的三级模式：

（1）概念模式：数据库系统中全局数据逻辑结构的描述，全体用户公共数据视图。

（2）外模式：又称子模式或用户模式。是用户的数据视图，也就是用户所见到的数据模式。

（3）内模式：又称物理模式，它给出了数据库物理存储结构与物理存取方法。

数据库系统的两级映射：①概念模式到内模式的映射；②外模式到概念模式的映射。

**2. 数据模型**

数据模型的概念：是数据特征的抽象，从抽象层次上描述了系统的静态特征、动态行为和约束条件，为数据库系统的信息表与操作提供一个抽象的框架。描述了数据结构、数据操作及数据约束。

E-R 模型的基本概念：

（1）实体：现实世界中的事物。

（2）属性：事物的特性。

（3）联系：现实世界中事物间的关系。实体集的关系有一对一、一对多、多对多的联系。

E-R 模型三个基本概念之间的连接关系：实体是概念世界中的基本单位，属性有属性域，每个实体可取属性域内的值。一个实体的所有属性值叫元组。

E-R 模型图示法：①实体集表示法；②属性表示法；③联系表示法。

层次模型的基本结构是树形结构，具有以下特点：

（1）每棵树有且仅有一个无双亲结点，称为根；

（2）树中除根外所有结点有且仅有一个双亲。

从图论上看，网状模型是一个不加任何条件限制的无向图。

关系模型采用二维表来表示，简称表，由表框架及表的元组组成。一个二维表就是一个关系。

在二维表中凡能唯一标识元组的最小属性称为键或码。从所有候选键中选取一个作为用户使用的键称为主键。表 A 中的某属性是某表 B 的键，则称该属性集为 A 的外键或外码。

关系中的数据约束：

（1）实体完整性约束：约束关系的主键中属性值不能为空值。

（2）参照完全性约束：是关系之间的基本约束。

（3）用户定义的完整性约束：它反映了具体应用中数据的语义要求。

**3. 关系代数**

关系数据库系统的特点之一是它建立在数据理论的基础之上，有很多数据理论可以表示关系模型的数据操作，其中最为著名的是关系代数与关系演算。

关系模型的基本运算：①插入；②删除；③修改；④查询（包括投影、选择、笛卡儿积运算）。

### 4. 数据库设计与管理

数据库设计是数据应用的核心。

数据库设计的两种方法：

（1）面向数据：以信息需求为主，兼顾处理需求。

（2）面向过程：以处理需求为主，兼顾信息需求。

数据库的生命周期：需求分析阶段、概念设计阶段、逻辑设计阶段、物理设计阶段、编码阶段、测试阶段、运行阶段、进一步修改阶段。

需求分析常用结构分析方法和面向对象的方法。结构化分析（简称 SA）方法用自顶向下、逐层分解的方式分析系统。用数据流图表达数据和处理过程的关系。对数据库设计来讲，数据字典是进行详细的数据收集和数据分析所获得的主要结果。

数据字典是各类数据描述的集合，包括 5 部分：数据项、数据结构、数据流（可以是数据项，也可以是数据结构）、数据存储、处理过程。

数据库概念设计的目的是分析数据内在语义关系。设计的方法有两种：①集中式模式设计法（适用于小型或并不复杂的单位或部门）；②视图集成设计法。

设计方法：E-R 模型与视图集成。

视图设计一般有 3 种设计次序：自顶向下、由底向上、由内向外。

视图集成的几种冲突：命名冲突、概念冲突、域冲突、约束冲突。

关系视图设计：关系视图设计又称外模式设计。

关系视图的主要作用：

（1）提供数据逻辑独立性。

（2）能适应用户对数据的不同需求。

（3）有一定数据保密功能。

数据库物理设计的主要目标是对数据内部物理结构作调整并选择合理的存取路径，以提高数据库访问速度有效利用存储空间。一般 RDBMS 中留给用户参与物理设计的内容大致有索引设计、集成簇设计和分区设计。

数据库管理的内容：①数据库的建立；②数据库的调整；③数据库的重组；④数据库安全性与完整性控制；⑤数据库的故障恢复；⑥数据库监控。

# 第二部分　公共基础知识习题

### 一、选择题

1. 下面叙述正确的是（　　）。

 A. 算法的执行效率与数据的存储结构无关

 B. 算法的空间复杂度是指算法程序中指令（或语句）的条数

 C. 算法的有穷性是指算法必须能在执行有限个步骤之后终止

 D. 以上三种描述都不对

2. 在下列选项中，（　　　）不是一个算法一般应该具有的基本特征。

    A. 确定性　　　　　　B. 可行性　　　　　　C. 无穷性　　　　　　D. 拥有足够的情报

3. 在计算机中，算法是指（　　　）。

    A. 查询方法　　　　　　　　　　　　　B. 加工方法

    C. 解题方案的准确而完整的描述　　　　D. 排序方法

4. 算法一般都可以用（　　　）控制结构组合而成。

    A. 循环、分支、递归　　　　　　　　　B. 顺序、循环、嵌套

    C. 循环、递归、选择　　　　　　　　　D. 顺序、选择、循环

5. 算法的时间复杂度是指（　　　）。

    A. 执行算法程序所需要的时间　　　　　B. 算法程序的长度

    C. 算法执行过程中所需要的基本运算次数　　D. 算法程序中的指令条数

6. 算法的空间复杂度是指（　　　）。

    A. 算法程序的长度　　　　　　　　　　B. 算法程序中的指令条数

    C. 算法程序所占的存储空间　　　　　　D. 算法执行过程中所需要的存储空间

7. 算法分析的目的是（　　　）。

    A. 找出数据结构的合理性　　　　　　　B. 找出算法中输入和输出之间的关系

    C. 分析算法的易懂性和可靠性　　　　　D. 分析算法的效率以求改进

8. 下列叙述中正确的是（　　　）。

    A. 一个算法的空间复杂度大，则其时间复杂度也必定大

    B. 一个算法的空间复杂度大，则其时间复杂度必定小

    C. 一个算法的时间复杂度大，则其空间复杂度必定小

    D. 上述三种说法都不对

9. 以下数据结构中不属于线性数据结构的是（　　　）。

    A. 队列　　　　　　B. 线性表　　　　　　C. 二叉树　　　　　　D. 栈

10. 下列关于栈的叙述中正确的是（　　　）。

    A. 在栈中只能插入数据　　　　　　　　B. 在栈中只能删除数据

    C. 栈是先进先出的线性表　　　　　　　D. 栈是先进后出的线性表

11. 栈和队列的共同点是（　　　）。

    A. 都是先进后出　　　　　　　　　　　B. 都是先进先出

    C. 只允许在端点处插入和删除元素　　　D. 没有共同点

12. 对长度为 $n$ 的线性表进行顺序查找，在最坏情况下所需要的比较次数为（　　　）。

    A. $n+1$　　　　　　B. $n$　　　　　　C. $(n+1)/2$　　　　　　D. $n/2$

13. 下列叙述中正确的是（　　　）。

    A. 线性表是线性结构　　　　　　　　　B. 栈与队列是非线性结构

    C. 线性链表是非线性结构　　　　　　　D. 二叉树是线性结构

14. 在单链表中，增加头结点的目的是（　　　）。

    A. 方便运算的实现　　　　　　　　　　B. 使单链表至少有一个结点

    C. 标识表结点中首结点的位置　　　　　D. 说明单链表是线性表的链式存储实现

15. 用链表表示线性表的优点是（　　　　）。

  A. 便于插入和删除操作       B. 数据元素的物理顺序与逻辑顺序相同

  C. 花费的存储空间较顺序存储少     D. 便于随机存取

16. 栈底至栈顶依次存放元素 A、B、C、D，在第五个元素 E 入栈前，栈中元素可以出栈，则出栈序列可能是（　　　　）。

  A. ABCED     B. DBCEA     C. CDABE     D. DCBEA

17. 下列关于队列的叙述中正确的是（　　　　）。

  A. 在队列中只能插入数据       B. 在队列中只能删除数据

  C. 队列是先进先出的线性表      D. 队列是先进后出的线性表

18. 线性表的顺序存储结构和线性表的链式存储结构分别是（　　　　）。

  A. 顺序存取的存储结构、顺序存取的存储结构

  B. 随机存取的存储结构、顺序存取的存储结构

  C. 随机存取的存储结构、随机存取的存储结构

  D. 任意存取的存储结构、任意存取的存储结构

19. 下列关于栈的描述中错误的是（　　　　）。

  A. 栈是先进后出的线性表

  B. 栈只能顺序存储

  C. 栈具有记忆作用

  D. 对栈的插入与删除操作中，不需要改变栈底指针

20. 下列对于线性链表的描述中正确的是（　　　　）。

  A. 存储空间不一定连续，且各元素的存储顺序是任意的

  B. 存储空间不一定连续，且前件元素一定存储在后件元素的前面

  C. 存储空间必须连续，且前件元素一定存储在后件元素的前面

  D. 存储空间必须连续，且各元素的存储顺序是任意的

21. 下列数据结构中，能用二分法进行查找的是（　　　　）。

  A. 顺序存储的有序线性表      B. 线性链表

  C. 二叉链表          D. 有序线性链表

22. 下列关于栈的描述正确的是（　　　　）。

  A. 在栈中只能插入元素而不能删除元素

  B. 在栈中只能删除元素而不能插入元素

  C. 栈是特殊的线性表，只能在一端插入或删除元素

  D. 栈是特殊的线性表，只能在一端插入元素，而在另一端删除元素

23. 下列叙述中正确的是（　　　　）。

  A. 一个逻辑数据结构只能有一种存储结构

  B. 数据的逻辑结构属于线性结构，存储结构属于非线性结构

  C. 一个逻辑数据结构可以有多种存储结构，且各种存储结构不影响数据处理的效率

  D. 一个逻辑数据结构可以有多种存储结构，且各种存储结构影响数据处理的效率

24. 按照"后进先出"原则组织数据的数据结构是（　　）。

    A. 队列　　　　　　　　B. 栈　　　　　　　C. 双向链表　　　D. 二叉树

25. 下列描述中正确的是（　　）。

    A. 线性链表是线性表的链式存储结构　　　B. 栈与队列是非线性结构

    C. 双向链表是非线性结构　　　　　　　　D. 只有根结点的二叉树是线性结构

26. 在一棵二叉树上第 5 层的结点数最多是（　　）。

    A. 8　　　　　　B. 16　　　　　　C. 32　　　　　　D. 15

27. 设有如右图所示二叉树：

对此二叉树中序遍历的结果为（　　）。

    A. ABCDEF　　　　　　　　B. DBEAFC

    C. ABDECF　　　　　　　　D. DEBFCA

28. 一棵完全二叉树共有 699 个结点，则在该二叉树中的叶子结点数为（　　）。

    A. 349　　　　　B. 350　　　　　C. 255　　　　　D. 351

29. 已知二叉树后序遍历序列是 DABEC，中序遍历序列是 DEBAC，它的前序遍历序列是（　　）。

    A. CEDBA　　　B. ACBED　　　C. DECAB　　　D. DEABC

30. 在深度为 5 的满二叉树中，叶子结点的个数为（　　）。

    A. 32　　　　　B. 31　　　　　C. 16　　　　　D. 15

31. 希尔排序法属于（　　）。

    A. 交换类排序法　　　　　　　　B. 插入类排序法

    C. 选择类排序法　　　　　　　　D. 堆排序法

32. 在下列排序方法中，要求内存量最大的是（　　）。

    A. 插入排序　　　B. 选择排序　　　C. 快速排序　　　D. 归并排序

33. 设有如右图所示二叉树：

进行中序遍历的结果是（　　）。

    A. ACBDFEG　　　　　　　　B. ACBDFGE

    C. ABDCGEF　　　　　　　　D. FCADBEG

34. 已知数据表 A 中每个元素距其最终位置不远，为节省时间，应采用的算法是（　　）。

    A. 堆排序　　　　　　　　　　　B. 直接插入排序

    C. 快速排序　　　　　　　　　　D. 直接选择排序

35. 冒泡排序在最坏情况下的比较次数是（　　）。

    A. $n(n+1)/2$　　　B. $n\log_2 n$　　　C. $n(n-1)/2$　　　D. $n/2$

36. 一棵二叉树中共有 70 个叶子结点与 80 个度为 1 的结点，则该二叉树中的总结点数为（　　）。

    A. 219　　　　　B. 221　　　　　C. 229　　　　　D. 231

37. 对于长度为 $n$ 的线性表，在最坏情况下，下列各排序法所对应的比较次数中正确的是（　　　）。

　　A. 冒泡排序为 $n/2$　　　　　　　　　　B. 冒泡排序为 $n$

　　C. 快速排序为 n　　　　　　　　　　　D. 快速排序为 $n(n-1)/2$

38. 设有如右图所示二叉树：

进行后序遍历的结果为（　　　）。

　　A. ABCDEF　　　　　　　　　　　B. DBEAFC

　　C. ABDECF　　　　　　　　　　　D. DEBFCA

39. 在深度为 7 的满二叉树中，叶子结点的个数为（　　　）。

　　A. 32　　　　　　B. 31　　　　　　C. 64　　　　　　D. 63

40. 在长度为 64 的有序线性表中进行顺序查找，最坏情况下需要比较的次数为（　　　）。

　　A. 63　　　　　　B. 64　　　　　　C. 6　　　　　　D. 7

41. 下列对队列的叙述正确的是（　　　）。

　　A. 队列属于非线性表　　　　　　　B. 队列按"先进后出"原则组织数据

　　C. 队列在队尾删除数据　　　　　　D. 队列按"先进先出"原则组织数据

42. 设有如右图所示二叉树：

进行前序遍历的结果为（　　　）。

　　A. DYBEAFCZX　　　　　　　　　B. YDEBFZXCA

　　C. ABDYECFXZ　　　　　　　　　D. ABCDEFXYZ

43. 某二叉树中有 $n$ 个度为 2 的结点，则该二叉树中的叶子结点数为（　　　）。

　　A. $n+1$　　　　　　B. $n-1$　　　　　　C. $2n$　　　　　　D. $n/2$

44. 下列选项中不符合良好程序设计风格的是（　　　）。

　　A. 源程序要文档化　　　　　　　　B. 数据说明的次序要规范化

　　C. 避免滥用 goto 语句　　　　　　　D. 模块设计要保证高耦合、高内聚

45. 下列叙述中，不符合良好程序设计风格要求的是（　　　）。

　　A. 程序的效率第一，清晰第二　　　B. 程序的可读性好

　　C. 程序中要有必要的注释　　　　　D. 输入数据前要有提示信息

46. 下面描述中，符合结构化程序设计风格的是（　　　）。

　　A. 使用顺序、选择和重复（循环）三种基本控制结构表示程序的控制逻辑

　　B. 模块只有一个入口，可以有多个出口

　　C. 注重提高程序的执行效率

　　D. 不使用 goto 语句

47. 结构化程序设计主要强调的是（　　　）。

　　A. 程序的规模　　　　　　　　　　B. 程序的易读性

　　C. 程序的执行效率　　　　　　　　D. 程序的可移植性

48. 建立良好的程序设计风格，下面描述正确的是（　　　）。

　　A. 程序应简单、清晰、可读性好　　B. 符号名的命名要符合语法

　　C．充分考虑程序的执行效率　　　　　　D．程序的注释可有可无

49．在设计程序时，应采纳的原则之一是（　　　）。

　　A．程序结构应有助于读者理解　　　　　B．不限制 goto 语句的使用

　　C．减少或取消注解行　　　　　　　　　D．程序越短越好

50．下列选项中不属于结构化程序设计方法的是（　　　）。

　　A．自顶向下　　　　B．逐步求精　　　　　C．模块化　　　　　D．可复用

51．下面概念中，不属于面向对象方法的是（　　　）。

　　A．对象　　　　　　B．继承　　　　　　　C．类　　　　　　　D．过程调用

52．下面对对象概念描述错误的是（　　　）。

　　A．任何对象都必须有继承性　　　　　　B．对象是属性和方法的封装体

　　C．对象间的通信靠消息传递　　　　　　D．操作是对象的动态性属性

53．在面向对象方法中，一个对象请求另一对象为其服务的方式是通过发送（　　　）。

　　A．调用语句　　　　B．命令　　　　　　　C．口令　　　　　　D．消息

54．面向对象的设计方法与传统的面向过程的方法有本质不同，它的基本原理是（　　　）。

　　A．模拟现实世界中不同事物之间的联系

　　B．强调模拟现实世界中的算法而不强调概念

　　C．使用现实世界的概念抽象地思考问题从而自然地解决问题

　　D．鼓励开发者在软件开发的绝大部分中都用实际领域的概念去思考

55．（　　　）是面向对象程序设计中程序运行的最基本实体。

　　A．对象　　　　　　B．类　　　　　　　　C．方法　　　　　　D．函数

56．在面向对象方法中，实现信息隐蔽依靠对象的（　　　）。

　　A．继承　　　　　　B．多态　　　　　　　C．封装　　　　　　D．分类

57．下面关于类、对象、属性和方法的叙述中，错误的是（　　　）。

　　A．类是对一类相似对象的描述，这些对象具有相同种类的属性和方法

　　B．属性用于描述对象的状态，方法用于表示对象的行为

　　C．基于同一个类产生的两个对象可以分别设置自己的属性值

　　D．通过执行不同对象的同名方法，其结果必然相同

58．下面选项中不属于面向对象程序设计特征的是（　　　）。

　　A．继承性　　　　　B．多态性　　　　　　C．类比性　　　　　D．封装性

59．在结构化方法中，用数据流程图（DFD）作为描述工具的软件开发阶段是（　　　）。

　　A．可行性分析　　　B．需求分析　　　　　C．详细设计　　　　D．程序编码

60．在软件开发中，下面任务不属于设计阶段的是（　　　）。

　　A．数据结构设计　　　　　　　　　　　　B．给出系统模块结构

　　C．定义模块算法　　　　　　　　　　　　D．定义需求并建立系统模型

61．在软件生命周期中，能准确地确定软件系统必须做什么和必须具备哪些功能的阶段是（　　　）。

　　A．概要设计　　　　B．详细设计　　　　　C．可行性分析　　　D．需求分析

62．下面不属于软件设计原则的是（　　　）。

　　A．抽象　　　　　　B．模块化　　　　　　C．自底向上　　　　D．信息隐蔽

63. 在结构化方法中，软件功能分解属于下列软件开发中的阶段是（　　　）。

    A. 详细设计　　　　B. 需求分析　　　　C. 总体设计　　　　　D. 编程调试

64. 程序流程图（PFD）中的箭头代表的是（　　　）。

    A. 数据流　　　　　B. 控制流　　　　　C. 调用关系　　　　　D. 组成关系

65. 软件调试的目的是（　　　）。

    A. 发现错误　　　　B. 改正错误　　　　　C. 改善软件的性能　　D. 挖掘软件的潜能

66. 叙述中，不属于软件需求规格说明书的作用的是（　　　）。

    A. 便于用户、开发人员进行理解和交流

    B. 反映出用户问题的结构，可以作为软件开发工作的基础和依据

    C. 作为确认测试和验收的依据

    D. 便于开发人员进行需求分析

67. 软件开发的结构化生命周期方法将软件生命周期划分成（　　　）。

    A. 定义、开发、运行维护　　　　　　　B. 设计阶段、编程阶段、测试阶段

    C. 总体设计、详细设计、编程调试　　　D. 需求分析、功能定义、系统设计

68. 在软件工程中，白箱测试法可用于测试程序的内部结构。此方法将程序看作（　　　）的集合。

    A. 循环　　　　　　B. 地址　　　　　　C. 路径　　　　　　　D. 目标

69. 软件需求分析阶段的工作，可以分为4方面：需求获取、需求分析、编写需求规格说明书以及（　　　）。

    A. 阶段性报告　　　B. 需求评审　　　　C. 总结　　　　　　　D. 都不正确

70. 下列不属于软件调试技术的是（　　　）。

    A. 强行排错法　　　B. 集成测试法　　　C. 回溯法　　　　　　D. 原因排除法

71. 下列不属于结构化分析的常用工具的是（　　　）。

    A. 数据流图　　　　B. 数据字典　　　　C. 判定树　　　　　　D. PAD 图

72. 需求分析阶段的任务是确定（　　　）。

    A. 软件开发方法　　B. 软件开发工具　　C. 软件开发费用　　　D. 软件系统功能

73. 为了避免流程图在描述程序逻辑时的灵活性，提出了用方框图来代替传统的程序流程图，通常把这种图称为（　　　）。

    A. PAD 图　　　　　B. N–S 图　　　　　C. 结构图　　　　　　D. 数据流图

74. 下列工具中不属于需求分析常用工具的是（　　　）。

    A. PAD　　　　　　B. PFD　　　　　　C. N–S　　　　　　　D. DFD

75. 数据流图用于抽象描述一个软件的逻辑模型，数据流图由一些特定的图符构成。下列图符名标识的图符不属于数据流图合法图符的是（　　　）。

    A. 控制流　　　　　B. 加工　　　　　　C. 数据存储　　　　　D. 源和潭

76. 检查软件产品是否符合需求定义的过程称为（　　　）。

    A. 确认测试　　　　B. 集成测试　　　　C. 验证测试　　　　　D. 验收测试

77. 信息隐蔽的概念与下述（　　　）概念直接相关。

    A. 软件结构定义　　B. 模块独立性　　　C. 模块类型划分　　　D. 模拟耦合度

78. 在数据流图（DFD）中，带有名字的箭头表示（　　）。
　　A. 控制程序的执行顺序　　　　　　　B. 模块之间的调用关系
　　C. 数据的流向　　　　　　　　　　　D. 程序的组成成分

79. 软件设计包括软件的结构、数据接口和过程设计，其中软件的过程设计是指（　　）。
　　A. 模块间的关系　　　　　　　　　　B. 系统结构部件转换成软件的过程描述
　　C. 软件层次结构　　　　　　　　　　D. 软件开发过程

80. 软件是指（　　）。
　　A. 程序　　　　　　　　　　　　　　B. 程序和文档
　　C. 算法加数据结构　　　　　　　　　D. 程序、数据与相关文档的完整集合

81. 下面不属于软件工程的 3 个要素的是（　　）。
　　A. 工具　　　　　　B. 过程　　　　　　C. 方法　　　　　　D. 环境

82. 下列对于软件测试的描述中正确的是（　　）。
　　A. 软件测试的目的是证明程序是否正确
　　B. 软件测试的目的是使程序运行结果正确
　　C. 软件测试的目的是尽可能多地发现程序中的错误
　　D. 软件测试的目的是使程序符合结构化原则

83. 为了使模块尽可能独立，要求（　　）。
　　A. 模块的内聚程度要尽量高，且各模块间的耦合程度要尽量强
　　B. 模块的内聚程度要尽量高，且各模块间的耦合程度要尽量弱
　　C. 模块的内聚程度要尽量低，且各模块间的耦合程度要尽量弱
　　D. 模块的内聚程度要尽量低，且各模块间的耦合程度要尽量强

84. 下列描述中正确的是（　　）。
　　A. 程序就是软件　　　　　　　　　　B. 软件开发不受计算机系统的限制
　　C. 软件既是逻辑实体，又是物理实体　D. 软件是程序、数据与相关文档的集合

85. 下面叙述正确的是（　　）。
　　A. 程序设计就是编制程序　　　　　　B. 程序的测试必须由程序员自己去完成
　　C. 程序经调试改错后还应进行再测试　D. 程序经调试改错后不必进行再测试

86. 下列描述中正确的是（　　）。
　　A. 软件工程只是解决软件项目的管理问题
　　B. 软件工程主要解决软件产品的生产率问题
　　C. 软件工程的主要思想是强调在软件开发过程中需要应用工程化原则
　　D. 软件工程只是解决软件开发中的技术问题

87. 在软件设计中，不属于过程设计工具的是（　　）。
　　A. PDL（过程设计语言）　　　　　　B. PAD 图
　　C. N–S 图　　　　　　　　　　　　　D. DFD 图

88. 下列叙述中正确的是（　　）。
　　A. 软件交付使用后还需要进行维护　　B. 软件一旦交付使用就不需要再进行维护
　　C. 软件交付使用后其生命周期就结束　D. 软件维护是指修复程序中被破坏的指令

89. 两个或两个以上的模块之间关联的紧密程度称为（　　　　）。

    A. 耦合度　　　　　B. 内聚度　　　　　　C. 复杂度　　　　　　　D. 数据传输特性

90. 下列叙述中正确的是（　　　　）。

    A. 软件测试应该由程序开发者完成　　　　　B. 程序经调试后一般不需要再测试

    C. 软件维护只包括对程序代码的维护　　　　D. 以上三种说法都不对

91. 从工程管理角度讲，软件设计一般分为两步完成，它们是（　　　　）。

    A. 概要设计与详细设计　　　　　　　　　B. 过程控制

    C. 软件结构设计与数据设计　　　　　　　D. 程序设计与数据设计

92. 下列选项中不属于软件生命周期开发阶段任务的是（　　　　）。

    A. 软件测试　　　　B. 概要设计　　　　　C. 软件维护　　　　　D. 详细设计

93. 下列叙述中正确的是（　　　　）。

    A. 软件测试的主要目的是发现程序中的错误

    B. 软件测试的主要目的是确定程序中错误的位置

    C. 为了提高软件测试的效率，最好由程序编制者自己来完成软件测试的工作

    D. 软件测试是证明软件没有错误

94. 数据库系统的核心是（　　　　）。

    A. 数据模型　　　　B. 数据库管理系统　　C. 软件工具　　　　　D. 数据库

95. 下列模式中，能够给出数据库物理存储结构与物理存取方法的是（　　　　）。

    A. 内模式　　　　　B. 外模式　　　　　　C. 概念模式　　　　　D. 逻辑模式

96. 下列叙述中正确的是（　　　　）。

    A. 数据库是一个独立的系统，不需要操作系统的支持

    B. 数据库设计是指设计数据库管理系统

    C. 数据库技术的根本目标是要解决数据共享的问题

    D. 数据库系统中，数据的物理结构必须与逻辑结构一致

97. 视图设计一般有 3 种设计次序，下列不属于视图设计的是（　　　　）。

    A. 自顶向下　　　　B. 由外向内　　　　　C. 由内向外　　　　　D. 自底向上

98. 数据库设计包括两方面的设计内容，它们是（　　　　）。

    A. 概念设计和逻辑设计　　　　　　　　　B. 模式设计和内模式设计

    C. 内模式设计和物理设计　　　　　　　　D. 结构特性设计和行为特性设计

99. 下列说法中，不属于数据模型所描述的内容的是（　　　　）。

    A. 数据结构　　　　B. 数据操作　　　　　C. 数据查询　　　　　D. 数据约束

100. 数据库系统的构成为：数据库集合、计算机硬件系统、数据库管理员和用户与（　　　　）。

    A. 操作系统　　　　　　　　　　　　　　B. 文件系统

    C. 数据集合　　　　　　　　　　　　　　D. 数据库管理系统及相关软件

101. SQL 语句是具有（　　　　）的功能。

    A. 关系规范化、数据操纵、数据控制　　　　B. 数据定义、数据操纵、数据控制

    C. 数据定义、关系规范化、数据控制　　　　D. 数据定义、关系规范化、数据操纵

102. 数据处理的最小单位是（　　　）。

　　A. 数据　　　　　　B. 数据元素　　　　　C. 数据项　　　　　D. 数据结构

103. 在数据管理技术的发展过程中，经历了人工管理阶段、文件系统阶段和数据库系统阶段。其中数据独立性最高的阶段是（　　　）。

　　A. 数据库系统　　　B. 文件系统　　　　　C. 人工管理　　　　D. 数据项管理

104. 索引属于（　　　）。

　　A. 模式　　　　　　B. 内模式　　　　　　C. 外模式　　　　　D. 概念模式

105. 数据的存储结构是指（　　　）。

　　A. 数据所占的存储空间量　　　　　　　　B. 数据的逻辑结构在计算机中的表示

　　C. 数据在计算机中的顺序存储方式　　　　D. 存储在外存中的数据

106. 数据库概念设计的过程中，视图设计一般有三种设计次序，以下各项中不对的是（　　　）。

　　A. 自顶向下　　　　B. 由底向上　　　　　C. 由内向外　　　　D. 由整体到局部

107. 单个用户使用的数据视图的描述称为（　　　）。

　　A. 外模式　　　　　B. 概念模式　　　　　C. 内模式　　　　　D. 存储模式

108. 分布式数据库系统不具有的特点是（　　　）。

　　A. 分布式　　　　　　　　　　　　　　　B. 数据冗余

　　C. 数据分布性和逻辑整体性　　　　　　　D. 位置透明性和复制透明性

109. 在数据管理技术发展过程中，文件系统与数据库系统的主要区别是数据库系统具有（　　　）。

　　A. 数据无冗余　　　　　　　　　　　　　B. 数据可共享

　　C. 专门的数据管理软件　　　　　　　　　D. 特定的数据模型

110. 用树形结构表示实体之间联系的模型称为（　　　）。

　　A. 关系模型　　　　B. 层次模型　　　　　C. 网状模型　　　　D. 数据模型

111. 将 E-R 图转换到关系模式时，实体与联系都可以表示成（　　　）。

　　A. 属性　　　　　　B. 关系　　　　　　　C. 键　　　　　　　D. 域

112. 按条件 $f$ 对关系 $R$ 进行选择，其关系代数表达式为（　　　）。

　　A. $R|\times|R$　　　　B. $R|\times|R \atop f$　　　　C. $6f(R)$　　　　D. $\prod f(R)$

113. 下述关于数据库系统的叙述中正确的是（　　　）。

　　A. 数据库系统减少了数据冗余

　　B. 数据库系统避免了一切冗余

　　C. 数据库系统中数据的一致性是指数据类型的一致

　　D. 数据库系统比文件系统能管理更多的数据

114. 数据结构中，与所使用的计算机无关的是数据的（　　　）。

　　A. 存储结构　　　　B. 物理结构　　　　　C. 逻辑结构　　　　D. 物理和存储结构

115. SQL 中可使用的通配符有（　　　）。

　　A. *（星号）　　　　B. %（百分号）　　　C. _（下画线）　　　D. B 和 C

116. 在关系数据库中，用来表示实体之间联系的是（　　　）。

  A. 树结构    B. 网结构      C. 线性表     D. 二维表

117. 下列叙述中正确的是（  ）。

  A. 程序执行的效率与数据的存储结构密切相关

  B. 程序执行的效率只取决于程序的控制结构

  C. 程序执行的效率只取决于所处理的数据量

  D. 以上三种说法都不对

118. 下列叙述中正确的是（  ）。

  A. 数据的逻辑结构与存储结构必定是一一对应的

  B. 由于计算机存储空间是向量式的存储结构，因此，数据的存储结构一定是线性结构

  C. 程序设计语言中的数组一般是顺序存储结构，因此，利用数组只能处理线性结构

  D. 以上三种说法都不对

## 二、填空题

1. 问题处理方案的正确而完整的描述称为_____。

2. 实现算法所需的存储单元多少和算法的工作量大小分别称为算法的_____。

3. 算法的基本特征是可行性、确定性、_____和拥有足够的情报。

4. 算法的复杂度主要包括_____复杂度和空间复杂度。

5. 在最坏情况下，冒泡排序的时间复杂度为_____。

6. 在最坏情况下，堆排序需要比较的次数为_____。

7. 顺序存储方法是把逻辑上相邻的结点存储在物理位置_____的存储单元中。

8. 数据结构包括数据的逻辑结构、数据的_____以及对数据的操作运算。

9. 线性表的存储结构主要分为顺序存储结构和链式存储结构。队列是一种特殊的线性表，循环队列是队列的_____存储结构。

10. 栈的基本运算有 3 种：入栈、退栈和_____。

11. 数据结构分为线性结构和非线性结构，带链的队列属于_____。

12. 数据结构分为逻辑结构和存储结构，循环队列属于_____结构。

13. 对长度为 10 的线性表进行冒泡排序，最坏情况下需要比较的次数为_____。

14. 设一棵完全二叉树共有 500 个结点，则在该二叉树中有_____个叶子结点。

15. 在先左后右的原则下，根据访问根结点的次序，二叉树的遍历可以分为 3 种：前序遍历、_____遍历和后序遍历。

16. 对右图所示二叉树进行中序遍历的结果为_____。

17. 在 E-R 图中，矩形表示_____。

18. 某二叉树中度为 2 的结点有 18 个，则该二叉树中有_____个叶子结点。

19. 一棵二叉树第六层（根结点为第一层）的结点数最多为_____个。

20. 在深度为 7 的满二叉树中，度为 2 的结点个数为_____。

21. 结构化程序设计方法的主要原则可以概括为自顶向下、逐步求精、_____和限制使用 goto 语句。

22. 面向对象的模型中，最基本的概念是对象和_____。

23. 面向对象的程序设计方法中涉及的对象是系统中用来描述客观事物的一个_____。

24. 在面向对象方法中，类的实例称为_____。

25. 在面向对象方法中_____描述的是具有相似属性与操作的一组对象。

26. 若按功能划分，软件测试的方法通常分为白盒测试方法和_____测试方法。

27. 在面向对象方法中，信息隐蔽是通过对象的_____性来实现的。

28. 与结构化需求分析方法相对应的是_____方法。

29. 软件维护活动包括以下几类：改正性维护、适应性维护、_____维护和预防性维护。

30. 软件的需求分析阶段的工作，可以概括为 4 个方面：_____、需求分析、编写需求规格说明书和需求评审。

31. 测试的目的是暴露错误，评价程序的可靠性；而_____的目的是发现错误的位置并改正错误。

32. 软件工程研究的内容主要包括：_____技术和软件工程管理。

33. 软件的调试方法主要有：强行排错法、_____和原因排除法。

34. 数据库设计分为以下 6 个设计阶段：需求分析阶段、_____、逻辑设计阶段、物理设计阶段、实施阶段、运行和维护阶段。

35. Jackson 结构化程序设计方法是英国的 M.Jackson 提出的，它是一种面向_____的设计方法。

36. 软件需求规格说明书应具有完整性、无歧义性、正确性、可验证性、可修改性等特性，其中最重要的是_____。

37. 在两种基本测试方法中，_____测试的原则之一是保证所测模块中每一个独立路径至少要执行一次。

38. 诊断和改正程序中错误的工作通常称为_____。

39. 在进行模块测试时，要为每个被测试的模块另外设计两类模块：驱动模块和承接模块（桩模块）。其中_____的作用是将测试数据传送给被测试的模块，并显示被测试模块所产生的结果。

40. 程序测试分为静态分析和动态测试。其中_____是指不执行程序，而只是对程序文本进行检查，通过阅读和讨论，分析和发现程序中的错误。

41. 数据独立性分为逻辑独立性与物理独立性。当数据的存储结构改变时，其逻辑结构可以不变，因此，基于逻辑结构的应用程序不必修改，称为_____。

42. 如右图所示软件系统结构图的宽度为_____。

43. _____的任务是诊断和改正程序中的错误。

44. 软件测试分为白箱（盒）测试和黑箱（盒）测试。等价类划分法属于_____测试。

45. 软件生命周期可分为多个阶段，一般分为定义阶段、开发阶段和维护阶段。编码和测试属于_____阶段。

46. 在结构化分析使用的数据流图（DFD）中，利用_____对其中的图形元素进行确切解释。

47. 关系模型的数据操纵即是建立在关系上的数据操纵，一般有_____、增加、删除和修改 4 种操作。

48. 一个类可以从直接或间接的祖先中继承所有属性和方法。采用这个方法提高了软件的_____。

# 公共基础知识习题参考答案

## 一、选择题

| | | | | | | | |
|---|---|---|---|---|---|---|---|
| 1~5： | CCCDC | 6~10： | DDDCD | 11~15： | CBAAA | 16~20： | DCBBA |
| 21~25： | ACDBA | 26~30： | BBBAC | 31~35： | BDABC | 36~40： | ADDCB |
| 41~45： | DCADA | 46~50： | ABAAD | 51~55： | DADCA | 56~60： | CDCBD |
| 61~65： | DCCBB | 66~70： | DACBB | 71~75： | DDBDA | 76~80： | ABCBD |
| 81~85： | DCBDC | 86~90： | CDAAD | 91~95： | ACABA | 96~100： | CBACD |
| 101~105： | BCABB | 106~110： | DABDB | 111~115： | BCACD | 116~118： | DAD |

## 二、填空题

| | | | |
|---|---|---|---|
| 1： | 算法 | 2： | 空间复杂度和时间复杂度 |
| 3： | 有穷性 | 4： | 时间 |
| 5： | $n(n-1)/2$ 或 $O(n(n-1)/2)$ | 6： | $O(n\log_2 n)$ |
| 7： | 相邻 | 8： | 存储结构 |
| 9： | 顺序 | 10： | 读栈顶元素 |
| 11： | 线性结构 | 12： | 逻辑 |
| 13： | 45 | 14： | 250 |
| 15： | 中序 | 16： | ACBDFEHGP |
| 17： | 实体集 | 18： | 19 |
| 19： | 32 | 20： | 63 |
| 21： | 模块化 | 22： | 类 |
| 23： | 实体 | 24： | 对象 |
| 25： | 类 | 26： | 黑盒 |
| 27： | 封装 | 28： | 结构化设计 |
| 29： | 完善性 | 30： | 需求获取 |
| 31： | 调试 | 32： | 软件开发 |
| 33： | 回溯法 | 34： | 概念设计阶段 |
| 35： | 数据结构 | 36： | 无歧义性 |
| 37： | 白盒 或 白箱 | 38： | 程序调试 |
| 39： | 驱动模块 | 40： | 静态分析 或 静态测试 |
| 41： | 物理独立性 | 42： | 3 或 三 |
| 43： | 程序调试 或 调试 | 44： | 黑盒 或 黑箱 |
| 45： | 开发 | 46： | 数据字典 |
| 47： | 查询 | 48： | 可重用性 |

# 附录 C ASCII 代码对照表

| ASCII 值 | 控制字符 | ASCII 值 | 控制字符 | ASCII 值 | 控制字符 | ASCII 值 | 控制字符 |
|---|---|---|---|---|---|---|---|
| 0 | NUT | 32 | (space) | 64 | @ | 96 | ` |
| 1 | SOH | 33 | ! | 65 | A | 97 | a |
| 2 | STX | 34 | " | 66 | B | 98 | b |
| 3 | ETX | 35 | # | 67 | C | 99 | c |
| 4 | EOT | 36 | $ | 68 | D | 100 | d |
| 5 | ENQ | 37 | % | 69 | E | 101 | e |
| 6 | ACK | 38 | & | 70 | F | 102 | f |
| 7 | BEL | 39 | , | 71 | G | 103 | g |
| 8 | BS | 40 | ( | 72 | H | 104 | h |
| 9 | HT | 41 | ) | 73 | I | 105 | i |
| 10 | LF | 42 | * | 74 | J | 106 | j |
| 11 | VT | 43 | + | 75 | K | 107 | k |
| 12 | FF | 44 | , | 76 | L | 108 | l |
| 13 | CR | 45 | – | 77 | M | 109 | m |
| 14 | SO | 46 | . | 78 | N | 110 | n |
| 15 | SI | 47 | / | 79 | O | 111 | o |
| 16 | DLE | 48 | 0 | 80 | P | 112 | p |
| 17 | DCI | 49 | 1 | 81 | Q | 113 | q |
| 18 | DC2 | 50 | 2 | 82 | R | 114 | r |
| 19 | DC3 | 51 | 3 | 83 | S | 115 | s |
| 20 | DC4 | 52 | 4 | 84 | T | 116 | t |
| 21 | NAK | 53 | 5 | 85 | U | 117 | u |
| 22 | SYN | 54 | 6 | 86 | V | 118 | v |
| 23 | TB | 55 | 7 | 87 | W | 119 | w |
| 24 | CAN | 56 | 8 | 88 | X | 120 | x |
| 25 | EM | 57 | 9 | 89 | Y | 121 | y |
| 26 | SUB | 58 | : | 90 | Z | 122 | z |
| 27 | ESC | 59 | ; | 91 | [ | 123 | { |
| 28 | FS | 60 | < | 92 | \ | 124 | | |
| 29 | GS | 61 | = | 93 | ] | 125 | } |
| 30 | RS | 62 | > | 94 | ^ | 126 | ~ |
| 31 | US | 63 | ? | 95 | — | 127 | DEL |

# 参 考 文 献

[1] 訾秀玲，于宁. Access 数据库应用技术[M]. 北京：中国铁道出版社. 2006.

[2] 金国芳. 数据库原理及应用：Access[M]. 北京：中国铁道出版社，2011.

[3] 武波. Access 数据库应用技术[M]. 北京：机械工业出版社，2009.

[4] 陈笑，张华铎. Access 数据库技术与应用简明教程[M]. 北京：清华大学出版社，2006.

[5] 张迎新. 数据库及其应用系统开发：Access 2003[M]. 北京：清华大学出版社，2007.

[6] 李雁翎. Access 2003 数据库技术及应用[M]. 北京：高等教育出版社，2008.

[7] 科教工作室. Access 2010 数据库应用[M]. 2 版. 北京：清华大学出版社，2011.

[8] 全国计算机等级考试命题研究中心. 计算机等级考试无纸化一本通二级 Access[M]. 北京：
人民邮电出版社，2013.